Contemporary
Radiobiology

現代人のための
放射線生物学

小松賢志

京都大学学術出版会

はじめに

　我が国は、原子爆弾投下、ビキニ環礁での漁船員の被ばく、東海村JCO臨界事故と世界でも類例のない放射線被ばくの不幸な過去を背負ってきた。さらに、2011年3月11日の大震災により福島第一原子力発電所で起こった4基の原子炉が連続的に冷却能力を失った未曾有の事故では、地域住民14万人が住み慣れた故郷を離れた生活を強いられ、今なお放射線による晩発影響の不安や、経済活動やコミュニティの破壊などにより苦しめられている。稼働中および稼働予定の原子炉を含めると我が国だけでも50基以上あり、そこから発生する高レベル廃棄物は最終処分場も決まらずに六ヶ所村に貯蔵されている。さらに原子炉に留まらず、米国とロシアを中心に保有されている数万個の核兵器は潜在的な恐怖を人類に与えている。また、世界中で毎年36.5億件の放射線診断が行われて医療放射線の大きな被ばく源になっている。

　思えば、銀河の片隅に起こった超新星爆発の核反応生成物などが固まってできたのが地球である。この核反応はおよそ48億年前の出来事とはいえ、未だにくすぶっている残り火としての放射性物質は地表大地やラドンからの自然放射線の源となっている。また、ニュートリノの観測から地球内部にある放射性物質も膨大な熱（崩壊熱）を地球に供給し続けてきたことが確認された。この熱が地球誕生時に発生した熱（重力エネルギー）とともに大陸プレートを動かすことで地震や津波を引き起こし、ついには福島第一原子力発電所の事故につながったのである。自然放射線や人工放射線源に囲まれて生きている現代人は、放射線の実態と人体影響ならびに防護方法についての一定の知識を持っておく必要があろう。

　この本を世に出そうと思った直接のきっかけは、福島第一原子力発電所事故である。事故後に開催された市民講座では、教育者、医師、研究者、行政担当者、原子力や放射線の利用を心配する市民などが共有できる放射線生物学テキストの必要性に思い至った。このため本書は、専門家以外にも理解されることをモットーに書いたつもりであるが、一方で古い知識に拘泥される

i

ことなく最新の科学知識も取り入れた。また、放射線生物学の枠をはみ出て、原子力発電や過去の原子力災害にも力を注いだのは、出版の契機によるところが大きい。結果として、本の記載範囲が広がり、分子レベルの生物学までも含むため、著者の説明能力の不足や勘違いが文中に散在するのではと危惧している。それらの点について読者からご叱正を頂ければ機会をみつけて改めたい。

　本書の構成は著者が京都大学、京都産業大学および大阪大学で行った講義ノートが元になっている。このため、大学の半期講義数に加筆部分も含めて全体が15章に分かれており、これが読者の興味に従って5部に分類されている。第1部「放射線の実体」と第2部「放射線と人体」では本書の基幹的な内容について述べている。さらに、医療に興味ある読者は第3部「放射線と医療」、生命科学に興味があれば第4部「生命とDNA修復」、そして原子力事故と放射線防護に関心のある読者は第5部「原子力災害と放射線防護」にそれぞれ読み進んで頂ければと思う。また、講義を理解するための補足事項は、コラムや解説として随所に記載した。

　執筆にあたって、小野哲也（環境科学技術研究所）、遠藤暁（広島大学）、福田寛（東北医科薬科大学）、加藤晃弘（同）、柿沼志津子（放射線医学総合研究所）、田内広（茨城大学）、浜島幸子（東京ニュークリアサービス（株））、山本政儀（金沢大学）、吉村通央（京都大学）、小林純也（同）、大谷和夫（南相馬市元市長公室長）には原稿に眼を通して多くのコメントを頂いたことにお礼を申し述べたい。また、研究室の谷崎女史には図表の作成に協力頂いた。最後に、骨の折れる本書の編集作業に深い理解をもってご助力頂いた京都大学学術出版会の永野女史と高垣氏に心から感謝したい。

　　2017年1月11日　京都大学の研究室にて

　　　　　　　　　　　　　　　　　　　　　　　　　小松　賢志

目　　次

はじめに　*i*

第 1 部　放射線の実体

Chapter 1　放射線の性質　　3

1.1　さまざまな放射線の発見 …………………………………… *3*
放射線と放射能の発見　*3*／放射線の種類と透過力の違い　*7*

1.2　電離のしくみと放射線の単位 …………………………… *10*
放射線が電離を起こすしくみ　*10*／放射線と放射能の単位　*13*

1.3　放射線の性質を利用した線量計 ………………………… *16*
電離を利用する測定器　*16*／半導体を用いた検出器　*18*
シンチレーションを利用する測定器　*18*
ガラスの発光を利用する測定器　*19*／バックグラウンドと計数効率　*20*

Chapter 2　原子核反応の利用　　21

2.1　放射性核種の自然崩壊 …………………………………… *21*
原子核崩壊の種類と放射性同位元素　*21*
一定の半減期で起こる原子核の自然崩壊　*23*

2.2 原子力発電のしくみと廃棄物処理 ……………………………… 25
　　原子核分裂を人工的に起こす　26／原子力発電のしくみ　27
　　核燃料サイクルとは　30／廃棄物処理の問題　32

2.3 軍事利用された原子核反応 ……………………………………… 34
　　原子爆弾に利用された原子核分裂　34
　　水素爆弾に利用された核融合　35

2.4 放射線の産業と学術利用 ………………………………………… 36
　　さまざまな工業利用　36／さまざまな農業利用　37
　　年代測定への利用　38

Q&A　39

第2部　放射線と人体

Chapter 3　細胞への放射線作用　　　　　　　　　　　　　　45

3.1 放射線によるDNA鎖の切断 …………………………………… 45
　　放射線の生物作用の時間経過　45
　　直接効果と間接効果で起こるDNA損傷　47
　　DNA鎖切断端の化学形　49

3.2 生物影響の評価方法と数式モデル ……………………………… 52
　　増殖死をコロニー法で測る　52／SLD回復は緩照射効果の指標　54
　　細胞生存率曲線を数式で表す　56

3.3 生物影響を修飾する諸因子 ·················· 59
　　放射線防護剤と緩和剤で障害を減らす　59
　　酸素が放射線作用を強める　61
　　放射線の種類で異なる線エネルギー付与（LET）効果　62

Chapter 4　放射線を防御する DNA 修復　　65

4.1　DNA 二重鎖切断の二つの修復経路 ················ 65
　　DNA 二重鎖切断修復の研究と放射線高感受性細胞　65
　　放射線 DNA 修復は相同組換え修復と非相同末端再結合の 2 種類　69

4.2　放射線照射直後に起こる細胞反応 ················ 72
　　細胞増殖を一時停止させるチェックポイント　72
　　DNA 構造を緩めるクロマチン再編成　76
　　修復よりも細胞死を進めるアポトーシス　78

4.3　DNA 修復がもたらす副作用 ················ 79
　　細胞周期依存性と SLD 回復　79／放射線突然変異　82

解説 1─細胞に残る DNA 二重鎖切断の爪痕　85

Chapter 5　組織・臓器の放射線障害　　89

5.1　放射線障害の確定的影響と確率的影響 ················ 89
　　放射線障害は確定的影響と確率的影響に区分される　89
　　組織により変わる放射線感受性　92／放射線障害の発症経過　95

5.2　組織特有なさまざまな放射線障害 ················ 96
　　皮膚の障害　96／精巣と卵巣の障害　98／眼の障害　98
　　その他　100

5.3 死に結びつく放射線障害と治療例 ………………………… 100
　　被ばく線量と生存期間の関係　100／骨髄死　102／腸死　104
　　中枢神経死　105／重篤な被ばく事故での治療例　106

Chapter 6　放射線による発がん　　　　　　　　　　　　　　109

6.1 自然発がんのしくみと放射線 ………………………………… 109
　　がん遺伝子の活性化とがん抑制遺伝子の不活化　109
　　自然に起こるがん化のしくみ　112／放射線発がんのしくみ　114

6.2 ヒトの放射線発がん頻度 ……………………………………… 115
　　有用な疫学資料　115／白血病の発生頻度　117
　　固形がんの発生頻度　119

6.3 放射線発がんを左右する諸因子 ……………………………… 121
　　被ばく年齢の影響　121／緩照射および放射線の種類　123
　　その他の発がん関連因子　124

6.4 放射線発がんリスクと LNT 仮説 …………………………… 125
　　LNT 仮説とは　125／放射線リスクの過小評価をさける　126

解説 2 ── DNA 二重鎖切断がヒトの発がんを引き起こす確かな証拠　129

Chapter 7　放射線による先天異常　　　　　　　　　　　　　　131

7.1 放射線に敏感な胎児期 ………………………………………… 131
　　着床前の胚死　132／器官形成期の奇形　133／胎児期の小頭症　133

7.2 遺伝的影響が発生するしくみ ………………………………… 135
　　放射線による染色体異常　135／単一遺伝子によるメンデル遺伝　138
　　さまざまなヒト遺伝性疾患　141

7.3 予想外に低い遺伝的影響リスク ……………………………… *142*
遺伝的影響リスクの推定方法　*142*／マウスの倍加線量を求める　*143*
放射線の遺伝的影響リスクの計算値　*145*
原爆生存者の遺伝的影響は確認できてない　*146*
胎内被ばくによる発がんと継世代影響の可能性　*147*

Q&A　*149*

第3部　放射線と医療

Chapter 8　がんを放射線でなおす　　　　　　　　　　*155*

8.1　がん治療の放射線生物学 …………………………………… *155*
がん治療に有効な放射線照射　*155*／低酸素細胞と放射線治療　*157*
がんの放射線感受性　*159*／正常臓器の耐容線量と治療可能比　*160*

8.2　がんと正常組織の感受性を変える …………………………… *162*
低酸素細胞を減少させてがんの放射線感受性を上げる　*162*
抗がん剤を併用する　*164*／正常臓器の障害を減らす　*166*

8.3　がん治療に優れた放射線照射法 …………………………… *169*
高エネルギーX線を用いた三次元原体照射法　*169*
強度変調放射線療法　*171*／定位放射線治療法　*171*
陽子線治療法　*172*／重粒子線治療法　*173*／組織内照射法　*174*
ホウ素中性子捕捉療法　*175*

Chapter 9 診断に使われる放射線 *177*

9.1 X 線を用いるさまざまな診断法 ················· *177*
X 線写真撮影の原理 *178*／X 線発生装置 *179*／X 線の検出 *180*
マンモグラフィ *182*／X 線 CT *183*
インターベンショナル・ラジオロジー *187*

9.2 放射性核種を用いる診断法 ················· *188*
単光子放射断層撮影法（SPECT） *188*
陽電子放射断層撮影法（PET） *191*

9.3 放射線診断で受ける被ばく線量 ················· *193*

Q&A *198*

第 4 部 生命と DNA 修復

Chapter 10 DNA 塩基修復と生命 *203*

10.1 太陽紫外線と喫煙から DNA を守る ················· *203*
太陽紫外線による DNA 塩基損傷 *203*
喫煙による DNA 塩基損傷 *205*／ヌクレオチド除去修復 *207*
損傷乗越え DNA 合成 *208*／皮膚がんと色素性乾皮症 *210*

10.2 酸素毒性から DNA を守る ················· *210*
酸化による DNA 塩基損傷 *210*／塩基除去修復 *212*
発がんと塩基除去修復 *214*

10.3 飲酒から DNA を守る ················· *214*
飲酒による DNA 塩基損傷 *214*／DNA 鎖架橋とファンコニ貧血 *217*

10.4 **DNAの複製ミスを正す** ……………………………………… *218*
  誤ったDNA塩基の取り込み *218*／ミスマッチ修復 *219*
  家族性大腸がんとミスマッチ修復 *220*

10.5 **放射線によるクラスターDNA損傷** ……………………… *220*
  酸素ラジカルによりDNA塩基損傷が作られる *220*
  放射線に特有なクラスターDNA損傷 *221*

Chapter 11 放射線DNA修復と生命　　　*223*

11.1 **DNA二重鎖切断修復の起源** ……………………………… *223*
  地球生物と太陽紫外線 *223*／地球生物と放射線 *227*
  DNA二重鎖切断修復タンパク質の起源 *228*
  放射線以外の原因によるDNA二重鎖切断 *228*

11.2 **進化を促進したDNA修復機構** …………………………… *231*
  突然変異の起源としての損傷乗越えDNA合成 *231*
  相同組換えと遺伝的多様性 *233*

11.3 **健康維持に働く修復タンパク質** …………………………… *234*
  免疫多様性と非相同末端再結合 *234*
  発がんバリアーと放射線損傷シグナル *236*
  テロメア維持とATM *237*
  ATMによる抗酸化ストレスと糖尿病抑制 *239*

Q&A　*241*

第5部　原子力災害と放射線防護

Chapter 12　福島第一原子力発電所の事故　　*245*

12.1　事故の概要と安全神話 …………………………………………… *245*
緊急冷却装置とベントの構造　*245*／事故の経緯　*247*
事故で明らかになったいくつかの問題点　*252*

12.2　周辺地域の汚染状況と食品規制 …………………………………… *254*
放出された放射性物質　*254*／外部放射線量と環境内での動き　*256*
食品の規制　*259*／食品中セシウム137の規制値の計算例　*262*

12.3　被ばく線量と健康調査 ……………………………………………… *264*
住民の被ばく状況　*264*／住民の健康調査　*266*
放射線作業者の被ばく状況と健康調査　*267*

解説3──セシウム137の生物濃縮　*269*

Chapter 13　世界の原子力災害と関連事故　　*273*

13.1　原子爆弾と核実験による被ばく ……………………………………… *273*
広島・長崎の原爆被爆　*273*／ビキニでの核実験　*277*
中国での核実験　*279*／セミパラチンスクでの核実験　*281*

13.2　福島以外の原子力発電所事故 ………………………………………… *282*
チェルノブィリ原子力発電所事故　*282*
スリーマイル島原子力発電所事故　*285*

13.3 **核燃料処理施設での被ばく** ……………………………………… 286

　　セラフィールド原子力施設　286／ハンフォード原子力施設　287
　　マヤック核物質製造施設　288／東海村JCO臨界事故　288

Chapter 14　身の回りに存在する放射線　　　　　　　　　　　　*291*

14.1 **我々を取り巻く自然放射線** ……………………………………… 291

　　自然放射線源と人工放射線源　291／大地中の放射線源　293
　　空気中の放射線源　295／食べ物と体内の放射線源　298
　　宇宙放射線　299／さまざまな消費財からの被ばく　301

14.2 **自然および人工放射線からの職業被ばく** ……………………… 303

　　鉱山での自然放射線からの被ばく　303
　　航空機搭乗による宇宙放射線からの被ばく　304
　　人工放射線源からの被ばく　305

14.3 **世界の高放射線地域と影響調査** ………………………………… 306

　　世界の高放射線地域　306／住民の放射線影響調査　306

Chapter 15　放射線を管理する　　　　　　　　　　　　　　　　　*309*

15.1 **放射線被ばく防護の基本原則** …………………………………… 309

　　外部被ばくの特徴と防護の基本原則　309
　　内部被ばくの特徴と防護の基本原則　311

15.2 **体内の放射能を除去する薬剤** …………………………………… 313

　　放射性ヨウ素の取り込みを少なくするヨウ化カリウム　313
　　放射性セシウムの除去に有効なプルシアンブルー　314

15.3 放射能汚染地域での生活の工夫 ………………………………… 315
    家屋周辺の除染方法　316
    被ばくを避ける家庭での対策　317
15.4 放射線被ばくの規制と核軍縮の歴史 ……………………………… 318
    ICRPの基本的な考え方と勧告　318
    職業被ばく線量限度の歴史　321／公衆の線量限度の歴史　324
    我が国の放射線障害防止法　326／世界の核軍縮の動向　328

Q&A　331

参考図書　334

放射線の歴史　336

索　　引　339

コラム

Column 1　もう一つのポアンカレ予想　5
Column 2　半減期の十進法表記　24
Column 3　ラジカルとオゾンホール　47
Column 4　遺伝子命名法とタンパク質の呼び方　67
Column 5　象はなぜがんにならないか　80
Column 6　幹細胞、ES細胞、iPS細胞　94
Column 7　白血病と骨髄　107
Column 8　がんと癌　112
Column 9　我が国のがん発生　127
Column 10　ビートルズとX線CT　183
Column 11　日本人に飼い慣らされた毒素菌　206
Column 12　同時代の先駆者ダーウィン、メンデル、ミーシャ　224
Column 13　我が国での内部被ばくの最高値　266
Column 14　スパイとポロニウム210　298
Column 15　ダイアルペインターの悲劇　319

第 **1** 部
放射線の実体

Chapter 1
放射線の性質

放射線には電磁波のX線・γ線や粒子線のα線・β線などいくつかの種類があるが、いずれも物質に衝突して電離や発光を起こす。従って、放射線の量もこれら放射線作用を利用した測定器を用いて容易に測定することができる。ここでは、すべての放射線生物影響の基礎になる放射線単位とその測定原理、また電磁波および粒子線の性質について述べる。

1.1 さまざまな放射線の発見

放射線と放射能の発見

　放射線は医学や産業利用として、あるいは環境中放射線として、我々の身の回りに当たり前のように存在している。しかし、人類が放射線を知ったのは近年になってからであり、しかも多くの重要な科学的発見と同様に偶然の産物であった。ウルツベルグ大学（ドイツ）の物理学教授であったレントゲン（Wilhelm C. Röntgen）は（図 1.1a）、プラス（陽極）とマイナス（陰極）の二極を有するクルックス管（第 9 章 179 頁参照）に高電圧をかけた時に発生する電子線の研究中に、黒い紙で覆ったクルックス管から離れた場所にある蛍光物質が発光することに気づいた。クルックス管のガラスおよび黒紙を通り抜ける新種の放射線が出ているとして、1895 年 12 月 28 日付けのウルツベルグ物理医学会誌（論文名"Über eine neue art von strahlen"）に報告した。

(a) レントゲン教授　　　(b) X線発見当時の写真

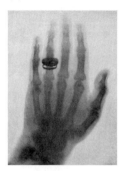

図 1.1　レントゲン博士と手の X 線写真
ウルツベルグ大学（ドイツ）の W.C. Röntgen の写真 (a) と、1896 年 1 月 23 日に開催された講演会でレントゲン自身が説明に用いた出席者の手の X 線写真 (b)。
(a) Courtesy of U.S. National Library of Medicine, (b) Courtesy of the University of Wurzburg.

　この新しい放射線は、数学で未知量を表す記号 X にちなんで「X 線」と名付けられた。論文には夫人の手の X 線写真が添えられており、このことから彼が当初より X 線の医学利用を意識していたことがうかがえる。実際、年明け早々の 1 月 6 日にはベルリン内科学会総会で X 線の有用性が議論され、同月 23 日にはウルツベルグ医学物理学会においてレントゲン自身が講義を行った。講義の中でレントゲンは、出席者の一人の手の X 線写真を回覧しながら人体を透過する X 線について語ったという（図 1.1b）。当時の興奮が伝わってくるようである。この人類最初の人工放射線の発見は、第 1 回ノーベル物理学賞受賞の栄誉に浴した。
　一方、翌年の 1896 年にはベクレル（Antoine H. Becquerel）が天然のウラン鉱石から蛍光作用など X 線と似た性質を持つ放射線が出ていることを報告した。クルックス管から発生する X 線に対して、これはベクレル線と呼ばれた（コラム 1）。この発見によりベクレルは放射能の単位（後述）としてその名前を残すことになる。ベクレル線はやがて 1 種類の放射線でないことがわかった。ラザフォード（Earnest Rutherford）は透過力の違いから、ウラン鉱石からのベクレル線には 2 種類以上の放射線があることに気づき、

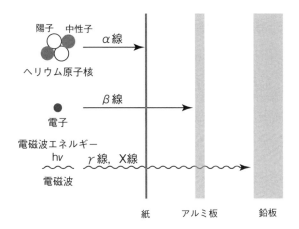

図 1.2　放射線の種類と透過力
α線やβ線などの粒子線はそれぞれ紙や薄いアルミ板で完全にしゃへいできるが、電磁波のγ線のしゃへいには厚い鉛ブロックが必要である。

Column 1　　　　　　　もう一つのポアンカレ予想

　アンリ・ポアンカレは19世紀後半に活躍したフランスの数学者、物理学者である。直感を重要視する立場から彼が提言したポアンカレ予想は、数学上の大難題であるミレニアム懸賞問題（賞金100万ドル）として有名である。100年後の2002年にロシアの数学者ペレルマンにより証明されたが、賞金を辞退して隠棲したことで社会的な注目を浴びた。しかし、これとは別にポアンカレが重要な予想をしていたことをご存じだろうか。

　もう一つのポアンカレ予想は、レントゲンの報告後に「強い蛍光を発する物質は、蛍光とともにX線も放出している可能性がある」とパリ学士院で紹介したことである。これに啓発されたベクレルは蛍光を発するウラン鉱石に日光を当ててX線を検出しようとしたが、日光を当てなくてもウラン鉱石から放射線が出ることを発見した。レントゲンの発見からベクレルの発見までわずか2ヶ月であったことは2人の間に激しい研究競争があったと思わせるが、実際は誤った予想が大発見を進めたのである。

第 1 部　放射線の実体

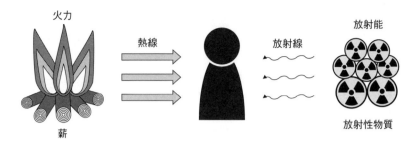

図 1.3　放射線と放射能
放射線と放射能をたき火に例えると、たき火の火力が放射能で、たき火からでる熱線（赤外線）が放射線に相当する。

1898 年にそれぞれ α 線と β 線と名付けた（図 1.2）。その 2 年後には別の研究者が透過力の高い 3 番目の放射線を発見して、ラザフォードのすすめにより γ 線と名付けた。これらの放射線はいずれも放射性物質の原子核崩壊に伴って発生したものである。

　ベクレルの発見に興味を持ったマリー・キュリー（Marie Curie、キュリー夫人）は、ウラン鉱石と同様に放射線を出すピッチブレンド鉱石を分離精製して、1898 年に 2 種類の放射性元素ポロニウムとラジウムを報告した。ポロニウムはキュリー夫人の祖国ポーランド、ラジウムはラテン語の放射線にちなんで名付けられた。キュリー夫人はさらに、夫ピエールが開発した水晶板ピエゾ素子電気計などを用いて放射線による電離作用の定量的な測定に成功した。この結果から、放射線の量は周囲の温度や光に左右されず、放射性物質であるウランやラジウムの含有量のみで決まることを見いだして、電離作用や蛍光作用を引き起こす能力として初めて「放射能」（Radioactivity）の言葉を用いた。

　ここで、放射能、放射性物質（元素）、放射線（X 線など）の言葉の意味の違いを整理しておこう。これらの関係は、たき火の火力や薪、熱線に例えるとわかりやすい（図 1.3）。

放射線（radiation）：
　　X線管やウラン化合物などから放射される電離作用のある電磁波や粒子線を指す。電離作用のない紫外線などの電磁波と区別するために電離放射線ということもある（たき火から発せられる熱線に相当する）。

放射性物質・元素（radioactive material/element）：
　　セシウム137のように放射線を放出する物質・元素を指す（たき火の燃料である杉や松などに相当する）。

放射能（radioactivity）：
　　放射性物質が放射線を出す能力を言う（たき火の火力に相当する）。たき火でやけど（障害）を受けるのは熱（放射線）が原因であるが、火力（放射能）が強ければ熱（放射線）の量も多くなり障害はひどくなる。

放射能という言葉は放射性物質の種類にかかわらず放射線を出す能力・性質の意味で使われる。また、X線管のような放射線発生装置には用いず、あくまでも放射性物質に対して使用する。

放射線の種類と透過力の違い

　現在知られている放射線には、α線、β線、γ線、X線などがある。これらについて説明する前に、まず原子の構造をおさらいしておこう。原子は、簡単に言うと正の荷電を持つ原子核の周囲を負の荷電を帯びた電子が、核の正荷電と引き合いながら回っている状態である。電子は内側からK殻、L殻、M殻、N殻、O殻、P殻の一定の軌道しか回れないので、軌道電子とも呼ばれる（図1.4）。一番外側の殻の電子が原子のイオン化に関係しており、また原子の化学的性質を特徴づけている。例えば、周期律表の同じ列（アルカリ金属）に属するNaやK、Csはそれぞれの最外殻M殻やN殻、P殻に共通して1個の電子を持つ。この電子がなくなるといずれもNa^+やK^+、Cs^+のプラス一価イオンになる。

　原子核の正の荷電は原子核内に存在する陽子の数によって決まり、従って

第 1 部　放射線の実体

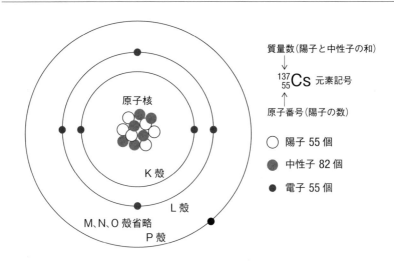

図 1.4　セシウム 137 の原子核模型
セシウム 137 は、陽子 55 個と中性子 82 個から構成される原子核と、最外殻 P の電子 1 個を含めた核外電子 55 個で構成されている。

原子の陽子数はイオン化していない限り常に周囲の電子数と一致している。陽子が増えると大きな原子となり、化学的性質を決める核外の電子数も決まるので、陽子の数が原子の性質を決めることになる。そこで、陽子の数をそれぞれの原子の種類を表す原子番号とするのである。一方、原子核には陽子とほぼ同じ質量を持つが電荷を持たない中性子も存在しており、陽子と中性子の合計数は質量数と呼ばれる。原子番号および質量数は、「$^{質量数}_{原子番号}$原子名」のように表記する（図1.4）。例えばセシウムは、安定な $^{133}_{55}Cs$ および放射性の $^{134}_{55}Cs$、$^{137}_{55}Cs$ で表される。これらのセシウムは質量数が 133、134、137 と異なるが、陽子数により決まる原子番号がいずれも 55 であることが、これらは同じセシウムであることを示している。習慣的に、原子番号 55 は省略されることが多い。

同じ原子番号で質量数が異なる場合にそれらを同位体あるいはアイソトープと呼び、セシウム 134 と 137 は同位体である。セシウム 134 と 137 のよう

8

に同位体が放射性である場合に特に**放射性同位体**あるいは放射性アイソトープ（ラジオアイソトープ）と呼ぶ。天然に存在する非放射性のセシウム133は安定同位体（安定アイソトープ）と呼ばれる。

　原子核を構成するこれらの陽子や電子、あるいは原子核そのものが高速に加速されると放射線になる。ラザフォードが発見した**α線**の正体は高速のヘリウム原子核である。ヘリウムは陽子2個と中性子2個で構成される大きい粒子である。大きさに加えて、電荷も大きいので、α線は物質中の原子核と相互作用してすべてのエネルギーを短い距離で失って停止する。このためα線は紙一枚で簡単にしゃへい（遮蔽）され、ヒトの皮膚の表層を通過できない（図1.2）。一方、**β線**は高速の電子である。電子は物質を構成する最小単位の素粒子の一つであり、その質量は陽子の1/1800程度である。このように電子はヘリウム核よりはるかに小さいので、α線よりも透過力が強い。そのためしゃへいには、数mmのアルミニウム板が必要である（図1.2）。しかし、ヒトの皮膚は透過するが、体の深部まで到達することはできない。同様に、中性子や陽子が高速化した放射線はそれぞれ中性子線や陽子線と呼ばれる。このようなα線、β線、中性子線や陽子線を総称して**粒子線**と呼ぶ。

　α線やβ線を放出して放射性核種が崩壊したとき、原子核に残っている余分なエネルギーは**γ線**として放出される。γ線は光や紫外線と同じ電磁波であるがエネルギーが大きく、物質に衝突すると軌道電子をはじき飛ばして電離を起こさせる。このようにγ線は原子核の崩壊に由来するのに対して、同じ高エネルギーの電磁波であるX線は原子核外の電子に由来する放射線である。放射線が物質に衝突して電離を起こした時に、原子核のK殻やM殻など内側の軌道の電子がはじき飛ばされて空になると、外側の軌道の電子が順次これを埋める。この時の電子軌道のエネルギー差がX線として放出される（図1.5a）。このX線を特性X線といい、軌道のエネルギーの差に相当する固有のエネルギーを持つX線である（図1.5b）。

　一方、レントゲンが観測したX線は、特性X線とは発生機構が異なる**制動X線**である（図1.5a）。クルックス管の高電圧の陰極から放出された電子は、ガラス管に衝突した際にガラス構成分子の正荷電の原子核に引き寄せられて制動をかけられて減速する。そのときの電子の減速分のエネルギーがX線

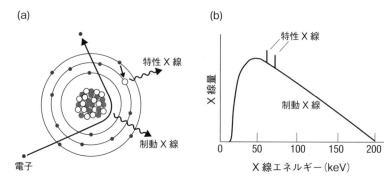

図 1.5　電子の衝突と X 線の発生

電子が物質と衝突したときに発生する X 線には、電子の減速時に発生する制動 X 線と、はじき飛ばした軌道電子を外側の電子が埋めた時のエネルギー差により発生する特性 X 線の 2 種類がある (a)。制動 X 線は連続的なエネルギーを示すが、特性 X 線のエネルギーは軌道エネルギー差に相当する固有値になる (b)。

として放出されたものが制動 X 線である。特性 X 線と異なり、連続的なエネルギー分布をするのが特徴である。クルックス管から発生する X 線は専ら制動 X 線であるが、現在利用されている高電圧の X 線管（クーリッジ管）からは特性 X 線と制動 X 線の両方が発生する（図 1.5b）。γ 線と X 線（特性 X 線と制動 X 線）は発生機構が異なる以外に両者に本質的な違いはない。γ 線と X 線ともに高エネルギーの電磁波であるので、透過能力は粒子線の α 線や β 線よりも極めて高く、人体を貫通する（図 1.2）。

1.2　電離のしくみと放射線の単位

放射線が電離を起こすしくみ

　透過能力はさまざまだが、いずれの放射線も物質により遮られる。物質にぶつかった放射線は、物質に電離や励起を起こしながら、自身はエネルギーを次第に失って最後に消滅する。放射線が人体に及ぼす放射線障害は、このときの電離作用が原因である。放射線を特徴づけているこの電離作用や励起作用の様相は電磁波と粒子線で異なる。

X線やγ線といった電磁波が物質中でエネルギーを失う過程は、光電効果、コンプトン散乱、電子対生成の3種類に分けられる。光電効果とは、X線やγ線が原子と相互作用して、軌道電子を原子系外に放出（電離あるいはイオン化と呼ばれる）し、自身はエネルギーを失う現象（光電吸収）である。電離作用に費やされたX線やγ線エネルギーの残りが、放出された電子（光電子と呼ぶ）の運動エネルギーになる。光電効果が起こるエネルギーは物質によっても異なるが、例えばアルミや鉛で光電吸収が起こるX線やγ線のエネルギーはそれぞれ50 keVおよび500 keV（キロ・エレクトロンボルト）以下である。ここでeV（エレクトロンボルト）とは原子や電子のエネルギーに使われる微小なエネルギー単位である（$1\,\mathrm{eV} = 1.60 \times 10^{-19}$ J（ジュール））。1個の電子eが1 V（ボルト）の電圧により与えられるエネルギーの単位で、例えば、X線管に1000 Vの電圧をかけた時に発生する電子のエネルギーは1.0 keVとなる。

　物質の電離には5～30 eV程度のエネルギーが必要であるが、光電効果では電離で残ったエネルギーのすべてを飛び出した電子に与えて、自身は吸収される。エネルギーが少し大きいX線やγ線は原子内の電子をはじき飛ばすが、全エネルギーが吸収されることはない。最初の衝突後、γ線やX線自身はエネルギーを弱めながら他の原子と衝突を繰り返して散乱（**コンプトン散乱**）を繰り返し、次々と電離を起こす。この時に発生した電子はコンプトン電子と呼ばれる（図1.6a）。そしてエネルギーが小さくなるにつれ、光電効果も起こるようになる。光電効果やコンプトン散乱により発生した電子（光電子やコンプトン電子）はさらに物質中の他の原子と衝突するので複雑な反応となる。この時、電離だけでなく原子の励起により蛍光も発光する。レントゲンが観察したX線管から離れた場所に置いた蛍光物質の発光がこれである。

　一方、1.02 MeV（メガ・エレクトロンボルト、メガはキロの1000倍）以上の高エネルギーのγ線では、コンプトン散乱に加えて、原子核の近傍で負に荷電した電子と正に荷電した陽電子の一対を創生する**電子対生成**が起こる。陽電子は不安定なので、直ちに0.51 MeVのγ線2本（消滅放射線）を放出して消滅する（図1.6a）。これらの過程による放射線のエネルギー消失は、

第 1 部　放射線の実体

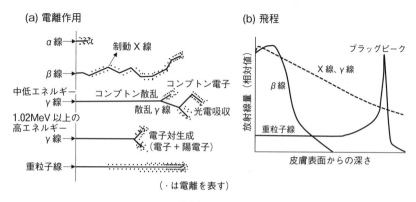

図 1.6　放射線の電離作用と飛程

高エネルギーおよび中低エネルギーのγ線はそれぞれ電子対生成、コンプトン散乱と光電効果により電離を起こしながら物質中で徐々にエネルギーを失う。一方、α線と重粒子線は直進しながら電離を起こして最後にすべてのエネルギーが物質に吸収される。また、β線は物質との相互作用で、制動X線を発生しながら、電離と衝突を繰り返す(a)。エネルギーを失った放射線は物質を透過できなくなり停止する。このためγ線とβ線は人体の皮膚表面からの距離とともに到達量が少なくなり、またα線と重粒子線は一定の距離まで到達した後に、ブラッグピークを形成して停止する(b)。

衝突した元素の原子番号が大きいほど起こりやすい。そのため、X線やγ線のしゃへいに通常は鉛などが用いられる（図 1.2）。

　α線やβ線のような粒子線は物質中の原子と相互作用して電離や励起を起こし、それ自身はエネルギーを弱めながら散乱して他の原子との相互作用を繰り返す。β線のように質量の小さい粒子は原子核の電場で進路を曲げられて制動X線を発生してエネルギーを失うが、α線のように質量が大きい粒子線は直進するので制動X線の発生が問題になることはない（図 1.6a）。また、α線では質量、電荷ともに大きいので、その飛跡に沿って高密度の電離を起こし、自身は速やかにエネルギーを失う。特に、α線や重粒子（ヘリウムよりも原子番号が大きい原子核を重粒子と呼ぶ、たとえば鉄イオン）のように質量の大きい粒子線は飛跡の終わり近くで、つまり停止直前に、イオン密度が最も高くなる**ブラッグ効果**によりすべてのエネルギーを失う性質がある

（図1.6b）。従って、質量の大きい粒子線はほぼ一定の飛距離（飛程）で停止し、それ以上に遠くに届くことはない。

それに対して、β線は物質中で徐々に減弱するのでなだらかな透過曲線を描く（図1.6b）。中性子線では、中性子が電荷を持たないので、軌道電子との直接的な相互作用をせずに、原子核と衝突を繰り返しながらエネルギーを失う。中性子と質量が同じ水素原子核との衝突が最も効率的にエネルギーを減少させるので中性子のしゃへいには水などの軽水素が用いられる（第2章28頁参照）。

放射線と放射能の単位

　放射線や放射能の量を表すのに放射線治療や放射線防護、環境汚染など目的に応じてさまざまな単位が使い分けられている。放射線や放射能をそれぞれ単位重量あたりに吸収したカロリーや放射性物質の重さで表すこともできるが、放射線特有の性質のために専用の単位グレイ、シーベルト、あるいはベクレルなどが用いられる。これらは放射線研究の初期に活躍した物理学者、Louis H. Gray、Rolf M. Sievert、Antoine H. Becquerel の名前に由来する。

　1 **グレイ** とは生体を含む物質1 kgあたりに1 J（ジュール）のエネルギー吸収を与える放射線の量（**吸収線量**）と定義され、記号 Gy で表す（表1.1）。生物研究や放射線治療で使われる単位である。単位としては100分の1の cGy（センチグレイ）が使われることもある。これは Gy が普及する前に生物研究論文で用いられていた CGS 単位系の rad（ラド）との換算が便利なためである（1 rad = 1 cGy）。同じ吸収線量 Gy の被ばくを受けても、放射線の種類や組織・臓器により放射線の影響は異なることがある。そこで放射線防護では、Gy に一定の係数を乗じた **等価線量** や **実効線量** が使われる。両方の単位にいずれも **シーベルト** が用いられ、記号 Sv で表す。すなわち、

等価線量 1（Sv）= 1 Gy × 放射線荷重係数 Wr
実効線量 1（Sv）= 全身組織の総和 Σ（等価線量 × 組織荷重係数 Wt）_組織_

放射線荷重係数 Wr は放射線の種類により決まる係数であり、例えば、γ線やβ線では1.0、α線では20、中性子線では中性子のエネルギーにより異な

表 1.1　放射線の単位

	単位	定義	使用目的
放射線量	Gy（グレイ）	放射線の物理量単位。 1 kg の物質が 1 J（約 0.24 カロリー）のエネルギーを吸収するときの放射線量	基本的な放射線の物理量として、人体被ばく、生物実験、放射線治療に用いられる。
	Sv（シーベルト）	人体影響を表す線量単位。	
	・等価線量	グレイに放射線荷重係数 Wr をかけた放射線量（Gy × Wr） X 線、γ 線と β 線の Wr 値は 1、α 線は 20、陽子線は 2。	放射線の種類により変わる人体影響を、一律に評価する線量として放射線防護で用いられる。
	・実効線量	等価線量に組織荷重係数 Wt をかけて被ばくしたすべての組織について合算した線量 全身組織の総和 Σ（等価線量 × Wt）組織 骨髄の Wt 値は 0.12、生殖腺は 0.08、皮膚は 0.01。	同じ等価線量の被ばくでも部分被ばくか全身被ばくかにより変わる人体影響を一律に評価する線量として法令や放射線防護で用いられる。
放射能量	Bq（ベクレル）	1 秒あたりに起こる放射崩壊の数	ベクレルは原子数と崩壊速度の積になるので、放射性物質量に比例する。
放射線性質	keV/μm (LET、線エネルギー付与)	荷電粒子線が 1 μm 進んだときに物質に与える平均エネルギー（keV/μm）。コバルト 60 γ 線と X 線の LET は 0.2-2.0 keV/μm、4 MeV の α 線は 110 keV/μm。	密に電離（高 LET）を起こす α 線や重粒子線は生物効果が大きく、低 LET の X 線/γ 線や β 線は小さいので、LET は生物効果と放射線荷重係数の目安になる。

った係数が与えられる（表 1.1）。γ 線や β 線の放射線荷重係数は 1 なので、吸収線量 Gy は等価線量 Sv と同じ数値になる。

　一方、法令に用いられる線量は、等価線量に組織荷重係数 Wt を乗じた実効線量である。組織荷重係数はある特定の組織が被ばくした時に全身被ばくの影響に換算するために放射線リスクを組織ごとに按分した係数である（表 1.1）。例えば皮膚や骨髄ではそれぞれ 0.01、0.12 となり、組織ごとの組織荷重係数の総和は 1 となる。等価線量と実効線量はともに Sv を単位として用いるので、被ばく放射線量が Sv で表現された時にどちらの線量かに注意する必要がある。Sv の単位としては、1000 分の 1 にあたるミリシーベルト（mSv）や 100 万分の 1 にあたるマイクロシーベルト（μSv）が使われる。また、時

間や分など単位時間あたりの線量を**線量率**と言い、μSv/時あるいはμSv/分で表すことが多い。例えば、10 μSv/時の線量率の場所で1日8時間被ばくすると1年では、10 μSv/時×8時間×365日＝29.2 mSv被ばくすることになる。一方、放射線管理では実効線量の実務的な線量として、X線やγ線の場合に被ばくが最大となる体表面から1 cmの深さの線量を評価する1 cm線量当量（Sv）が使われる。実効線量より常に高い値となる1 cm線量当量を用いると安全側に被ばく管理ができるので、放射線管理用の測定器（サーベイメーター）はこの1 cm線量当量で表示されている。

　Gyは単位重量あたりのエネルギーであるのでカロリーへの換算が可能である。例えば、全身に4 Gy（＝4 J/kg）被ばくした半数の人は60日以内に亡くなるが（第5章101頁参照）、この時の平均体重60 kgの人が全身に吸収した熱エネルギーは、

$$4 (J/kg) \times 60 (kg) = 240 (J) = 57.6 (Cal)$$

57.6 Cal（カロリー）は別の計算では体重60 kgの全身の体温をわずか0.00096℃上げる熱量、あるいは小さなスプーン一杯（2.5 ml）のお湯（60℃）を飲んだ時の熱量に相当する。このように、放射線は生体全体への吸収エネルギーはごくわずかであるが、照射された狭い範囲のイオン化や分子結合の切断に充分なエネルギーを持っている。

　つまり放射線は飛跡内の原子や分子に局所的にエネルギーを付与することに特徴がある。この局在したエネルギー吸収を表すために、放射線が物質を通過する時の飛跡1 μmあたりに失う（吸収される）エネルギー量を線エネルギー付与 **LET（Linear Energy Transfer）** と呼び、その単位に keV/μm が用いられる。例えば、コバルト60由来のγ線および診断用250 kVのX線のLETはそれぞれ0.2 keV/μmと2.0 keV/μmになり電離をまばらに起こす。これに対して、4 MeVのα線では110 keV/μmとなり、飛跡あたりγ線やX線よりも55～550倍の高密度で電離を起こす（表1.1）。放射線種別のLETの値は、高エネルギーX線、γ線、β線、＜低エネルギーX線、γ線、β線、＜陽子線、＜α線、重粒子線（例えばFeイオン）となる。LETが高い放射線ほど生物影響も大きく、従って放射線荷重係数も大きくなる。

放射能の単位として使用されるのが**ベクレル**である。1 秒間に 1 回の放射崩壊が起こるときの放射能の強さを 1 ベクレルと定義し、記号 Bq で表記する。一般には、1000 倍の kBq（キロベクレル）や 100 万倍の MBq（メガベクレル）が使われる。放射能の強さとして放射性物質の重量で表すことも可能であり、例えば 500 Bq のセシウム 137 は約 0.00000000015 g となる。このように 0 が 10 個も連なった桁違いに少ない量であり、また同じグラムでも核種により放射能の強さが異なるので Bq を用いると便利である。

Bq は単位体積あたりの Bq/L、あるいは単位面積あたりの Bq/cm^2 などの形で使われることが多い。放射線のエネルギー（核種）と距離がわかれば、放射能から吸収線量への換算もある程度可能である。例えば、1 MBq のセシウム 137 が土壌表層 1 m^2 に均一にあるときの高さ 1 m での線量率はおよそ 2.1 μSv/時と計算される。

1.3 放射線の性質を利用した線量計

放射線量グレイや放射能の強さベクレルは放射線測定器を用いて容易に測ることができる。X 線や γ 線は、物質との相互作用による光電効果やコンプトン散乱により電離や発光（蛍光）を引き起こす。同様に、α 線や β 線のような荷電粒子も物質中の原子と相互作用して電離や発光を起こす。放射線の定量的な測定には、これらの電離や発光作用が利用される。すべての放射線を測定できる万能放射線測定器は存在しないので、放射線の種類や用途によっていくつかの測定器を使い分ける必要がある。

電離を利用する測定器

封入した空気やアルゴンなど気体分子に放射線が当たると、電離作用により電子と陽イオンにわかれる。電極に電圧をかけて、発生したイオン対のすべてが電極に到達できるようにして、そのときの電流パルスを測るのが**電離箱**である（図 1.7a）。電離箱はイオン対の数を測定しているので、単位時間あたりの放射線量、すなわち線量率（μSv/時）を直接測定していることになる。その反面、電気回路からのノイズが入りやすく、感度を高めるためには

図 1.7　電離を利用した放射線測定器

電離箱では放射線の電離により発生した一次イオン対の電子を陽極に集めて測定する (a)。GM 管では電極に高電圧をかけることで、加速された一次イオン対が電子雪崩を起こした時に発生する電子を陽極で測定する (b)。

さらに電圧をかける必要がある。

　電極にかける電圧（印加電圧）を上げると、放射線により発生した一次イオン対が印加電圧により加速され、気体分子に次々と衝突して二次イオンと電子が発生する電子なだれが起こり、一次イオン対数の違いに無関係に大きい電離が起こる（図 1.7b）。この領域の電圧（ガイガー領域）を利用して放射線の入射数（カウント/分、cpm: counts per minute）を測定するのが **GM 管**（ガイガー・ミュラー管）である。GM 管の特徴は高い放射線計数効率にあり、特に β 線に対しては 100% 近い計数効率を有する。しかし、γ 線に対してはわずか 1〜10% 程度の計数効率である。

　電離箱も GM 管も携帯用の放射線測定器（サーベイメーター）として γ 線の空間線量率の測定に用いられるが、GM 管式サーベイメーターは β 線の表面汚染のサーベイメーターとしても利用されている。セシウム 137 は β 線と

γ線（正確にはバリウム 137m から放出）を同時に放出するので、アルミのふたをせずに GM 管式サーベイメーターでγ線を測定すると、β線の高い計数効率のために異常に高い数値が表示されることがある。逆にセシウム 137 の表面汚染をβ線で測定するにはアルミのふたを外す必要がある。

半導体を用いた検出器

　放射線の電離作用は気体だけでなく固体内でも起こる。電気が流れない条件で半導体に電圧（バイアス電圧）をかけると、放射線により半導体内に生じた電離を検出することができる。原理は電離箱測定器と同じであるが、固体は気体よりも 1000 倍も密度が高いので計数効率に優れている。また、気体内ではイオン対生成に 30 eV 必要であるが、半導体ではわずか 3～4 eV で電離（電子・正孔対）が起こるので、エネルギー分解能が良い。

　このように**半導体検出器**はγ線のエネルギースペクトルを高解像度で検出するので、その放射線エネルギーから放射性核種を特定することができる。特に高純度のゲルマニウムを用いた **Ge 検出器**（ゲルマニウム検出器）は、マイナス 196℃に冷却することで熱励起によるノイズを低く抑えて、放射線のエネルギーを精度良く測定する。このため、福島原発事故後の飲料水の基準値 10 Bq/kg など低レベルの放射能の測定には必須である。

シンチレーションを利用する測定器

　放射線は、物質に衝突して蛍光を発光する。特に、ヨウ化ナトリウム（NaI）のような蛍光物質が照射されると、軌道電子が外側のエネルギーの高い軌道に遷移して不安定な励起状態になる。やがて、この不安定な状態からエネルギーの低い安定な状態に戻る時に蛍光が放出される。この放射線を照射された物質が蛍光を発する現象をシンチレーション、そして NaI のような蛍光を発する物質をシンチレーターと呼ぶ。それを利用した測定器を**シンチレーション検出器**という。この蛍光は微弱であるので、光電子増倍管により蛍光を電子（光電子）に変換して、電流として放射線量（μSv/時など）を測定する（図 1.8a）。発光量は放射線のエネルギーにより異なるので、電流パルスの大きさからエネルギースペクトルを解析することもできる。しかし、放射性核

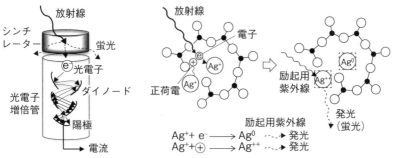

図 1.8 発光を利用した測定器の原理

シンチレーション測定器では放射線とシンチレーター（例えば、ヨウ化ナトリウム）との衝突による発光（シンチレーション）を光電子増倍管で電気シグナルに変えて放射線量を測定する (a)。一方、ガラス線量計では、銀イオンを含むガラスに放射線照射すると銀イオンが活性化し、さらに紫外線を照射すると発光する現象（ラジオフォトルミネセンスと呼ばれる）を利用して放射線量を測定する (b)。

種を特定するエネルギーのピーク幅が Ge 検出器に比べて広く（分解能が悪い）、似たような γ 線エネルギーを放出する核種と重なって判別が困難となる場合もある。

　シンチレーション検出器は、γ 線に対する計数効率が高く、ほぼ 100% 近くなる。一方、α 線や、トリチウムや炭素 14 からの低エネルギー β 線は、飛程が短く、ヨウ化ナトリウムの潮解を防ぐために設けられたカバーに遮られて検出器に届かない。このような飛程の短い放射線に対しては、放射性物質そのものを液体蛍光物質に溶解して測定することもできる。この場合には液体蛍光物質のジフェニルオキサゾール（2,5-Diphenyloxazole: PPO）をトルエンなどに溶解した有機シンチレーターが用いられる。

ガラスの発光を利用する測定器

　銀を 0.17% 程度含有するリン酸塩ガラス（通常のガラスはケイ酸塩）に放射線を照射すると電離が起こる。ガラス構造中で電子は正イオンの銀 Ag^+

に捕獲されて Ag^0 になるが、電離により生じた正荷電は Ag^+ と反応して時間とともに Ag^{++} に変わる（図 1.8b）。その後、紫外線を照射すると Ag^0 と Ag^{++} はともにオレンジ色の蛍光を発光するので、その発光量から放射線量が定量できる。次に、高温（約 400℃）で加熱すると、Ag^0 と Ag^{++} の蛍光中心が消滅し、新たに線量の集積を開始させることもできる。この現象をラジオフォトルミネセンスといい、入射した放射線量に比例した蛍光を発光することから**ガラス線量計**として放射線計測に用いられている。

先述のシンチレーターは放射線が入射するとすぐに発光するが、ガラス線量計では放射線エネルギーが蓄積されて保存される特徴がある。このため、個人の被ばく線量や環境モニタリング用として、一定期間ごとに回収して積算された放射線量を測定するのに利用される。

バックグラウンドと計数効率

放射性核種の個々の崩壊は定期的ではなくランダムに起こるので、測定値はバラつくことになる。例えば 1 時間計測して 900 カウントだったとすると、1 分あたりの平均の計数（計数率）は 900/60 = 15 cpm（count per minute）となる。この時のバラつきはポアソン分布に従うので、標準偏差 $\sqrt{900} = 30$ は 1 分あたり 30/60 = 0.5 となり、計数率は 15±0.5 cpm と表示される。一方、36 秒測定してカウントが 9 だったとすると、同様に 15±5.0 cpm となり、平均値は 1 時間計測のときと同じでも標準偏差が大きくなることがわかる。つまり、標準偏差を低く抑えるためには、測定時間を長くしてカウントを増やすことが必要である。

一方、測りたい試料だけでなく、それ以外の天然に存在する放射性核種（たとえば、カリウム 40）や宇宙線、大地からの放射線が混じっていることが往々にしてある。試料以外の放射線を自然計数あるいはバックグラウンドと呼ぶ。低レベルの放射能を精度良く測るにはできるだけバックグラウンドの少ない環境で長時間測定する必要がある。また、試料を取り除ける場合には、バックグラウンドを測定して、その計数の差から試料の真の測定値を得ることも可能である。

Chapter 2

原子核反応の利用

放射線は放射性核種の自然崩壊によって生み出される。また、重い原子核の分裂や軽い原子核の融合による人為的な原子核反応は膨大な熱を発生し、その時に放射線および放射性核種を生み出す。この人工的な原子核反応は原子力発電や軍事目的に利用され、また原子核の自然崩壊による放射線は産業や学術利用に供される。ここでは原子核崩壊の特性、および原子力発電のしくみとそこから発生する放射性廃棄物の問題、医療目的以外の各種の放射線利用について述べる。

2.1 放射性核種の自然崩壊

放射性核種は全体として決まった速度で自然崩壊して、原子核は別の核種に変わる。この時に放出する放射線と生成核種との関係、および崩壊速度を表す半減期の性質について述べる。

原子核崩壊の種類と放射性同位元素

原子核崩壊の際の核種とエネルギーの推移は、崩壊図式と呼ばれる図で表すとわかりやすい。核種の上下位置がエネルギーの準位を表し、矢印が崩壊の方向を示す。反応前後で原子番号が増えるときは子孫核種を右側に、減るときは左側に示す。ここでは、図 2.1 の崩壊図式を参考に、典型的な α 崩壊

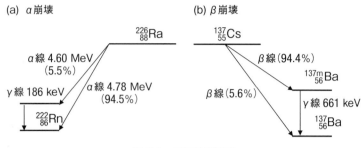

図 2.1　原子核崩壊式

原子核崩壊図は、核種のエネルギー準位を上下に表して、α崩壊して原子番号が減少すると左側に、β崩壊して原子番号が増加すると右側に矢印で示される。

とβ崩壊のプロセスを見よう。

　放射性核種がα線を放出して原子核崩壊をする時には、原子番号数（陽子数）が2、質量数が4だけ減少して新しい核種に変わる。天然に存在する放射性物質のラジウム（Ra）226は、α崩壊によって原子番号が2、質量数が4少ないラドン（Rn）222に変わり、4.78 MeVのエネルギーのα線を放出する（図2.1a）。この時、崩壊の一部（5.5%）が186 keVのγ線も放出する。

　一方、β崩壊の場合には中性子が電子（β線）を放出して陽子に変わるので、質量数は不変であるが原子番号が1だけ大きくなる。セシウム（Cs）137の例では、94.4%の割合でβ線を放出して原子番号が一つ多い準安定なバリウム（Ba）137m（mはmeta準安定の意味）に変わり、これがさらに661 keVエネルギーのγ線を出して安定な核種バリウム137に変わる（図2.1b）。つまり、

　　^{137}Cs（半減期30年）
　　　　↓　β線（連続エネルギー）放出
　　^{137m}Ba（半減期2.55分）
　　　　↓　γ線（661 keV）放出
　　^{137}Ba（安定核種）

のように変化する。残りの5.6%のセシウム137は直接バリウム137にβ崩

壊する。

　α崩壊では発生するα線エネルギーは一定である。しかし、β崩壊では中性子が陽子に変換するとき同時に発生する素粒子ニュートリノとエネルギーを分け合うため、発生するβ線は低いエネルギーから高いエネルギー（セシウム137のβ線では最大512 keV）までの連続エネルギーになる。このβ線の人体組織での飛程は2 mm以下なので、γ線と違って外部被ばくによる放射線障害にほとんど影響しない。

　α線やβ線放出の結果できた原子核の多くは励起状態にあり、そのエネルギーをγ線として放出するものが多い。γ線放出により原子核のエネルギー状態が基底状態になると安定化するが、この時、陽子数は変わらないので元素はそのままである。また、β線と違ってγ線は固有のエネルギー（線スペクトル）であるので、エネルギー測定により核種を推定できる。例えば、セシウム137の特定には崩壊に伴ってできる子孫核種バリウム137mのγ線エネルギー661 keVが利用される。

一定の半減期で起こる原子核の自然崩壊

　原子核崩壊は、個々の原子レベルではいつ起こるかわからない確率的現象であるが、まとまった数の原子が集まると規則正しく崩壊する。式で表すと、単位時間dtの崩壊速度$-dN/dt$は原子数Nに比例する（崩壊により原子数が減少するので負の符号）。

$$-dN/dt = \lambda N$$

ここでλは崩壊定数（比例定数）である。この微分方程式は簡単に解けて、t時間後の原子数Nは、$N = N_0 e^{-\lambda t}$となる（N_0は最初に存在した原子数）。つまり、図2.2に示したように放射性同位元素の数（量）は時間の指数関数で減少する。この時、放射性核種の量が半分になる時間を**半減期**（$T_{1/2}$）と呼ぶ。そうすると、

$$1/2 = e^{-\lambda T_{1/2}} \text{ から、} T_{1/2} = (\ln 2)/\lambda = 0.693/\lambda$$

つまり、$N = N_0 e^{-0.693 t/T_{1/2}}$の関係式が得られる。

Column 2 ──────────────── 半減期の十進法表記

貨幣や重量には 10 を単位として表す十進法が用いられている。放射能の減衰には元の半分になる期間（半減期）が習慣的に用いられているが、1/10 や 1/100 量になる期間を知りたいときにはどうすれば良いだろうか。半減期から放射性核種が 1/10 に減少する時間 $T_{1/10}$ は次のように容易に求められる。

$N/N_0 = 1/10 = e^{-\lambda T_{1/10}}$ から

$T_{1/10} = -\ln(1/10)/\lambda = \{(\ln 5/\ln 2)+1\}\ln 2/\lambda = \{(\ln 5/\ln 2)+1\} T_{1/2}$

　　ここで $(\ln 5/\ln 2)+1 = 3.3$ により

$T_{1/10} = 3.3\, T_{1/2}$

この式から、どの核種でも半減期に 3.3 倍乗じると 1/10 に減少する時間になる。従って、ヨウ素 131 は 26.5 日（= 3.3 × 8.04 日）、53.0 日（= 2 × 3.3 × 8.04 日）後にそれぞれ 1/10 および 1/100 に減少する。同様に半減期 30 年のセシウム 137 では、1/10 に減少する年数は約 100 年（= 3.3 × 30 年）である。

　それぞれの放射性核種は固有の崩壊定数で崩壊するので、半減期も核種ごとに一定の値になる。例えば、ヨウ素 131 は 8.04 日で元の半分の量になり、残りはキセノン 131 に変わる。さらに 8.04 日経った 16.1 日（8.04 日 + 8.04 日）には、すべてがキセノン 131 に変わるわけでなく、ヨウ素 131 は 1/4 量に減少する。同様に、半減期 30 年のセシウム 137 は 30 年で 1/2、60 年で 1/4 になる。1/10 量になるのは約 100 年後である（コラム 2）。

　このような指数関数的な減少は自然界ではよく見られる。体内に取り込まれた放射性核種も指数関数的に体外に排出される。このときの体内の放射性核種の量が半分になる時間は**生物学的半減期**（Tb）と呼ばれる。セシウム 137 のように**物理学的半減期**（Tp）が 30 年と長い場合には、専ら生物学的半減期で体内から減少する。しかし、物理学的半減期が生物学的半減期に近い場合には、実際の放射性核種の体内からの減少は生物学的半減期よりも少し早くなる（図 2.2）。この時の物理学的半減期（Tp）と生物学的半減期（Tb）を考慮した実際の**有効半減期**（Te）は下の式で求めることができる。

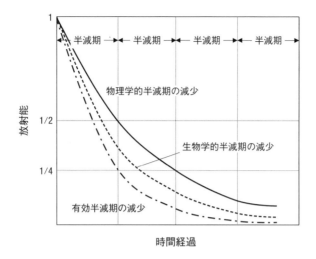

図 2.2 物理的半減期と生物学的半減期
放射性核種の原子核崩壊も、体内から排出される放射性核種の量も時間の指数関数で減少する。放射性核種が半分になるときの期間を、それぞれ物理学的半減期および生物学的半減期と呼ぶ。放射性核種が物理学的半減期と生物学的半減期の両方で体内から減少する時には有効半減期を用いる。

$$\frac{1}{Te} = \frac{1}{Tp} + \frac{1}{Tb}$$

例えば、生物学的半減期が 8 日で物理学的半減期も 8 日であれば、放射性核種の体内からの消失速度は 2 倍（有効半減期 4 日）になる。

2.2 原子力発電のしくみと廃棄物処理

原子核崩壊は人為的に行わせることもできる。ウラン 235 のように大きい原子核は不安定なので中性子を吸収して核分裂を起こす。この時に、ウラン 235 のエネルギーと生成する核種（たとえばストロンチウム 90 やセシウム 137）のエネルギー差が熱として放出される（図 2.3）。原子 1 個のエネルギ

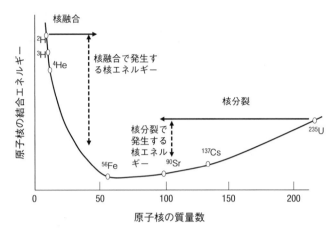

図2.3　原子核分裂と核融合による熱発生

ウラン235のような大きな原子核がストロンチウム90やセシウム137に分裂するときに、原子核エネルギーの差を熱として放出する。同様に、軽水素や重水素が核融合して大きい原子核になるときも、融合原子核とのエネルギー差に相当する熱が発生する。

ー差はわずかでも、キログラム単位のウラン235量になると膨大なエネルギーになる。このときの出熱を利用した原子力発電のしくみと廃棄物処理について以下に述べる。

原子核分裂を人工的に起こす

1932年にハーン（Otto Hahn）、シュトラスマン（Fritz Strassmann）、マイトナー（Lise Meitner）は、ウラン235に中性子を照射すると小さな原子核に分裂することを発見した。続いて1939年、シラード（Leo Szilard）、フェルミ（Enrico Fermi）、ジョリオ・キュリー（Jean F. Joliot-Curie、ジョリオはマリー・キュリーの娘イレーヌと結婚して自分の姓をジョリオ・キュリーに改めた）は、ウラン235の核分裂で中性子数が増加して、核分裂が連鎖的に続くことを発見した（図2.4）。

ウラン235の核分裂により、2〜3個の中性子が余分に発生するが、通常

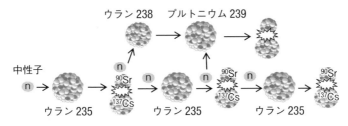

図 2.4 ウラン 235 の核分裂

ウラン 235 が中性子を吸収すると核分裂を起こすが、この時にさらに 2〜3 個の中性子が単独で飛び出して来る。このうち平均 1 個の中性子が次のウラン 235 に衝突すると核分裂反応が継続することになり、この状態は臨界状態と呼ばれる。中性子の一部はウラン 238 に吸収されてプルトニウム 239 になり、さらに中性子を吸収すると核分裂を起こす。

これらの中性子はウラン燃料内のウラン 238 や容器の原子に吸収される。しかし、ウラン 235 の濃度を天然のウラン 238 中の 0.7% から 3〜5% に濃縮(低濃縮ウランと呼ぶ)すると、平均 1 個の中性子が別のウラン 235 原子 1 個に吸収されて継続的に核分裂反応が起こる。この状態を**臨界**と呼ぶ(図 2.4)。逆に、発生する中性子の量が少なくて反応を持続できるほどの規模に達しておらず時間とともに減少する状態を未臨界と呼ぶ。中性子量の制御で核分裂反応を臨界状態に保って、その核分裂エネルギーを利用するのが原子炉である。

なお、ウラン 238 に中性子が吸収されると最終的にプルトニウム 239 になる(後述)。中性子の吸収により製造されたこのプルトニウム 239 は、さらに中性子を吸収するとウラン 235 同様に核分裂反応を起こす。平衡状態に達した炉心では原子力発電所出力の 3 割程度がプルトニウム 239 の核分裂によるものである。

原子力発電のしくみ

原子力発電は、核分裂の際に発生する熱で水を加熱して発電する。火力発電所が石炭・石油などの化石燃料を用いてボイラーの水を加熱し、発生した

水蒸気で発電タービンを回転させるのと原理は同じである。ただし、核分裂反応の安定的な制御や放射性物質の格納などが必要な点に、火力発電との大きな違いがある。核分裂反応が起こる原子炉は、中性子を制御する制御棒や減速材を用いて燃料棒内のウラン 235 核分裂反応を臨界に保って、その時に発生した熱を冷却材により発電タービンに伝える。原子炉内での重要な機材を以下に説明する。

燃料棒：ウラン 235 を 3〜5% に濃縮した低濃縮ウランは、二酸化ウランとした後、1 cm ほどのペレットに加工して使用される。これをジルコニウム製の円筒状の被ふく管に封入して燃料棒として使用する。

制御棒：核分裂に伴う中性子数が増えすぎると、核分裂反応が暴走することになる。また、中性子が少なすぎると未臨界になって核反応が収束する。そこでウラン 235 の定常燃焼にするために燃料棒の間に制御棒を差し込んで、中性子数を制御する。中性子を吸収しやすいホウ素（^{10}B）を含む化合物が制御棒として使われることが多い。

減速材：核分裂より発生した中性子は光の速度の数十 % という高速のためにウラン 235 原子核に吸収されにくい。中性子は電荷も磁気も持っていないので、減速させるためには何かに衝突させるしかない。中性子と同じ質量を持つ水素との衝突は運動エネルギーを効率良く失う弾性衝突を引き起こし、中性子を効果的に減速できる。そこで、通常の水素（^{1}H）化合物の水を減速材とするのが軽水炉、重水（^{2}H）を減速材とするのが重水炉である。我が国の発電用原子炉はすべて軽水炉であるが、事故を起こしたチェルノブィリ 4 号機は減速材に燃えやすい黒鉛（結晶構造の炭素、粘土と混ぜて鉛筆の芯などにも使われる）を使用していた。黒鉛炉は、ウランから原爆の材料になるプルトニウム 239 を効率良く生産できるので転換炉と呼ばれることもある。

冷却材：原子炉で発生した熱エネルギーを発電タービンまで運搬する熱媒体を冷却材と呼ぶ。我が国の原子炉はすべて、水を冷却材として用いており、また軽水炉での冷却材は減速材も兼ねている。実際の原子炉では、水の冷却材の使用法により**沸騰水型原子炉**（BWR: Boiling Water Reactor 型）と**加圧水型原子炉**（PWR: Pressurized Water Reactor 型）に分類される。

沸騰水型は 70 気圧で沸騰した水蒸気（285℃）を直接タービンに導くもの

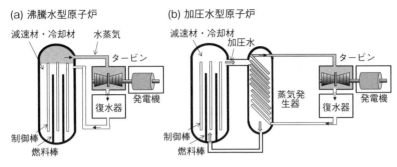

図 2.5　原子力発電

我が国で稼働している発電用原子炉は、原子炉で発生した熱を発電タービンに伝える方式により沸騰水型と加圧水型の2種類に分類される。沸騰水型では沸騰した水蒸気を直接発電タービンの動力に用いる(a)。一方、加圧水型では沸騰を抑えた高温の水を蒸気発生器に導き、そこで発生した水蒸気を発電タービンの動力用に送る(b)。

である（図 2.5a）。原子炉本体で汚染された水蒸気が発電機タービンを直接回すので、発電機も含めた放射線しゃへいが必要である。東京電力、東北電力、中部電力、中国電力、北陸電力で採用されている。加圧水型では、157気圧に加圧することで圧力容器内の水の沸騰を抑えて、325℃の高温水（一次冷却材）を蒸気発生器に誘導する。そこで発生した水蒸気（二次冷却材）が発電タービンを回す（図 2.5b）。関西電力や九州電力、北海道電力、四国電力が採用している。

　タービンを回した後の高温高圧の冷却材（水蒸気）は復水器で冷却水により冷やされて原子炉に戻される。核分裂により発生したエネルギーの3割程度が発電に利用され、残りは余分な熱として原子炉を加熱することになる。原子炉1基の発電量が100万 kW とすれば、その2倍程度の熱が原子炉を加熱するので大規模な冷却が必要である。我が国のすべての原子炉が海岸沿いに立地するのは冷却水として大量の海水を使用するためである。原子炉の冷却が不充分だと、最悪の場合には燃料棒の溶融を引き起こす。

　核分裂生成物：核分裂により原子核は均等に分かれるわけでなく、大きい核分裂生成物（例えばヨウ素131やセシウム137）と小さい生成物（例えば

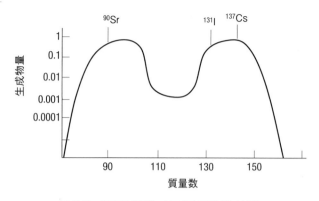

図 2.6　原子核分裂による放射性物質の発生
ウラン 235 の核分裂ではストロンチウム 90 を中心とする小さい原子核と、セシウム 137 やヨウ素 131 を中心とする大きい原子核の二つに分かれる。

ストロンチウム 90) に分かれることが多い (図 2.6)。ストロンチウム 90 は沸点が高いのでよほどの高温でない限り揮発してガス状になることはないが、沸点が低いヨウ素 131 やセシウム 137 はガスとして飛散しやすい。一方、多くの核分裂生成物は放射性核種であるので、核分裂を停止させて使用済み核燃料として保管中でも放射線を出し続け、最終的にその大部分が熱に変わる。この熱を**崩壊熱**と呼ぶ。崩壊熱は、核分裂を停止させた後の時間とともに減少するが、数十日後でも運転時の出力の数 % を崩壊熱として出力する。一方、燃料棒被ふく管のジルコニウムは高温の水蒸気と反応して自身は酸化ジルコニウムになり、同時に水素を発生するので、冷却が不充分だと水素爆発の可能性がある。

核燃料サイクルとは

　天然ウランの大部分は核分裂を起こさない (燃えない) ウラン 238 である。原子力発電には天然ウランに 0.7% 含まれるウラン 235 を濃縮して利用するが、天然ウラン 238 を燃える燃料に変える方法もある。ウラン 238 は高速中性子を吸収すると、ウラン 239、ネプツニウム 239 を経てプルトニウム 239 にな

る（図 2.4）。

$^{238}U + （高速）中性子 \rightarrow ^{239}U$

$^{239}U \rightarrow ^{239}Np + \beta 線$

$^{239}Np \rightarrow ^{239}Pu + \beta 線$

原爆にも使われるプルトニウム 239 は、燃える核種であり、しかも都合の良いことに核分裂の際に高速中性子を放出する。そこで、通常の原子炉で副産物として発生するプルトニウム 239 の周りを燃えない燃料のウラン 238 で囲んでプルトニウム 239 を燃やすと、上記の核反応により燃やした燃料以上の燃料（プルトニウム 239）が得られる。これが**高速増殖炉**である。この場合の高速は反応に使う中性子が高速という意味である。

　高速増殖炉では、低速中性子を用いる通常の原子炉と違って、冷却材として水の代わりに金属ナトリウムを使わなければならない。これは中性子が同じ質量の水素原子と衝突すると直ちにエネルギーを失って低速の熱中性子（サーマル中性子）になるからである。しかし、金属ナトリウムは化学的に危険な物質で、水と反応すると大爆発を起こす。我が国では、高速増殖実験炉「もんじゅ」がナトリウム漏れ事故を起こして以来 20 年以上にわたって実験が中断されたままである。ロシアでは 2015 年に高速増殖炉の実証炉を用いて商業発電を開始、2016 年 11 月に営業運転を始めたとされる。一方、フランスは 2020 年の実験炉の運転を予定している。

　高速増殖炉稼働の見通しが立たない我が国でも、原爆の材料となるプルトニウム 239 は日々の原子炉の運転で発生している。しかし、都合の良いことにプルトニウム 239 はウランを燃料とした通常の軽水炉でも中性子を吸収して核分裂を起こさせることができる。そこで、使用済み核燃料からプルトニウム 239 を取り出して、4～9% に濃縮したプルトニウム 239（二酸化プルトニウム）をウラン燃料（天然ウランまたは回収ウランの酸化物）と混合した MOX 燃料（Mixed Oxide、混合酸化物の意）を利用するプルサーマル計画が進んでいる（プルサーマルとは軽水炉の英語名サーマル・リアクターとプルトニウムからの造語）。事故を起こした福島第一原子力発電所の 3 号機ではこの MOX 燃料が 1/3 くらいの割合で使われていた。また、青森県六ヵ所村

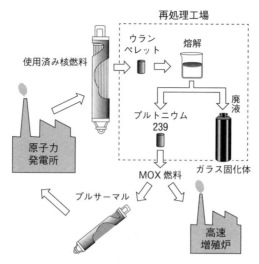

図 2.7　核燃料サイクル
使用済み核燃料から化学的な再処理により取り出されたプルトニウム 239 は、MOX 燃料として成型後に既存の原子炉で使われる（プルサーマル）か高速増殖炉でウラン 235 の代わりの燃料として使用される。

『放射性物質汚染対策』（斎藤勝裕、ニッケイ印刷）31 頁を参考に作成

にある再処理工場は使用済み燃料からプルトニウム 239 の分離濃縮を目的とする施設である。このように、再処理により使用済み核燃料（燃えかす）を原子力発電や高速増殖炉に再利用する工程を核燃料サイクルと呼ぶ（図 2.7）。

廃棄物処理の問題

　原子炉の稼働に伴い、さまざまな放射性廃棄物が生まれる。放射能レベルの低い廃棄物（L3 廃棄物と呼ばれる）は、仕切り設備を設置した地中に埋設して 50 年程度管理する（浅地中トレンチ処分という）。日本原子力開発機構が試験炉の解体に伴って発生したこのレベルの廃棄物の処理を同研究所敷地内で試験的に行ったことがある。放射能レベルがもう少し高い廃棄物（L2 廃棄物）はドラム缶に封入して、地下数 m に作った人口構築物で 300〜400 年管理する（浅地中ピット処分という）。既に、現在青森県六カ所村でドラム

缶 300 万本程度収容の施設で埋設を開始している。もっと放射能レベルが高い制御棒や炉心から生ずる廃棄物（L1 廃棄物）は地下 70 m 以上の深さにコンクリート製のトンネル型やサイロ型の建造物をつくり、はじめの 300〜400 年を電力会社が管理、その後は国が引きつぎ掘削などを 10 万年間制限する。

一方、使用済み核燃料の再処理によりウランやプルトニウムを抜き取った後に残る数千年〜数万年の長半減期核種を含有する**高レベル放射性廃棄物**は、崩壊の際に発熱するので数万年以上にわたる隔離・保管が必要である。これらの廃棄物は液状であるのでガラス固形化後にステンレス製容器に封入して、青森県六カ所村に冷却のために 30〜50 年の予定で一時貯蔵されている。現在までに海外に委託した使用済み核燃料再処理の返却分 2 万 5000 本が保管されている。

今後、出力 100 万キロワットの原子力発電所 1 基から毎年 30 本の高レベル廃棄物が出るとされるが、我が国ではその最終処分方法は決まっていない。現在行われている貯蔵保管は自然災害やテロ行為に脆弱であり、長期にわたる管理を将来世代まで負担をかけるべきでないなどの理由から、**地層処分**が最適な最終処分法とされている。地層処分とは、地下 300 m より深い安定した岩盤に空洞を探索して複数の障壁に囲んで埋設する方法である。

海外の地層処分の例として、フィンランドでは花崗岩に囲まれた地下 520 m の場所に放射性廃棄物を保管するオンカロ廃棄物貯蔵施設（"オンカロ" とは洞穴を意味する）の建設を 2004 年から始めている。100 年分の貯蔵能力があり、満杯になった後にはトンネルごと埋められ密封される予定である。一方、米国では核兵器廃棄物処理のために地層処分が試験的に行われている。1999 年に試験操業が始まった米国ニューメキシコ州カールズバッド核廃棄物隔離試験施設（WIPP）では、核兵器の製造工程や原子力発電などからの高レベル放射性廃棄物が地下 655 m に埋設されている。1 万年とされる管理期間を完遂するための対策として、未来への放射性廃棄物の警告文が、国連公用語および原住民のナバホ語、さらに現存する文明との非連続性を考慮し象形文字でも表示されている。

国内で発生した高レベル放射性廃棄物は、国際条約により自国内で最終処分することと定められているので、安易に処分を諸外国に依頼することがで

きない。高レベル放射性廃棄物の最終処分は今後の我が国のエネルギー政策の重要課題である。

2.3 軍事利用された原子核反応

ウラン235やプルトニウム239の原子核分裂を一瞬のうちに行わせるものが原子爆弾である。一方、小さい原子核である水素やヘリウム原子も核融合反応を起こして、膨大なエネルギーを放出する（図2.3）。この核融合反応を兵器に利用するものが水素爆弾である。

原子爆弾に利用された原子核分裂

天然ウラン中のウラン235濃度0.7%を90%以上（高濃縮ウランと呼ぶ）に高めた高濃縮ウランが一定量に達すると、ウランの核分裂で発生した2〜3個の中性子が次の核分裂反応に利用されて連鎖反応が一瞬（1億分の1秒）のうちに起こり**原子爆弾**となる（図2.4）。広島に投下されたウラン型原子爆弾（俗称リトルボーイ）は、臨界に達しないように二つに分割した60 kgのウラン235が、化学爆薬の爆発で合体して臨界に達するしくみである（図2.8a）。その威力は化学爆薬TNT（トリニトロトルエン、trinitrotoluene）の13 kt（キロトン）相当とされている。

同様の核分裂の連鎖反応はプルトニウム239でも起こる。プルトニウム型原子爆弾では、ウランに比べて少ない5 kgの量で臨界に達するので、爆弾の小型化が可能である。しかし、プルトニウム239に少量含まれるプルトニウム240が自発核分裂を起こしやすいので、ウラン235以上の小分けが必要である。長崎に投下されたプルトニウム型原子爆弾は、小分けしたプルトニウムを球状に配置（丸型のためファットマンという俗称がついた）して、化学爆薬で外側から順次爆縮して（爆縮レンズと呼ばれる）密度を高めて臨界に達する（図2.8b）。ファットマンの威力はTNT 20 ktに相当するとされる。原子爆弾の燃料となるウラン235およびプルトニウム239の取り扱いは国際的な規制のもとで行われる。また、プルトニウム239の爆縮には高度な技術が必要とされ、原子爆弾の実用化には技術試験が必要なことから核実験に対

(a) ウラン型原子爆弾　　　　　　(b) プルトニウム型原子爆弾

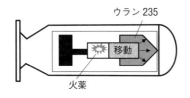
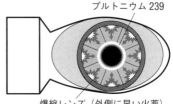

図 2.8　原子爆弾
原子爆弾の材料になる高濃縮ウラン 235 およびプルトニウム 239 はともに少量では連鎖的な核分裂が起こらないが、一定量と一定濃度に達すると一瞬のうちに核分裂連鎖反応を開始する。このため広島に投下された原子爆弾ではウラン 235 を二つに小分けしておき、起爆用火薬で合体させて爆発させた (a)。また、密度の低いプルトニウム 239 を球状に配置しておき、起爆用火薬による爆縮で高密度にして核分裂連鎖反応を起こしたのが長崎に投下された原子爆弾である (b)。

しても厳しい制約がある（第 15 章参照）。

水素爆弾に利用された核融合

　宇宙の始まりは 137 億年前のビッグバンとされる。この時できた水素が集合して核融合反応を開始したのが、太陽を初めとする恒星である。恒星では中心温度が 250 万℃を超えると、重水素（陽子の他に中性子 1 個を持つ水素の安定同位体）同士の核融合で、トリチウム（^{3}H）やヘリウム 3（^{3}He）ができる。この発熱反応でさらに 1000 万℃以上になると、水素原子からも ^{3}He が作り出され、それが、さらに下式の反応によりヘリウムや陽子（P）になる。その一部の陽子やヘリウム原子が現在でも太陽粒子線（第 14 章 299 頁参照）として地球に降り注いでいる。

$$^3He + ^3He \rightarrow ^4He + 2p$$

恒星の中心部がさらに高温になると、重い元素が生成するが、鉄 56 を最後に中心部の反応は終了して温度が下がる（図 2.3）。エネルギー生産を止めた恒星はエネルギーバランスを崩し、超新星爆発を起こして一生を終えるが、

この時の爆発で鉄よりも重い原子ができる。

水素爆弾は、恒星内部と同じ重水素の核融合反応による発熱を利用した兵器である。水素爆弾の核融合では、重水素を固形化した重水素化リチウムを材料にして、原子爆弾の爆発で初めに重水素の超高温超高密度の状態を作り、反応を開始させる。米国で最初に開発された水素爆弾の威力はTNTの威力にして10.5 Mt（メガトン）と言われ、原子爆弾の1000倍の破壊力を有する（1952年の核実験）。現在、核融合反応のエネルギーを発電に利用する研究のための実験施設、国際核融合実験炉（通称ITER（イーター））、の建設が進行している。核融合反応を開始させる超高温超高密度のプラズマ状態を作り、それを安定的に制御するには膨大な研究費用と年月を要する。研究は日本、EU、ロシア、米国、中国、韓国、インドの協力による国際プロジェクトである。

2.4 放射線の産業と学術利用

原子核の自然崩壊は、主に放射線源として、工業や農業および学術研究などの幅広い分野に利用されている。ここではそれらの代表的な用途について述べる。

さまざまな工業利用

放射線が物質を透過する性質を利用すると、ものを解体せずに内部構造を検査する非破壊検査ができる。例えば、人命に関わる飛行機のジェットエンジン内部はイリジウム192からのγ線を用いて定期的に調べられている。実物を壊すことができない絵画や楽器や文化財などの内部構造を知るためにも利用される。また、高分子合成では放射線による高分子の架橋と切断を利用して、優れた性質を持つプラスチック製品を生み出すことができる。

一方、微生物の滅菌には生物に対する放射線の障害作用が利用される。医療に使われる多種多様な使い捨てプラスチック製品は、以前はエチレンオキサイドによるガス滅菌が行われていたが、残留エチレンオキサイドの発がん性が疑われたために現在では放射線滅菌が一般的である。注射筒、手術

図 2.9　ガンマフィールド施設
コバルト 60 線源（8.8×10^{13} Bq）が半径 100 m の農地中央に装備されている国立研究開発法人農業・食品産業技術総合研究機構　次世代作物開発研究センター放射線育種場（茨城県）のガンマフィールド。©農研機構

用手袋、縫合糸、カテーテルなどを袋詰めした後に、大容量のコバルト 60 の γ 線あるいは加速器による電子線で袋ごと照射して滅菌する。

さまざまな農業利用

　農産物の 1/4 以上が収穫後の発芽、そして害虫による食害や腐敗で失われている。ジャガイモの芽に含まれるソラニン成分は食中毒の原因になるので、発芽防止にコバルト 60 の γ 線照射が行われる。放射線照射してもジャガイモが放射能を持つことはないが、食品の国際規格を決めるコーデックス委員会 Codex Alimentarius Commission（ラテン語の"食品法典"委員会の意味）の勧告により我が国では 10 kGy を上限とした食品照射が行われる。一方、沖縄ではゴーヤやパパイヤに寄生するウリミバエが侵入して、県外へのゴー

ヤや果物の持ち出しが禁止された時期があった。そこでウリミバエの雄のサナギに 70 Gy 程度のコバルト 60 の γ 線を照射して生殖能力を失わせた不妊化雄成虫を放飼すると、雌は生殖能力のある雄との交尾機会が減る。これを繰り返すことにより害虫集団の絶滅に成功した。

一方、農産物の優良な品種を作るために、野生に生えていた優良な遺伝子を持つ原種と交配させる育種が行われている。しかし、元々の遺伝子資源に限りがあるのでまもなく使い果たされてしまう。そこでアルキル化剤などを用いて遺伝子に突然変異を起こしてその中から優良な形質を選別することができるが、多くのアルキル化剤は変異性と同時に発がん性を持っており危険である。アルキル化剤に代わってコバルト 60 の γ 線を照射する放射線育種が行われている。このための照射施設をガンマフィールドと呼ぶ（図2.9）。青森県産の稲"むつほまれ"や黒斑病に強い二十世紀梨の改良種"ゴールド二十世紀"が成功例として知られる。

年代測定への利用

宇宙からの中性子線は、地球大気の窒素と衝突して次の核反応で放射性炭素を生成する。

$$中性子 + {}^{14}N \rightarrow {}^{14}C + 陽子$$

炭素 14 は半減期 5730 年で減少するが、その一方で宇宙放射線で絶えず補われるので、自然放射性物質として空気中でほぼ一定量に保たれている。地球上で動物や植物が生きている限り、光合成や食事、代謝を通じて炭素 14 が体内に取り込まれるが、死ぬと代謝が止まり炭素 14 の取り込みは停止する。縄文時代早期に作製された縄文土器の中に繊維を混ぜて焼いたものがあるが、縄文土器内の繊維の炭素 14 量を測定することにより、9500 年前に作製された世界最古級の土器であるとわかった例がある。半減期が 5000 年単位であるので、4〜5 万年前までが測定限界である。

Q&A

Q1. 汚染が何万ベクレルという大きな数字で言われる一方、被ばくとしてマイクロ（100万分の1）・シーベルトと極端に小さい数字が報道されます。意識して被ばくを小さく見せているようにも見えますが、この違いは何ですか？

A1. ベクレルは放射能の強さを表す単位で、1秒間に原子核1個が崩壊する時に1ベクレルと定義します（第1章16頁参照）。これは放射線を出す側に注目した量ですが、被ばくする側に注目したシーベルトは人体1kgあたりに吸収される放射線のエネルギー量を基本とした線量です（第1章13頁参照）。かたや原子数、そして他方は重量を基準にすることに注意して下さい。つまり、ベクレルが原子の個数を問題にしているのに対して、シーベルトは途方もない数の原子が存在する1kg重量を単位としている大きなエネルギー単位なのです。結果として、何万ベクレルとマイクロ（100万分の1）・シーベルトとの大きな違いがでます。このようにベクレルとシーベルトの数字の違いは単位の定義の違いに由来します。ちなみにベクレル単位の前に普及した重量基準の放射能単位キュリー（ラジウム元素1gの放射能と定義）では、3.7万ベクレルが1マイクロ・キュリーになりますので、キュリー単位を使用すると放射能も被ばく線量もマイクロレベルの小さな数字になります。

Q2. 我々は日常生活で、暑さを皮膚で、食べて良いものかどうかを視覚や臭いで判断して生きています。放射線は我々の五感で感じないので不安です。

A2. 我々は被ばく24時間以内に表れる放射線宿酔で1Gy以上の全身被ばくをようやく自覚できます。しかし、通常の被ばく線量を感じ取

ることができないのが、放射線が不気味がられる理由の一つかもしれません。他方、ウイルスや発がん物質も同じく我々は感じ取ることはできません。むしろ、放射線検出器を使えば、ウイルスや発がん物質よりも高感度に放射線や放射能汚染の程度を把握できます。ただし、すべての種類の放射線を検出できる万能測定器は存在しないので（第1章16頁参照）、測定器の選択には注意が必要です。

Q3. 福島第一原子力発電所事故による放出セシウム量は広島型原爆の100個分に相当すると聞きました。これは原爆よりも恐ろしい影響があるということですか？

A3. 両者共にウラン235の核分裂に端を発しますが、放射性セシウムの発生経路は大きく異なります。原爆は一瞬の核分裂により強力な爆風と熱線を得るのが目的です。広島原爆の死亡者11.4万人の8割がこの爆風と熱線で亡くなり、残りが核分裂により発生したγ線の外部被ばくで亡くなっています（第13章275頁参照）。広島型原爆では一瞬の核分裂のためにウラン235のわずか1〜2%が燃焼しただけですので、発生するセシウム137の量も相応に少なくなります。また、放射性同位体のセシウム134は反応機構の違いにより、原爆では全く発生しません（第12章255頁参照）。これに対して原子力発電所では稼働した何年分もの放射性セシウムが原子炉内に蓄積されていきます。このように、放出された放射性セシウム量だけで人体や環境への影響を正しく比較することはできません。

Q4. 携帯電話の電磁波の障害が一時問題になりましたが、今ではさほど騒がれません。それなのに同じ電磁波のγ線の障害が深刻なのはどうしてですか？

A4. 放射線が危険な理由として主に2点挙げられます。一つは電磁波の

エネルギーが高いために、生命の命綱とも言えるDNAを容易に切断することです。これは携帯電話電磁波や紫外線、その他の環境変異原には見られない放射線の特徴です。生体内の酵素もDNA二重鎖切断を行いますが、切断端をきれいな化学型にするので再結合が容易です。しかし、放射線で発生するDNA二重鎖切断の大部分は、そのまま再結合できる化学型にならず、酵素のようにはいきません（第3章51頁参照）。二つ目は、細胞核DNAの狭い場所にいくつものDNA二重鎖切断や塩基損傷を発生することです（第10章222頁参照）。これがDNAの誤った結合や欠失をもたらし、やがて細胞死や突然変異へ導くと考えられています。

第2部
放射線と人体

Chapter 3

細胞への放射線作用

放射線障害のほとんどは生体の構成単位である細胞への作用で説明できる。ここでは細胞の中心物質 DNA とそれを取り巻く結合水に起こる電離が DNA 二重鎖切断を導く過程、それに続いて起こる細胞死とその定量的な評価のためのコロニー形成法、そして最後に放射線による細胞死のさまざまな修飾因子について述べる。

3.1 放射線によるDNA鎖の切断

人体はさまざまな臓器や組織により構成されているが、その基本的な構成単位は細胞である。細胞は成人でおよそ 60 兆個近く存在するとされ、上皮細胞や神経細胞、血球など 200 種類以上に分類できる。複数の種類の細胞からなる組織やその複合体である臓器の放射線障害のほとんどは、放射線による DNA 損傷とそれによる細胞群の障害で説明が可能である。

放射線の生物作用の時間経過

電離放射線の特徴は、物質と相互作用して無差別に原子の電離および励起を起こすことである。細胞の 75% は水で満たされており、タンパク質が 20%、そして DNA が 1% 前後、残りが脂質などである。γ線や X 線はこれらの細胞内物質との光電効果やコンプトン散乱などにより、また粒子線も細

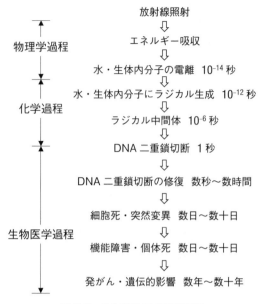

図 3.1　放射線作用の時間経過
放射線による電離作用が、ラジカル発生を介して、細胞内 DNA の化学的損傷へと導く。やがて、DNA 損傷が原因の細胞死や突然変異を経て組織や個体の放射線障害へと発展する。

胞内物質との相互作用により、照射後 10^{-14} 秒には細胞内に電離やイオン化を起こす（図 3.1）。このイオンの寿命は短く 10^{-12} 秒後にはラジカル生成（コラム 3）へと進行する。さらにラジカル中間体を経て、照射 1 秒後には放射線影響に重要な DNA 二重鎖切断ができる。そして、早ければ照射数秒後には細胞が DNA 二重鎖切断を認識して DNA 修復のための細胞反応が立ち上がり、これが数時間続くことになる。その後、細胞死ならびに突然変異が数日から数十日までに起こり、それによる個体死などの急性障害が同時期に現れる。細胞のがん化など晩発性障害が起こるのは、さらに遅く数年から数十年先のことである。

Column 3 ラジカルとオゾンホール

　電子は原子核の周囲を回転すると同時に、地球の自転のように自身が一定方向に回転（spin）する。分子および原子の外側の電子軌道上に偶数個の電子が存在すると、外側の電子軌道では1個の電子の spin に対し、もう1個の電子が反対方向への spin を取るために、spin が互いに打ち消し合って安定化している。ラジカルとは外側の電子軌道上に奇数個の電子が存在する状態のことを指しており（化学式に点を付けることでラジカルを表す）、spin を打ち消し合うことができずに不安定で反応性が高くなる。このため水の放射線分解で発生したラジカルは、分子あるいは原子がイオン化しているかどうかにかかわらず、化学反応性が極めて高い。

　ラジカルの発生は環境中でも起こっており、冷蔵庫の冷媒として使われていたフロンガスは大気上空で太陽紫外線の照射を受けて塩素ラジカル $Cl^•$ となる。1個の塩素ラジカルはオゾン O_3 を O_2 に変えるラジカル反応を10万回ほど繰り返すとされ、南極上空の近年のオゾン層破壊の原因となった。

直接効果と間接効果で起こる DNA 損傷

　放射線生物学では、どの細胞内小器官が放射線照射による細胞死や突然変異の決定的な引き金となるのかについて長年研究されてきた。放射線はすべての細胞内小器官に影響を与えうるが、実際は放射線障害のほとんどが細胞核への影響で説明できる。古くは、α線マイクロビームを用いて細胞の総体積の10%を占める細胞核に照射すると高頻度に細胞死や突然変異が誘発されるが、細胞質への照射では影響が見られないことが知られている。ヒトの細胞では直径 10 μm の細胞核に総延長 2 m の DNA が、22 対の常染色体と XY 性染色体として収納されている。分子生物学が発達した昨今では、放射線に高感受性の細胞が人為的にたくさん作り出されたが、明らかになっているすべての放射線高感受性細胞は、切断 DNA を再結合するタンパク質が不活性化したものである（第4章68頁参照）。このため放射線障害の決定的器官は、細胞核内 DNA、特に DNA 鎖の切断であると一義的に考えて間違いない。

　DNA が放射線照射を受けると初めに電離が起こる。

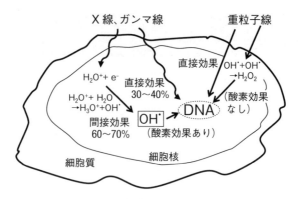

図 3.2 細胞内でのラジカル発生
放射線による DNA 損傷には、直接 DNA が電離してラジカルが DNA 内で発生する直接効果と、DNA 近傍の水が電離して発生した OH・ラジカルが DNA を攻撃する間接効果の、二つの経路がある。X 線や γ 線では間接効果が 60〜70% であるのに対して、重粒子線では直接効果の割合が多い。

$$DNA \rightarrow DNA^+ + e^- \text{(水和電子)}$$

次に、下式の反応により DNA 分子にラジカルが発生して DNA 損傷を起こすことになる（**直接効果**と呼ばれる）。

$$DNA^+ \rightarrow DNA^\cdot + H^+$$

一方、細胞内の水の放射線分解で発生したラジカルによる攻撃も DNA 損傷を引き起こす（**間接効果**と呼ばれる）。放射線は下式のように細胞内の水に電離を起こして H_2O^+ イオンと電子を発生する。水は分子内に負の電荷を帯びた部分と正の電荷を帯びた部分を持っているので、電離電子は直ちに水の正電荷部分に囲まれて水和電子となる。

$$H_2O \rightarrow H_2O^+ + e^- \text{(水和電子)}$$

H_2O^+ は反応性が高く、直ちに近くの水と反応して活性酸素の一つである **OH・ラジカル**を生成する（図 3.2）。

$$H_2O^+ + H_2O \rightarrow H_3O^+ + OH^\cdot$$

さらに正荷電の H_3O^+ と負荷電の水和電子が反応して、$H^\cdot$ ラジカルを生成する。

$$H_3O^+ + e^-（水和電子）\rightarrow H^\cdot + H_2O$$

以上のラジカル生成反応を簡単にまとめると、下式のようになる。

$$H_2O \rightarrow H^\cdot + \mathbf{OH^\cdot}$$

X線エネルギーが水に吸収された場合、単位エネルギー（100 eV）あたりに、$OH^\cdot$ ラジカル、水和電子はそれぞれ 2.8 個発生する。この他にも水の放射線照射により何種類かのラジカルが発生するが、$OH^\cdot$ ラジカルは特に反応性が高く、放射線の生物効果で重要である。

放射線の生物影響が直接効果と間接効果の両方に原因することは、ラジカルを消去する薬剤（ラジカルスカベンジャーと呼ばれる、第 3 章 60 頁参照）を加えた実験から明らかである。加えるラジカルスカベンジャー量を多くすると γ 線照射による細胞の障害が減少するが 30～40% 以下になることはない。これから X 線や γ 線の生物影響の 60～70% が間接効果、そして残りの 30～40% が直接効果に依ることがわかる。直径 2 nm の DNA 鎖の周囲には H_2O 分子が結合して（結合水と呼ばれる）、直径 3 nm の DNA/結合水の構造体が構成されている。ラジカルの寿命が 10^{-12} 秒程度と短く周囲への拡散が限られているので、細胞内の水の中で特に DNA に接している結合水からの $OH^\cdot$ ラジカルが DNA を攻撃する。

▍DNA 鎖切断端の化学形

DNA は 5 員環の糖（五炭糖あるいはデオキシリボースと呼ばれる）がリン酸結合で結ばれた DNA 鎖骨格と、糖に結合した 4 種類の DNA 塩基（アデニン、チミン、シトシン、グアニン）から構成されている。糖と塩基が結合した化合物をヌクレオチドと呼び、実際にはこれが重合して高分子化することで DNA が形成される。DNA 塩基の放射線による損傷は第 10 章で取り上げることにして、ここでは放射線による細胞死や突然変異の直接の原因に

第2部 放射線と人体

(a) 生体内酵素によるDNA切断端

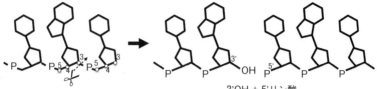

3'OH + 5'リン酸

(b) 放射線によるDNA切断端

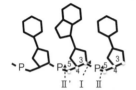

初めに4位の炭素にラジカル発生　　予想される末端

① Ⅰの位置での切断 (30%) → 3'OH、5'リン酸
② Ⅱの位置での切断 (10%) → 3'リン酸、5'OH
③ Ⅰの切断に続くⅡ'切断 → 遊離糖
　とその他の複雑な損傷 (60%) → 糖開環、脱塩基

図 3.3　放射線による DNA 鎖切断と化学型

DNA 一重鎖切断の末端は、細胞内酵素が作る場合には必ず 3'OH と 5'リン酸になる。ここでリン酸は単に P と表記した (a)。しかし、放射線場合には酵素による切断と同じ末端（Ⅰ位置での切断）に加えて、ⅡやⅡ'の箇所での切断や、その他の複雑な切断端が多数作られる (b)。

なる重篤な DNA 損傷である DNA 鎖切断について述べる。

DNA 鎖は糖の5番目の炭素（C5位と呼ぶ）にリン酸基が結合した構造が単位となって、隣の糖の3番目の炭素（C3位）上の OH 基とリン酸で結合することにより、「C3位-リン酸（正確にはリン酸エステル）-C5位」が繰り返された高分子である（図 3.3a）。細胞は免疫に関与する遺伝子の組換えや生殖細胞での遺伝的組換え、あるいはらせん状の DNA のよじれを元に戻すために自ら DNA 二重鎖切断を行うことがある。この時の DNA 二重鎖切断は細胞内の DNA 切断酵素（ヌクレアーゼ）が行うので、次式のように必ず C3位とリン酸結合との間で切断が起こる。

C3位-リン酸-C5位+H_2O → C3位-OH（3'OH）+リン酸-C5位（5'リン酸）

この結果、両端は 3'OH 基と 5'リン酸の化学形となる（図 3.3a）。この化学形であれば、細胞内の DNA 連結酵素（リガーゼ）の働きによって切断部位

がそのまま容易に再結合できる。

　一方、γ線やX線は1 µmの飛程あたりに200〜2000 eV/µmのエネルギーを細胞に与える（第1章15頁参照）。DNAの五炭糖とリン酸の結合エネルギーは20 eVであるので放射線は容易にDNAの一重鎖を切断できる。また、相対する一重鎖DNAの切断が3〜5塩基の範囲内であれば**DNA二重鎖切断**に発展するので、200〜400 eVのエネルギーでDNA二重鎖切断が起こる。この結果、γ線1 Gyの照射により1個の細胞内に約40〜50個のDNA二重鎖切断と約850個の一重鎖切断が発生する。重粒子線のような高LET放射線では局所的に多くの電離が発生するので、同じ放射線量でもDNA二重鎖切断が70個に対して一重鎖切断が450個と、DNA二重鎖切断が発生しやすい。

　放射線照射によるラジカルは、初めにDNA糖のC4位の水素引き抜き反応によりC4位の糖ラジカルを誘発する。この損傷が引き金となって、30%の糖ラジカルがC3位とリン酸との間でDNA一重鎖切断を起こし、細胞内ヌクレアーゼによる切断と同じ5'リン酸と3'OHを生成する（ここではⅠの位置での切断を仮に酵素型切断と呼ぶ）（図3.3b）。また、C4位の糖ラジカル発生に続いて、直接Ⅱの位置で切断してC5位のリン酸の加水分解により3'リン酸を発生する経路もおよそ10%存在する。残りの60%は、Ⅰの酵素型切断に引き続きⅡ'での切断による糖の遊離、および糖の開環や脱塩基など複雑な切断端を生成する。このようにDNA一重鎖の30%は酵素型切断で切断されるが、同じ割合でもう一方のDNA一重鎖の酵素型切断が起こるとすると、酵素型切断されるDNA二重鎖はわずか9%（＝30%×30%）しか存在しないことになる。逆に言えば放射線が作るDNA二重鎖切断のほとんどがそのままでは細胞内リガーゼによる再結合に適さない化学型の損傷といえる。放射線が切断したこのような複雑なDNA二重鎖切断をリガーゼで再結合するには、DNA二重鎖の切断端の五炭糖（正確にはヌクレオチド）を少なくとも1〜数個、細胞内ヌクレアーゼでさらに削って（3'OH＋5'リン酸）の化学型に揃える処理過程が必要である。このため、放射線によるDNAの変異は欠失型になる（解説1、86頁も参照）。

3.2 生物影響の評価方法と数式モデル

何をもって細胞が死んだとするかについてはいくつかの定義があるが、放射線生物学では増殖死をもって細胞死とする基準が好んで用いられる。このため増殖死を指標とした細胞生存率曲線が放射線障害の解析や放射線治療の基礎研究に利用される。

▎増殖死をコロニー法で測る

ヒトの遺伝情報は長い糸状のDNAに記載されている。遺伝子の複製や転写に際してのDNAの読み取りは、複数の地点から開始することができる。そのため、たとえDNA二重鎖切断が起こっても、場合によってはこの状態で細胞は生き続けることができる。しかし、DNA二重鎖切断の状態で細胞分裂を重ねると、事情が変わってくる。DNA二重鎖切断が再結合されないまま染色体に残ると、それは染色体切断につながり、細胞分裂の際に娘細胞に染色体すなわちDNAを均等分配することができなくなる（第7章137頁参照）。結果として、一部のDNAを失った細胞はやがて死にいたる。このような、細胞分裂を経て起こる細胞死を**増殖死**と呼ぶ。

細胞分裂をしない成人の神経細胞や筋肉細胞の細胞死には数十Gyの放射線が必要であるが、増殖死を起こすには数Gyの放射線で充分である。数Gyの放射線は人体に有害な影響をおよぼす放射線線量と同程度であるので、大部分の放射線障害は増殖死が原因と見なされる。また、増殖死を細胞死と定義する他の理由として放射線治療との関わりがある。がん細胞の増殖を防ぐことが病巣や転移部位での再発を抑えてがんを治癒することになるので、放射線治療後のがん細胞の増殖死から治療成績の予測が可能になる。従って、放射線障害や放射線治療の解析では増殖死が指標になる。なお、例外としてヒトの末梢血のリンパ球は数Gyの被ばくでも分裂を介さずに細胞死に至る。これは間期死と呼ばれ（間期とは分裂期以外の細胞周期の意味）、この場合にはアポトーシスというプログラムされた細胞の自死を起こす（第4章78頁参照）。

実際の増殖死の測定にはコロニー法を用いる。ヒトの正常組織やがん組織

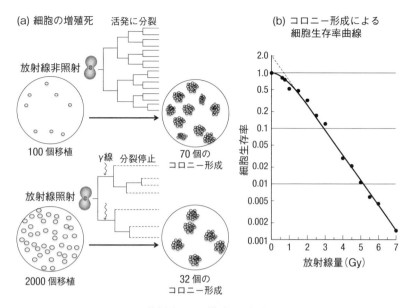

図 3.4 放射線による増殖死と細胞コロニー

培養ヒト細胞を直径 10 cm のプラスチック皿に植えると 10 日ほどで成育して、肉眼で観察できる細胞コロニーが形成される (a)。コロニー形成を指標にした細胞生存率から線量―細胞生存率曲線が得られる (b)。

(b) PUCK TT, MARCUS PI. J Exp Med. 103:653-66, 1956. Action of x-rays on mammalian cells. をもとに作成

から採取した細胞は、適切な栄養条件と温度（37℃）に調節するとプラスチック皿の上に付着して増殖を開始する。1個の細胞が分裂して2個になり、それが分裂して4個になり、10〜14日後には50〜100個の細胞集団となって肉眼でも観察できるようになる（図3.4a）。この細胞集団をコロニー（集落）と呼び、コロニーの形成は最初にプラスチック皿に植え付けられた1個の細胞の増殖能力を表している。直径 10 cm のプラスチック皿に 100 個の細胞を植えて 10〜14 日後に形成されたコロニーが 70 だとすると、この時の増殖能を持つ細胞の割合は 70/100 = 0.7 となる。これをコロニー形成率と呼ぶ。細胞を植え付けた後で放射線照射をすると、数回分裂した後で分裂が停止しコロニーを形成できなくなる細胞が現れる。そこで 2000 個の細胞を植えて 8

Gy 照射した時に 32 個のコロニーができたとすると、生き残って増殖した細胞の割合は

$$\frac{\text{形成されたコロニー数}}{\text{期待されるコロニー数}} = \frac{32}{2000 \times 0.7} = 0.023$$

となる。これを細胞生存率と呼ぶ。照射する放射線量を変えて細胞生存率を求めると、線量−細胞生存率曲線が求まる。

コロニー法を用いて、1956 年初めにパックとマーカス（Theodore T. Puck and Philip I. Marcus）が求めた子宮頸がん由来の HeLa 細胞（患者の名前ヘンリエッタ・ラックスの最初の 2 文字ずつを取って名付けられた研究用がん細胞）の生存率曲線を図 3.4b に示した。この放射線生存率曲線からわかることは、

(1) 低線量（1〜3 Gy まで）で放射線抵抗性領域（生存率曲線の"肩"ともいう）が存在する
(2) ある一定線量（"肩"の領域）以上では、縦軸を対数表示すると生存率は直線的に減少する、つまり、放射線線量 d の指数関数（e^{-d}）で減少する

の 2 点である。その後半世紀にわたって実験が繰り返されたが、この 2 点はヒトおよびマウスなどのほ乳類の正常細胞およびがん細胞に共通した特徴である。

▍SLD 回復は緩照射効果の指標

上記の放射線生存率曲線の"肩"の部分は、合計線量を同じくして放射線を 2 回に分けて照射する分割照射実験により詳しく解析された。5.0 Gy の放射線を照射した後、18 時間の間隔をあけて 0 Gy から種々の線量をもう一度照射したときの細胞生存率を図に示す（図 3.5a）。もし、18 時間の間に細胞に変化がなければ、2 回の合計線量を間隔なしで照射した場合と間隔をおいて照射した場合の生存率曲線は一致するはずである。実際には、生存率曲線

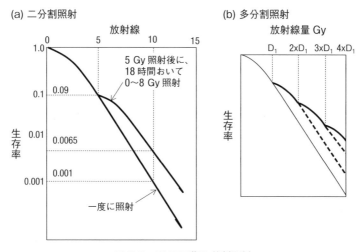

図 3.5　SLD 回復と分割照射
放射線損傷からの細胞の回復能（SLD 回復）は生存率曲線の"肩"と呼ばれる低線量域での放射線抵抗性で表される。同じ線量を 2 回に分けて照射すると生存率曲線の"肩"に相当する分の生存率の増加が見られる (a)。放射線を 2 回以上に分けて照射すると、生存する細胞の割合がさらに増加する (b)。

の"肩"の部分だけ生存率が増加する。図 3.5a では一度に 10 Gy 照射したときの生存率 0.001 に対して、5 Gy + 18 時間 + 5 Gy では 0.0065 となり 6.5 倍生存率が増加している。これは 1 回目の照射 18 時間後には放射線損傷が消失（回復）してリセットされたと見なすことができる。すなわち生存率曲線の"肩"は細胞の放射線損傷からの回復能力を示している。概念としては、"肩"の放射線量域の損傷は致死の一歩手前と見なして、亜致死損傷あるいは **SLD**（Sublethal damage）損傷と呼び、そこからの回復なので「SLD 回復」、あるいは培養細胞を用いてこの現象を解析した研究者（Mortimer M. Elkind）の名前をとって「エルカインド回復」という。

　分割照射を 2 回でなく、さらに分割すると生存率がさらに増加する（図 3.5b）。無限に細かく分けて照射すると、細胞をゆっくりと時間をかけた低線量率（Gy/時間）で照射したのと同じことになる。この緩照射と急照射の生物効果の違いは**線量率効果**と呼ばれ、細胞生存率だけでなく突然変異など

多くの生物系で観測される現象である。線量率効果は長期にわたって被ばくする機会の多い原子力発電所作業員など放射線作業従事者の放射線防護を考える上で重要な放射線効果である（第6章123頁参照）。

細胞生存率曲線を数式で表す

　放射線防護や放射線治療では線量と放射線効果の定量的関係式が必要になる。細胞生存率曲線を数式で表現するために、1955年にリー（D.E. Lea）らにより展開された**標的理論**と1976年にチャドウィックとレンハーツ（K.H. Chadwick & H.P. Leenhouts）により作られた**LQモデル**（Linear quadratic model、線形二次モデル）の二つの代表的な数式モデルが提案されている。

　標的理論では放射線が当たれば（ヒットと呼ばれる）致死になる細胞内の部分（標的）が存在することを想定している。平均λ個のヒットが細胞内に生じるように放射線量Dを照射したとする（この時、平均ヒット数λは線量に比例するのでλ = kDとする、kは比例定数）。このヒットは細胞によってバラつくので、例えば、平均1個ヒットとすると、実際に起こるヒット数は37%の細胞では1個、18%の細胞では2個、さらに全くヒットしない細胞も37%存在する、といった具合になる（図3.6a）。全細胞の平均がλ個ヒットである時に、x個だけヒットする細胞の割合は、ポアソン分布の次の式で表される。

$$P(x) = e^{-\lambda} \frac{\lambda^x}{x!}$$

生き残る細胞はヒットしない細胞（x = 0）になるので、生存率 $S = P_{(0)} = e^{-\lambda}$ が求まる。λ = kDなので、$S = e^{-kD}$ に置き換えることができる。平均1個のヒット（λ = 1）が生ずるときの線量を D_0 とすると、λ = 1 = kD_0 から k = 1/D_0 として次のように置き換えられる。

$$S = e^{-D/D_0}$$

また、D = D_0 の時の生存率 $S = e^{-1} = 0.37$ から、D_0 は直線部分の細胞生存率を37%まで低下させるのに必要な線量となり、平均致死線量と呼ばれる（図

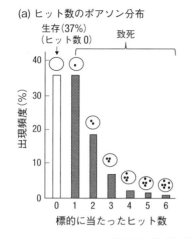
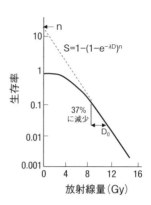

図 3.6 数式モデル：標的理論

放射線を弾丸とみなして無作為に細胞に打ち込むと平均 1 個当たる場合でも、複数個の弾丸が当たる細胞が現れる反面、弾丸に全く当たらないで生き残る細胞が 37% 存在する (a)。37% の細胞が生き残る放射線量を平均致死線量 D_0 として定義し、細胞生存率曲線の直線部分の勾配から求められる (b)。

3.6b)。この結果、細胞の放射線感受性は生存率曲線の直線部分の勾配、つまり 37% 生存する、あるいは 63% 殺すのに必要な放射線量 D_0 により表すことができる。また、"肩"の形は細胞生存率曲線の標的を 1 個でなく n 個にすることで次のように表現できる。

$$S = 1 - (1 - e^{-D/D_0})^n \qquad (3.1 式)$$

標的数が n の時の"肩"のある生存率曲線を図 3.6b に示した。

一方、LQ モデルは、DNA 二重鎖切断が細胞死に直接結びついていると仮定する。放射線の 1 飛跡が DNA 二重鎖切断を起こす場合の項 αD と、放射線の 1 飛跡が引き起こす一重鎖切断が続けて起きて二重鎖切断に発展する項 βD^2 との和が、細胞死にいたる損傷、つまり標的理論のヒット数 λ に相当する（図 3.7a）。

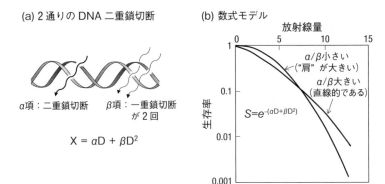

図 3.7　数式モデル：LQ モデル

DNA 二重鎖切断数は、放射線飛跡 1 本で作られる場合の項 α D（D は放射線量、α はその係数）と DNA 一重鎖切断が 2 回重なって二重鎖切断に発展する場合の項 β D²（β は係数）の和となる (a)。DNA 二重鎖切断が細胞死の原因とすると、α/β が小さいと生存率曲線の肩が大きく（回復が大きい）、逆に α/β が大きいと肩が小さく（回復が小さい）直線的な生存率曲線になる (b)。

$$S = e^{-(\alpha D + \beta D^2)} \qquad (3.2 式)$$

生存率は線形 αD と二次 βD² の積（対数で表した生存率曲線上では和）で減少する。この結果、図 3.7b に示したように、α/β が大きければ細胞生存率の肩が小さく、回復も小さくなる。また α/β が小さければ細胞生存率の肩が大きくなり、回復も大きくなる。

　標的理論により生存率が放射線量の指数関数で減少すること、そして標的を複数にすることで生存率曲線の"肩"の存在をうまく説明できた。しかし、標的理論の 3.1 式を線量 D で微分すると低線量域での勾配が 0 になり、低い線量域で細胞死が全く起こらないことになる。これは少量の放射線でも細胞死が起こる実験観測と一致しない。特に、1 回線量が 1～2 Gy の低線量を用いる放射線治療の解析には標的理論の式は不都合である。これに代わって、放射線治療では LQ モデルが好まれる。LQ モデルの 3.2 式は低線量で実験結果にうまく適合するが、逆に高線量では線量の二次曲線の βD² の寄与が大きくなり、実際の高線量域での生存率曲線の直線的減少と一致しなくなる。

放射線の生物学的標的である DNA は細胞核内の全般に広がっており、標的理論で仮定したような複数個の標的があるわけでない。また、LQ モデルでチャドウィックとレンハーツが仮定した DNA 二重鎖切断は致死にならず、そのほとんどが容易に修復されることが現在ではわかっている。分子生物学が発展した今日では両数式モデルの生物学的な意味合いは薄れているが、細胞の放射線生物学特性を表現するためにモデル由来のパラメーターがいまだに使われる。例えば、培養細胞の X 線や γ 線の平均致死線量 D_0 は 1.0～1.5 Gy であるが、放射線効果の大きい α 線（177 keV/μ）では 0.7 と小さくなる。また、がん組織の α/β は 9～30 Gy と大きいが、ヒト正常組織は 1～7 Gy と小さく、両組織の放射線障害からの回復力に大きな違いがあることが LQ モデルで示される（第 8 章 168 頁参照）。

3.3　生物影響を修飾する諸因子

X 線や γ 線による DNA 損傷の 60～70% は OH˙ラジカルを介した間接効果によるものである。従って、OH˙ラジカルを消去する薬剤や逆に効果を高める細胞内酸素の存在、そして間接効果の割合が小さい高 LET 放射線など放射線の種類により生物作用が影響を受けることになる。

▍放射線防護剤と緩和剤で障害を減らす

細胞が放射線を浴びると、放射線による水の分解で発生した OH˙ラジカルが DNA など生体物質と反応して放射線障害を起こす。こういった時にはさまざまな抗酸化剤が OH˙ラジカルを消去するのに有効である。OH˙ラジカルはミトコンドリアでもエネルギー生産に伴っても発生するが、放射線被ばく時に発生する OH˙ラジカルは、細胞内に常時発生するミトコンドリア由来の OH˙ラジカルに比べ、一時的にまた局所的に濃度が高くなる。このため人体の放射線防護には大量の抗酸化剤を、しかも被ばくする前に服用する必要があるので、その副作用が問題となる。

半世紀以上も前から知られている放射線防護剤は、SH 基を持つアミノ酸のシステアミンやシステインとそれらを含むグルタチオンのような化合物で

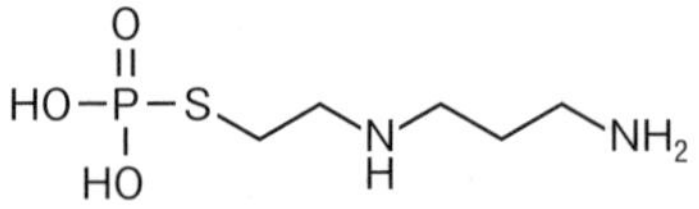

アミフォスチン（WR-2721）

図 3.8　放射線防護剤

米国で唯一認可されている放射線防護剤アミフォスチンはイオウ元素を含む化合物である。

ある。これらは次の反応により水中や生体分子のラジカルを取り除いてくれることから、ラジカルスカベンジャーと呼ばれる。

$$2(システアミン\text{-}SH) + 2R^{\cdot} \rightarrow 2RH + システアミン\text{-}S\text{-}S\text{-}システアミン$$

これらの化合物は大量服用した際の有害作用が強いので、このままでは人体の放射線防護剤として使えない。

そこで、SH基を有するシステアミンを基本骨格として4000以上の一連の化合物をWater Reed陸軍病院でスクリーニングした結果、有害作用の少ないアミフォスチン（コード名：WR-2721）が発見された（図3.8）。アミフォスチンは米国で認可された唯一の**放射線防護剤**として、放射線治療の晩期有害事象（第8章166頁参照）である口腔乾燥の予防にも使われている。また、原子力事故時の救護隊員などへの投与も期待される。しかし、アミフォスチンは依然として副作用が強いので、より有害作用の少ないニトロキシド基を有する防護剤TEMPOLが現在臨床試験されている。一方、厳密な意味での防護剤ではないが、被ばくの効果を軽減する**放射線緩和剤**の開発も行われている。放射線で死んだ細胞を生き返らせることはできないが、生き残った細胞を素早く増殖させることで放射線障害を緩和させることができる。放射線致死の原因となる骨髄の損傷から救うために、G-CSF（顆粒球コロニー刺激因子、Granulocyte-colony stimulating factor）などの造血細胞増殖因子が放射線緩和剤として使用される。

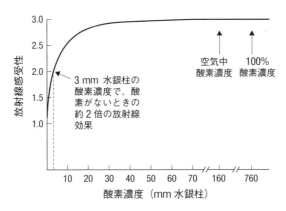

図 3.9　放射線作用の酸素効果

放射線の生物作用に重要なラジカル化学種は溶液中の酸素との相互作用で作られるので、酸素濃度が低下すると障害が最大 1/3 まで減弱する。

『放射線科医のための放射線生物学』(E.J. Hall、篠原出版) 81 頁をもとに作成

酸素が放射線作用を強める

水中に充分量の酸素が存在すると、酸素は水和電子ならびに H・ラジカルと反応して O_2^-（スーパーオキシドアニオン）を発生する。

e^-（水和電子）$+ O_2 \rightarrow O_2^-$

$H^{\cdot} + O_2 \rightarrow O_2^- + H^+$

O_2^- は DNA などの有機物（R）と反応して、有機物過酸化ラジカルなど複雑な損傷を生成する。

$ROH + O_2^- \rightarrow ROO^{\cdot}$（有機物過酸化ラジカル）$+ OH^-$

$RH + ROO^{\cdot} \rightarrow R^{\cdot} + ROOH$（有機物過酸化物）

結果として酸素が存在するとラジカルが長寿命化し、放射線損傷が著しく増加する。

空気中の酸素濃度は 160 mmHg（1 気圧相当の水銀柱高さ 760 mmHg に空気中酸素の割合 21% を乗じた値）であるが、窒素との置換により酸素量を減少させると生物効果も次第に減少して、酸素濃度 3 mmHg では酸素が充分

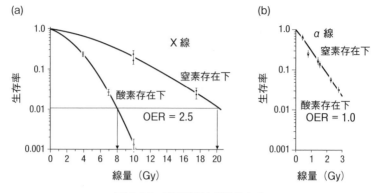

図 3.10　酸素効果と細胞生存率

細胞溶液中の酸素を窒素ガスと交換して除くと X 線に対して抵抗性になり、酸素がある場合の生存率を得るのに 2.5 倍の放射線量（酸素増感比 OER = 2.5）が必要である (a)。しかし、高 LET 放射線の α 線では酸素濃度の影響を受けないので OER は 1.0 に近くなる (b)。

『放射線科医のための放射線生物学』（E.J. Hall、篠原出版）103 頁をもとに作成

にある場合と無酸素の場合の中間の値まで低下する（図 3.9）。このような酸素効果を定量的に表すために**酸素増感比** OER（oxygen enhancement ratio）が下式のように定義される。

$$\mathrm{OER} = \frac{\text{酸素のない条件下での一定の生物効果に必要な線量}}{\text{酸素のある条件下で同じ生物効果を得るのに必要な線量}}$$

例えば、酸素があるときの 8 Gy の照射効果と酸素がないときの 20 Gy の照射効果が同じであれば、OER = 20 Gy / 8 Gy = 2.5 となる（図 3.10a）。一般に OER は 1.0〜3.0 の範囲である。

放射線の種類で異なる線エネルギー付与（LET）効果

α 線や重粒子線のような高 LET 放射線は、同じ放射線量の X 線や γ 線のような低 LET 放射線に比べて生物影響が大きいことが知られている。放射線の種類による生物影響の違いは**生物学的効果比** RBE（Relative Biological Effectiveness）によって表される。生物学的効果比は、基準放射線に通常

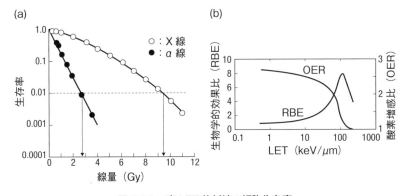

図 3.11　高 LET 放射線の細胞生存率
高 LET の放射線照射による大きな生物効果は生物学的効果比 RBE を用いて表される。図では生存率 0.01 に必要な α 線と X 線の線量がそれぞれ 2.7 Gy と 9.4 Gy とすれば RBE = 9.4 Gy/2.7 Gy = 3.5 になる (a)。LET が高くなれば OER は減少、逆に RBE は増加して LET 100 keV/μm でピークに達する (b)。

(b)『放射線科医のための放射線生物学』(E.J. Hall、篠原出版) 104 頁を参考に作成

250 kV の X 線あるいは γ 線を用いて、基準放射線と同じ生物効果を得るのに必要な線量の比として定義される。

$$\text{RBE} = \frac{\text{一定の生物学的効果を得るのに必要な基準放射線の線量}}{\text{同じ生物学的効果を得るのに必要な当該放射線の線量}}$$

例えば、図 3.11a で細胞生存率 0.01 を得るのに必要な線量は X 線で 9.4 Gy、α 線で 2.7 Gy になるので、生物学的効果比は 9.4/2.7=3.5 となる。つまり、α 線は X 線よりも 3.5 倍強い生物作用を持っていると言える。

横軸に LET (keV/μm) を取って、縦軸に RBE を取ると LET が高くなるとともに RBE も増加する (図 3.11b)。高 LET 放射線の生物効果が大きいのは、狭い範囲にたくさん発生した DNA 二重鎖切断や DNA 塩基損傷の修復が起こりにくい、あるいは起こっても誤った修復が細胞死を導くからである (第10 章 222 頁参照)。陽子線や中性子線、重粒子線などの放射線防護で用いる放射線荷重係数は、この RBE を基に決めている (第 1 章 13 頁参照)。一方、LET が高すぎると細胞死に必要な以上の DNA 損傷を発生するので、吸収線

量あたりの生物効果が逆に減少し、見かけ上 RBE も低下する。この現象は死んだ細胞をさらに殺すという意味でオーバーキル（overkill）とも呼ばれる。100 keV/μm 程度の LET が最も効率良く細胞死を起こすことが知られている（図3.11b）。

高 LET 放射線では間接効果よりも直接効果の比率が次第に高くなる。しかし間接効果は高 LET でも 50% 程度存在してなくなるわけではないのに、酸素効果が 100 keV/μm 付近から著しく減少する（図3.11b）。これは高 LET 放射線による水の分解時に、狭い空間に多数発生した OH・ラジカルが次式の反応で過酸化水素を発生するからである（図3.2）。

$$OH^{\cdot} + OH^{\cdot} \rightarrow H_2O_2$$

過酸化水素がさらに反応して、酸素効果と同じ有機物過酸化ラジカルが発生する。

$$R^{\cdot} + 2H_2O_2 \rightarrow RO_2^{\cdot} + 2H_2O$$

このように、高 LET 放射線は酸素がなくても、酸素存在下での低 LET 放射線と同じように有機物過酸化ラジカルを発生させることができる。実際、窒素と交換した低酸素状態で放射線照射を行うと、低 LET 放射線では窒素存在下で放射線抵抗性になるが（図3.10a）、高 LET 放射線照射では酸素効果が消失する（図3.10b）。この結果、LET が高くなると OER が減少し、生物学的効果比 RBE と酸素増感比 OER は鏡面対称の関係になる（図3.11b）。酸素増感比は X 線や γ 線の LET（0.2〜2.0 keV/μm）では 3 ぐらいであるが、LET が数十 keV/μm を超えると次第に減少し始め、重粒子線のような高 LET 放射線では酸素効果の影響を受けにくくなる。

Chapter 4

放射線を防御するDNA修復

放射線被ばくで細胞に発生したDNA二重鎖切断はDNA修復機構により再結合される。ここでは放射線特有の2種類のDNA修復経路と、修復をスムーズに行わせるための細胞周期チェックポイントおよびクロマチン再編成など細胞の放射線防御機構について述べる。また、細胞周期により変わる放射線感受性や突然変異誘発など、放射線DNA修復がもたらす副作用についても説明する。

4.1 DNA二重鎖切断の二つの修復経路

▌DNA二重鎖切断修復の研究と放射線高感受性細胞

　放射線を照射したほ乳類細胞が損傷から回復することは、1950年代のエルカインドの実験（第3章55頁参照）から示されていた。DNAレベルの研究は、遠心機を用いて分子の大きさを解析するショ糖密度勾配超遠心法により、照射前のDNAおよび照射直後のDNA、そして一定時間経過してからのDNAのそれぞれの大きさを比較することから始まった。1966年に米国の著名誌に報告された実験では、200 Gyの放射線照射でDNA鎖が切断されるとDNAの長さが短くなるが、照射20分後には元の大きさのDNAに戻ることが示された。この実験ではDNA二重鎖を一重鎖に分離するアルカリ性の条件で行っているので、放射線により切断されたDNA一重鎖が20分後には

再結合して元の大きさのDNAに戻ることを意味している。次に、DNA二重鎖のまま測定できる中性（pH=7）の条件で同じ実験を繰り返すと、小さくなったDNAが20分経っても元の大きさに戻ることがなかったので、DNA二重鎖切断は再結合しないと結論づけられた。これによりDNA二重鎖切断は再結合（DNA修復）しないと長い間信じられるようになった。1973年にチャドウィックとレンハーツによるDNA二重鎖切断に基づいたLQモデル（第3章57頁参照）が提唱された時代になってもDNA二重鎖切断の再結合が起こるかどうかは不明であった。

　二重鎖切断の再結合の可否をめぐって議論の混迷が続いたのは、生死にかかわる1個や2個の二重鎖切断を、極めて長い細胞DNAの中で直接検出する適切な研究手法が無かったからである。DNA二重鎖切断を測定するいくつかの方法が開発された1990年代になると、DNA二重鎖切断が再結合することが明確になった。また、同年代には放射線高感受性細胞の中で変異や欠失している遺伝子（原因遺伝子）を数あるヒトの遺伝子から特定して（**遺伝子クローニング**と呼ぶ）、その遺伝子の役割を調べる手法も普及し、それによりDNA二重鎖切断の再結合機構が次第に明らかになった。当時の研究に用いられた放射線高感受性細胞には、ヒト遺伝病由来の細胞と人為的に作製した放射線高感受性細胞の2タイプがあった。次にそれぞれについて説明する。

　ヒト劣性遺伝病の**毛細血管拡張性運動失調症**（A-T: Ataxia telangiectasia、運動失調と毛細血管拡張の意味）は1926年以前に既に医学分野で知られていた疾患である。A-Tの患者が放射線高感受性であることがわかったのは、1967年に患者に発生したリンパ腫を放射線治療した際に、放射線照射の副作用として結節性硬化症が異常に発症したことがきっかけである。1975年にはテーラー（Malcolm Taylor）により患者の培養線維芽細胞を用いたコロニー法で放射線高感受性が確認された。また、1992年に米国のカスタン（Michael B. Kastan）が正常な細胞で見られる放射線照射後のがん抑制タンパク質**p53**（大きさ"53"キロダルトンのタンパク質"protein"の意味）の活性化がA-T患者細胞で起こらないと報告したことから、A-Tの原因遺伝子が発がんを抑制するp53の活性化に必要であることがわかった。これはp53タンパク質が働かない細胞はがん化しやすいことや、A-T患者自身がリンパ腫などの

がんを多発することとよく一致する。やがて、米国のガッチ（Richard A. Gatti）らによりペンシルバニア州の宗教集団アーミッシュ住民を対象にした家系解析で原因遺伝子が 11 番染色体の狭い領域に存在することが明らかになった。最終的には同領域からイスラエルのシャイロ（Yosef Shiloh）らにより A-T の原因遺伝子として **ATM**（Ataxia-telangiectasia mutated: A-T で変異している遺伝子の意味）が 1995 年にクローニングされた。

もう一つの重要な放射線感受性疾患である**ナイミーヘン症候群**（NBS:

Column 4 ── 遺伝子命名法とタンパク質の呼び方

遺伝子の命名は原則として発見者が行う。変わった名前では pokemon、pikachurin、bos（z）ozok、bonsai などがある。複数の別名を持つ場合でも公式名は一つである（bonsai はハエの遺伝子の公式名）。遺伝子名の記載方法は生物種により異なるが、ヒト遺伝子の公式名は大文字の英字、もしくは大文字英字とアラビア数字の組み合わせを用いるのが国際的な決まりである。多くの遺伝子名に 3 英字とその後に数字がつくのは、酵母や大腸菌で厳格に決まっている「英字 3 文字＋数字」のルールに従ったからだろう。後述の NBS1 は著者らがクローニングしたものであるが、当初は ATM にならって NBSM にするつもりであった。しかし実際には論文投稿にあたって最後に数字をつけて NBS1 にするよう強く薦められた経緯がある。遺伝子は転写を介してそれぞれ 1 種類のタンパク質を合成するので、両者を区別するためにヒト遺伝子は斜体で、タンパク質はそのまま立体で表示する。

タンパク質は、しばしばその機能を表す語をつけて呼ばれる。本文でたびたび使われる ATM や ATR は他のタンパク質にリン酸を結合させる触媒活性を持つタンパク質（キナーゼ）なので特別に ATM キナーゼや ATR キナーゼと呼ばれることもある。同様に、小分子のユビキチンを結合させる触媒活性を持つタンパク質はユビキチンリガーゼと呼ばれる。リガーゼとは連結 ligate する意味であり、DNA 同士を結合するタンパク質も DNA リガーゼと呼ばれる。逆に糸を途中で切るように DNA に切断を入れるタンパク質はエンドヌクレアーゼ、DNA を端の方から次々と分解するタンパク質をエキソヌクレアーゼ、そして前駆物質から DNA を順次合成するタンパク質は DNA ポリメラーゼと呼ばれる。

Nijmegen breakage syndrome、ナイミーヘン染色体断裂症候群）は比較的歴史が新しく、1981年にオランダのナイミーヘン大学のウィーマ（Corry Weemaes）らにより報告された。1998年に日本、米国、ドイツのグループによりそれぞれ独立にNBSの原因遺伝子として**NBS1**がクローニングされた。後年、ATMもNBS1も放射線DNA修復と、チェックポイントやクロマチン再編成など細胞の初期反応（後述）の遺伝子であることがわかった。次に述べる人為的に作製した放射線高感受性細胞と機能が重複していないことから、両タイプの放射線高感受性細胞がDNA修復の分子レベル研究の発展に両輪となって貢献したと言える。

　一方、人工の放射線高感受性細胞は、佐藤弘毅（放射線医学総合研究所）らにより1979年に初めて開発された。マウスリンパ腫細胞を突然変異誘発剤で処理した後に生き残った約1万個の細胞株から選別された変異体細胞株M10がそれである。その後1980年代にかけて同様の放射線高感受性細胞が欧米を中心に作製され、やがてそれらのいくつかが同じ種類の変異であることがわかった。そこで、これらの変異株はXRCC1～XRCC11（**XRCC**: X-ray cross-complementing）の11グループに整理され、M10もXRCC4として再分類された。

　やがて、米国のトンプソン（Larry Thompson）らが、ハムスター細胞から自ら作製したXRCC細胞に無作為に多数のヒト遺伝子を導入し、その後に放射線抵抗性に変化した細胞を選別する方法で、1990年に放射線感受性に関与する遺伝子XRCC1のクローニングに成功した。XRCC1は一重鎖切断の修復に関わる遺伝子で、厳密な意味でDNA二重鎖切断の修復遺伝子とは言いがたい。DNA二重鎖切断として最初の修復遺伝子は英国のジュゴ（P. Jeggo）らにより特定されたXRCC5遺伝子である。しかし、このXRCC5遺伝子も既に三森経世（慶応大学、後に京都大学）らにより自己抗原の遺伝子として報告されていたKu80と同じものであることがわかった。1998年までにXRCC8を除くすべてのXRCC遺伝子がクローニングされた結果、これらのすべてがDNA鎖の再結合の遺伝子であることが明らかとなった。XRCCは単純に突然変異誘発剤の処理で作製した細胞であるので、細胞膜やミトコンドリアなどの変異細胞もできているはずである。それにもかかわらず、

DNA鎖再結合が欠損した細胞だけが得られるのは放射線感受性を決定する細胞内標的がDNA鎖切断であることを意味している。その後のXRCC遺伝子の役割の研究からDNA二重鎖切断後の再結合は相同組換え修復と非相同末端再結合の2種類のDNA修復経路で行われることがわかった。

▍放射線DNA修復は相同組換え修復と非相同末端再結合の2種類

　DNA複製はDNA二重鎖のうちの片方の鎖を鋳型にして、それと相補的なDNAを合成する形で行われる。これと同様のしくみで、たとえDNA一重鎖切断が起こり、DNAの一部が失われたとしても、無傷のDNA一重鎖を鋳型に切断部位を再合成することができる。しかし、DNA二重鎖切断では、2本の一重鎖DNAの両方が同時に切断されるので鋳型に使えるDNAがない。そのような場合でも、DNA複製によりできた2本の染色分体（姉妹染色分体と呼ばれる）では、切断されたDNA領域と全く同じ配列をお互いに持っているはずである。このDNAの同じ配列部位（相同配列）を鋳型として利用するのが相同組換え修復である。この修復では初めにNBS1を含むMRN複合体（MRE11/RAD50/NBS1）が中心となって放射線により切断されたDNA端、あるいはその内側に少し入った部位からDNAを切除して、数百塩基の一重鎖DNAを生成する（図4.1）。この一重鎖DNAは不安定であるが、DNA結合タンパク質RPA（Replication Protein A）との結合により安定化する。続いて相同組換え修復の主役であるRAD51（Radiation 51）タンパク質が、BRCA1/2（Breast cancer susceptibility gene 1/2）タンパク質の助けをかりてRPAと置き換わる。このようにして一重鎖DNAにフィラメントのように巻き付いたRAD51が姉妹染色分体の相同なDNA部位を見つけ出して侵入、次にその相同配列を鋳型にしてDNAポリメラーゼ（コラム4）が修復合成する。最後にはDNAリガーゼにより元のDNA二重鎖と再結合して修復が完了する。切断されたDNAが姉妹染色分体の相同な配列を利用して再結合することから、この修復過程は**相同組換え修復**（homologous recombination repair）と呼ばれる。相同組換え過程ではホリデイジャンクション中間体と呼ばれる特徴的なX字型の構造（ホリデイ博士が提唱した構造）が形成される。

　ヒトの相同組換え修復系はたくさんの段階を経る複雑な経路であるが、大

第 2 部　放射線と人体

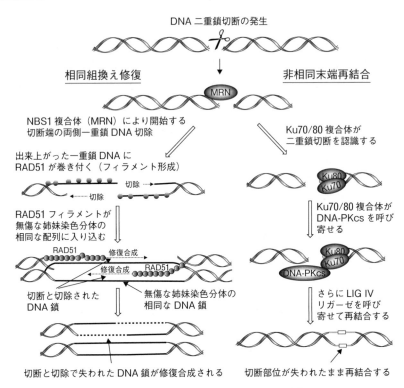

図 4.1　相同組換え修復と非相同末端再結合

放射線照射で発生する DNA 二重鎖切断は、相同組換え修復と非相同末端再結合のいずれかの経路により再結合（修復）する。両経路は全く異なるタンパク質により独立に進行するが、放射線で発生した DNA 二重鎖切断では非相同末端再結合が使われることが多い。

腸菌からヒトまでのほぼすべての生物がこの修復の基本経路を持っている。このことから、ヒトの相同組換え修復は数十億年以上の生命活動を通じて次第に複雑に進化したことを窺い知ることができる。なお、ヒトの細胞は父親と母親譲りの一対の染色体（相同染色体と呼ぶ）を持っているが、この相同染色体が修復に利用されることはない。もし相同染色体が修復に使われるならヘテロ接合体の喪失（LOH: Loss of heterozygosity）と呼ばれる発がんの原因となる新たな問題を引き起こすことになる（第 6 章 111 頁参照）。あくま

でも姉妹染色分体の相同な DNA を利用するので、相同組換え修復には姉妹染色分体ができる DNA 複製期とそれ以降の限られた期間しか働けない制約がある。

　もう一つの修復経路である非相同末端再結合は、ヒトやマウスなど高等真核生物に見られるが大腸菌などには存在しない経路である。この修復経路は、1980 年に報告された T 細胞と B 細胞の両方の免疫系に異常がある重症複合型免疫不全（SCID: severe combined immunodeficiency）マウスの放射線高感受性が契機となって発見された。当時知られていた相同組換え修復と違うので非正統的組換え（illegitimate recombination）と呼ばれた時期もあったが、SCID マウスに DNA-PKcs タンパク質の変異が見つかって、タンパク質活性を介する明確な一つの修復経路であることが明らかになった。DNA-PKcs は損傷 DNA に依存して活性化するリン酸化酵素 DNA-PK（DNA-dependent protein kinase）の触媒部位（catalytic subunit）を構成するタンパク質である。非相同末端再結合では、細胞核内にふんだんに存在する Ku70/80 タンパク質複合体が DNA 二重鎖切断部位を認識して DNA-PKcs を損傷部位に呼び寄せ、そこで DNA-PKcs が活性化する。続いて、切断された DNA 鎖を結合する DNA リガーゼ（LIG IV）が呼び寄せられ、両端を再結合して修復が完了する（図 4.1）。DNA-PKcs は DNA 二重鎖切断部位の両端が離れないように維持する役割も担っている。相同な DNA を鋳型にすることなく再結合することから、現在では**非相同末端再結合**（non-homologous end-joining）に呼び名が統一されている。DNA 切断の末端化学型が 3'OH と 5' リン酸であれば直接 LIG IV リガーゼで結合できるが、第 3 章（51 頁）で述べたように放射線はさまざまな化学型の切断端を作る。再結合のためには切断端の数塩基を削って 3'OH と 5' リン酸の化学型に揃える必要があるので、非相同末端再結合は数塩基の DNA 欠失を伴う突然変異を誘発する誤りの多い修復経路と見なされている（解説 1 参照）。ヒト DNA の 98% 以上が遺伝子間をつなぎ留めているジャンク（役に立たない）DNA とされているので大部分の非相同末端再結合による DNA 欠失は深刻な問題にならない。しかし、重要な DNA 領域で欠失突然変異が起これば DNA 欠失に起因する放射線障害を生み出す可能性は高い。姉妹染色分体が存在しない G1 期（DNA 複製を開始する前、

後述）では、相同組換え修復ができないので、非相同末端再結合が G1 期唯一の修復経路として重要である。また、相同組換え修復が充分に機能する DNA 複製後の細胞でも、非相同末端再結合は主要（2 Gy 照射で発生した DNA 二重鎖切断の 70% 以上の再結合を行う）な DNA 二重鎖切断の再結合経路である。

4.2 放射線照射直後に起こる細胞反応

細胞増殖を一時停止させるチェックポイント

一つの細胞が二つの娘細胞に周期的に細胞分裂することは光学顕微鏡を用いて観察できる。そこで細胞分裂（Mitosis）の期間を M 期、そしてそれ以外の期間は単に間期（interphase）と呼ばれていた。やがて放射性同位元素の製造が行われるようになると、1950 年代にリン 32 の DNA への取り込み、続いて水素同位体トリチウムで標識したチミンの DNA への取り込みから、DNA 合成を行った細胞と行っていない細胞を判別できるようになった。その結果、間期の細胞中に DNA 合成を行う細胞と行わない細胞の 2 種類があることがわかり、これを受けて間期はさらに三つに分けられるようになった。DNA 合成が行われる時期である S 期（DNA synthesis phase）、M 期終了から S 期が始まる間の G1 期（Gap 1 phase）、S 期終了から M 期までの間の G2 期（Gap 2 phase）である（図 4.2）。

細胞は DNA 複製とそれに続く細胞分裂により 2 個の娘細胞に同じ染色体セットを分配する。この過程に影響を及ぼす何らかの異常があると、それを検出して一時的に細胞周期の進行を停止し、問題を解決してから再開するチェックポイントが働くことになる。チェックポイントとは検問所の意味である。DNA 二重鎖切断はたとえ 1 個でも残存すると重篤な障害発生につながるので、修復機能とチェックポイント機能が連動することで高い忠実度の再結合を実現している。代表的なチェックポイントには DNA 複製前の G1 期チェックポイントと細胞分裂前の G2 期チェックポイントの 2 種類がある。

G1 期チェックポイント：1971 年にカナダ在住の増井禎夫はアフリカツメガエルの細胞分裂していない卵に他の卵の抽出液を注入すると細胞分裂を開

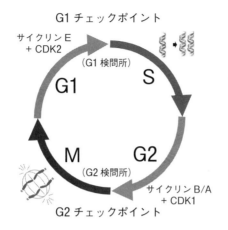

図 4.2 チェックポイントによる細胞増殖制御
ヒト細胞はサイクリンと CDK のタンパク質複合体が活性化することで G1 期、S 期、G2 期、M 期と進み細胞増殖する。しかし、DNA 損傷が発生すると、S 期の手前の G1 チェックポイントと M 期手前の G2 チェックポイントで修復が完了するまで一時的に増殖が停止する。

始することを発見して、その抽出液成分を卵成熟促進因子と名付けた。その後、卵成熟促進因子はサイクリン（cyclin、周期的に量が変動する意味）とサイクリン依存性キナーゼ CDK（cyclin-dependent protein kinase）の 2 種類のタンパク質の複合体であることがわかった。さらにサイクリン/CDK 複合体は、分裂期だけでなく、それぞれタンパク質の組み合わせこそ異なるが、細胞周期の各段階で G1 → S → G2 → M 期と細胞増殖を促進するアクセルの役割を担っていることが明らかになった（図 4.2）。例えば、サイクリン E/CDK2 複合体は G1 期から S 期へ移行させる。

　放射線により DNA 二重鎖切断が発生すると、NBS1（ナイミーヘン症候群の原因タンパク質）を含む MRN 複合体（MRE11/RAD50/NBS1）が ATM（A-T 遺伝病の原因タンパク質）を DNA 二重鎖切断部位に呼び寄せる。そこで活性化した ATM は p53 および p53 を分解させる MDM2 ユビキチンリガーゼをリン酸化して、放射線照射後の細胞内 p53 量を増加させる（図 4.3）。p53 はタンパク質合成を促す転写活性を持っているので、p21（大きさ 21 キ

第 2 部　放射線と人体

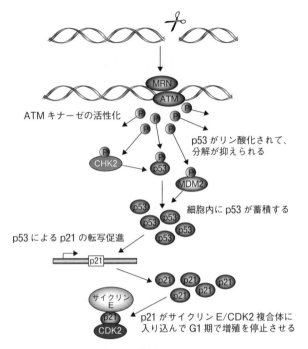

図 4.3　G1 期チェックポイント
G1 期チェックポイントでは、DNA 二重鎖切断部位に呼び寄せられた ATM が p53 タンパク質量を増加させて、サイクリン E/CDK2 複合体の阻害剤 p21 の産生を促進することで S 期への移行を停止する。

ロダルトンのタンパク質の意味）合成を促進させる。p21 は細胞を G1 から S 期に移動させるサイクリン E/CDK2 複合体の間に入り込んで、その活性を失わせて細胞増殖のブレーキの役割をする。このように **G1 期チェックポイント**機構が働くと、放射線による DNA 二重鎖切断発生後の細胞は S 期に入れずに G1 期に一時的に留まることになる。

　G2 期チェックポイント：G2 期で働くサイクリン依存性キナーゼ CDK1（CDC2 とも呼ばれる）の活性化（アクセルの役割）には、CDK1 に結合しているリン酸を脱リン酸化酵素 CDC25 の働きにより除く必要がある。このようにリン酸化にはタンパク質を活性化する場合と逆に不活性化する場合が

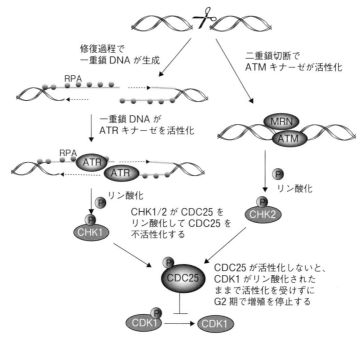

図 4.4　G2 期チェックポイント

G2 期チェックポイントは二つの経路で行われる。一つは ATM キナーゼにより活性化した CHK2 が、CDC25 を介して M 期への進行に必要な CDK1 を不活性化させて M 期手前の G2 期で増殖を停止させる。もう一つは、相同組換え修復の中間体である DNA 一重鎖により ATR が活性化して、これにより活性化した CHK1 が同じく CDC25 を介して CDK1 を不活性化する。

ある。CDC25 のリン酸を除く経路の阻害には ATM あるいは ATR（ATM and Rad3-related）を介した 2 経路がある。初めに、DNA 二重鎖切断部位で活性化した ATM は、p53 と同様に CHK2 タンパク質をリン酸化して活性化する。活性化された CHK2 は次に CDC25 をリン酸化して CDC25 の働きを不活性化させ、その結果、細胞を分裂期まで進めるサイクリン A/CDK1 複合体のアクセル機能が阻害されて G2 期に留まる（図 4.4 の右側）。このように ATM は CHK2/CDC25 の働きを介して **G2 期チェックポイント**を開始させる。第二の経路では、相同組換え修復が進行して DNA 二重鎖が一重鎖になると、

第2部　放射線と人体

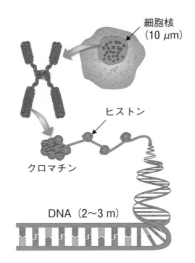

図 4.5　細胞内 DNA のクロマチン構造

細胞内では直径およそ10ミクロンの細胞核に総延長2メートルにも達するDNAがクロマチン構造をとって整然としかもコンパクトに収納されている。

写真：Science Photo Library／アフロ

　この DNA 鎖一重鎖に結合して活性化する ATR タンパク質が CHK1 タンパク質をリン酸化する（図4.4の左側）。活性化した CHK1 は CHK2 同様に CDC25 をリン酸化してその機能を失わせる。このように ATM は DNA 二重鎖切断が発生した当初から働き、そして進行中の修復には ATR が働き、修復が完了すると ATM と ATR の両経路ともに活性化を終了して、CDK1 が元通りの脱リン酸化状態になって、細胞は G2 期から M 期に進行する。

DNA 構造を緩めるクロマチン再編成

　細胞内 DNA はタンパク質と複合体を形成してクロマチン構造と呼ばれる整然かつコンパクトな状態で細胞核に収められている（図4.5）。クロマチン構造の DNA は直径 30nm のファイバーが規則的に折りたたまれた構造になっている。これをほどくと DNA はフリスビーを2枚合わせたような構造をしたヒストンと呼ばれるタンパク質に巻き付いている。ヒストンは H2A、

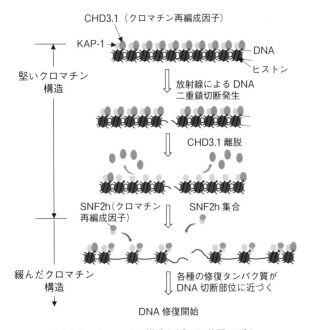

図 4.6 クロマチン構造を緩める分子モデル
DNA 修復のためにクロマチン構造を緩めるクロマチン再編成は二段階で行われる。初めに活性化した ATM が KAP-1 のリン酸化を介して、コンパクトな状態にクロマチンを固めている CHD3.1 を取り除く。続いて RNF20 によるヒストン H2B のユビキチン化が引き金となり、クロマチン再編成因子 SNF2h が呼び寄せられてクロマチン構造を緩める。

Komatsu K. NBS1 and multiple regulations of DNA damage response. J Radiat Res. 57 Suppl 1:11-17, 2016. を参考に作成

H2B、H3、H4 の 4 種類のタンパク質がそれぞれ 2 個ずつ結合した 8 量体である。クロマチン構造は堅く折りたたまれた状態なので、DNA 修復タンパク質が二重鎖切断部位に近づくためにはクロマチン構造がダイナミックな構造変化（**クロマチン再編成**と呼ばれる）をして緩まなければならない。

クロマチン再編成にあたっては、まず初めにヒストンが化学修飾を受け、続いてクロマチン再編成因子が DNA 構造を緩める。DNA 二重鎖切断の場合には少なくとも 2 種類のクロマチン再編成因子が関わっていることがわかっている。クロマチン再編成因子 CHD3.1 は、メチル化したヒストン H3 に

結合して堅く折りたたまれた状態の DNA 構造を維持する役割を担っている。このためクロマチン再編成に先立って CHD3.1 が取り除かれなければならない。DNA 二重鎖切断が起こると初めに、ATM が KAP-1 タンパク質を活性化させて CHD3.1 を切断部位周辺から遊離させる（図 4.6）。続いて、RNF20 ユビキチンリガーゼがヒストン H2B にユビキチンと呼ばれる小分子を結合させ、クロマチン構造を緩める因子 SNF2h を切断部位に呼び寄せてクロマチン再編成が完了する。クロマチン再編成は相同組換え修復と非相同末端再結合の両方の開始に必要である。

修復よりも細胞死を進めるアポトーシス

　放射線被ばくで DNA 損傷が発生しても大多数の細胞は回復できる。しかし、この回復力は DNA に突然変異が起こった変異細胞をも生存させてしまう可能性がある。このような不都合なことを防ぐため、細胞自身に組み込まれた機構で細胞死を誘導することがある。この細胞死の機構は**アポトーシス**（apoptosis）と呼ばれる。典型的なアポトーシスは放射線被ばくした血液中のリンパ球で見られる（第 5 章 102 頁参照）。放射線を浴びたリンパ球細胞は、細胞核を凝縮して自らの DNA を断片化して、細胞分裂を迎えることなく死に至る。他の多くの細胞は放射線照射後に細胞分裂を経て増殖死の運命をたどるのに対し、リンパ球は細胞分裂を行わず間期中に死を迎える。

　放射線アポトーシスは G1 チェックポイントと同じく、ATM の活性化により細胞内に蓄積された p53 によって開始する。p53 はタンパク質合成を促進する作用（転写活性）があるのでアポトーシス誘導因子 FAS と BAX の合成を促進し、前者は細胞膜でタンパク質分解酵素カスパーゼ 8 を、後者はミトコンドリアでカスパーゼ 9 を活性化させる（図 4.7）。いずれのカスパーゼもその下流のさまざまなカスパーゼを活性化して細胞の機能と構造を保っているタンパク質を分解する。また、カスパーゼは CAD（Caspase-activated DNase）の働きを阻害しているタンパク質 ICAD（Inhibitor of CAD）も分解する。CAD は強力な DNA ヌクレアーゼ活性を持つので、ICAD の分解で抑えが効かなくなった CAD は自らの細胞 DNA の切断を開始してアポトーシスによる細胞死を導くことになる。多細胞生物にとって個々の細胞が失われ

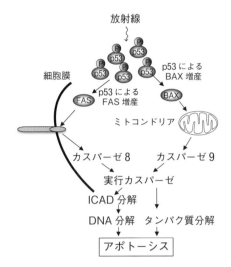

図 4.7　放射線によるアポトーシス

放射線によるアポトーシスは、G1 期チェックポイント同様に p53 タンパク質の活性化により開始する。p53 はミトコンドリアおよび細胞膜のそれぞれのタンパク質 BAX と FAS の転写増加を促して、各種のタンパク質分解酵素カスパーゼを活性化させる。その一部は強力な DNA 分解酵素 CAD の働きを抑制している ICAD も同時に分解するので、結果として DNA 鎖を切断して細胞死にいたる。

ることはそれほど重大な影響につながらない。むしろ、誤った DNA 修復を受けた細胞が生き残って、がん化や遺伝的影響を引き起こす方が危険である。アポトーシスは細胞が能動的な自死で犠牲になり、個体と生物種を保護する機能であると見なされる（コラム 5）。

4.3　DNA修復がもたらす副作用

細胞周期依存性と SLD 回復

　DNA 二重鎖切断の修復には相同組換え修復と非相同末端再結合の 2 経路あり、両方の修復経路のいずれもが働く細胞では放射線抵抗性になる。この放射線抵抗性の例を、細胞周期依存的な放射線感受性と亜致死損傷 SLD からの回復の両方に見ることができる。細胞は M 期で分裂した後、G1 期を経

由してDNA複製が行われるS期に入る。各細胞周期で放射線照射を受けた細胞の感受性を比較すると、S期の終わりからG2期にかけて放射線抵抗性が見られ、逆にG1期では放射線高感受性である（図4.8）。前者の抵抗性の時期は相同組換えに必要な姉妹染色分体が存在する細胞周期と重なる。非相同末端再結合はどの細胞周期でも働いているが、S期からG2期の細胞は、非相同末端再結合に加えて、相同組換え修復がDNA二重鎖切断の再結合に加わることで放射線抵抗性になる。実際、細胞周期における相同組換え修復能の高い時期が放射線抵抗性の時期と一致している（図4.8）。

同様のことが、低線量域で放射線抵抗性を示すSLD回復（第3章55頁参照）でも見られる。相同組換えに重要なRAD54を破壊した細胞では、亜致死損傷SLDからの回復に特徴的な細胞生存率の"肩"が消え、同時に放射線を2分割照射してももはや生存率の回復が見られない（図4.9）。このように低線量域での放射線抵抗性は、非相同末端再結合に加えて相同組換え修復

Column 5 　　象はなぜがんにならないか

　がんの発生率は年齢とともに細胞に蓄積される突然変異数と変異予備軍の細胞数の両方に比例するはずである。従って、発がん率は年齢だけでなく、生物の体重にも比例する。この考え方からすると寿命が65年もあり、体重4800 kgと人間よりもはるかに多くの細胞を持つ象は多くのがんを発症してよいはずであるが、動物園の象の実際のがん発生率は5%以下である。同じ年齢のヒトのがん発生率11〜25%と比べても低い。なぜだろうか。

　米国ユタ大学の小児腫瘍医シフマン（Joshua D. Schiffman）は、このミステリーが象のアポトーシス機能に由来していることを突き止めた（米国医師会雑誌JAMA, 2015）。象にはp53遺伝子が少なくとも細胞あたり20個あり（ヒトでは1個）、実際、放射線照射した後に見られる象のリンパ球のアポトーシスはヒトの約2倍も高い頻度で起こる（つまり細胞致死を指標にすると象は放射線高感受性である）。象はたくさんのp53を持った優れたアポトーシス機能を利用して、突然変異を蓄積した前がん状態の細胞を殺すことで身体全体ががんに冒されることを防いでいると推測される。

Chapter 4 放射線を防御する DNA 修復

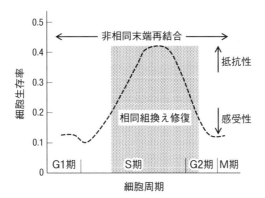

図 4.8 相同組換え修復と細胞周期

相同組換え修復には DNA 複製で作り出される姉妹染色分体が鋳型として必要なために、その働きは S 期後半と G2 期に制限される。もう一つの修復経路の非相同末端再結合は細胞周期全般で働くので、いずれの修復経路も働く S 期後半と G2 期が放射線抵抗性になる。

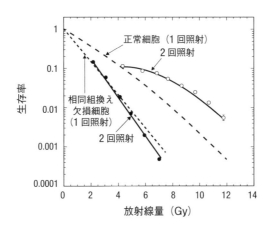

図 4.9 相同組換え修復と SLD 回復

ヒトやマウスの正常細胞およびがん細胞はいずれも低線量域で放射線抵抗性（いわゆる細胞生存曲線の"肩"）を示す。相同組換え経路が破壊された細胞ではこの放射線抵抗性が消失するので、相同組換え修復が"肩"の原因であることがわかる。

Rao BS, Tano K, Takeda S, Utsumi H. Split dose recovery studies using homologous recombination deficient gene knockout chicken B lymphocyte cells. J Radiat Res. 48:77-85, 2007. をもとに作成

が働いた結果である。細胞周期による放射線感受性の不均一性や低線量域での放射線抵抗性は放射線治療において考慮しなければならない重要な因子であるが（第8章163頁参照）、これらはいずれも放射線損傷の修復に相同組換え修復が加わることが原因である。

放射線突然変異

　放射線に限らず、環境変異原として分類される化学物質は、DNA遺伝情報の不可逆的変化である突然変異を誘発する。突然変異が生殖細胞に起これば遺伝的影響の原因に、そして生殖細胞以外の細胞に起こればがんの原因になる。

　培養細胞を用いて遺伝子突然変異の発生率を簡単に測定する系がいくつか開発されているが、中でも代表的なのが6-チオグアニン耐性細胞を調べる方法である。細胞にはDNAの前駆物質であるDNA塩基を新しく合成する系（デノボ合成と呼ばれる）と不要になったDNAやRNAを分解する過程で生じるDNA塩基を再利用する系（サルベージ経路と呼ばれる）の2経路が存在する。後者のサルベージ経路では、培養液にDNA塩基の一つであるグアニンを加えるとそれがHPRT（ヒポキサンチン-グアニンホスホリボシルトランスフェラーゼ）という遺伝子の働きでDNAに取り込まれる。同じくグアニンに似た毒物の6-チオグアニン（図4.10a）を培養液に加えても取り込みが行われ、最終的にはその毒性のために細胞は死滅する。もし、HPRT遺伝子に突然変異が起こってDNA塩基の取り込みができなくなると6-チオグアニン存在下でも細胞は死なずに済む。このようにして6-チオグアニン存在下で生存できた細胞を選別することにより、HPRT遺伝子に起こった突然変異体を得ることができる。突然変異発生率はこのようにして得られた変異体の細胞数を照射を受けた細胞数で割ることで求められる。HPRT遺伝子における突然変異の発生率は放射線量とともに増加する。しかも急照射よりも緩照射で突然変異発生率が低下することから、突然変異の発生に損傷からの回復が関与していることがわかる（第3章55頁参照）。

　突然変異部位のDNA配列を詳細に解析した例は少ないが、HPRT遺伝子に起こった突然変異の例を図4.10bに示す。例では、初めにHPRT遺伝子内

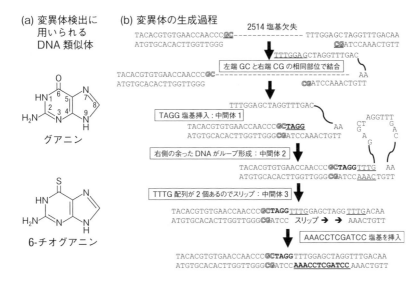

図 4.10　放射線による突然変異の例

放射線突然変異の代表的な検出系は、代謝分解で発生したグアニンを DNA 合成に再利用する HPRT 遺伝子の変異を調べる方法である。毒性の 6-チオグアニンを細胞培地に添加すると細胞死が起こるが、HPRT 遺伝子が変異すると取り込まれず生き残るので変異細胞を選別できる (a)。変異した HPRT 遺伝子の DNA 配列を調べると、DNA 二重鎖の片方の一重鎖 DNA 配列 GC とそれに対応する CG が対合する形で再結合している。また、図の HPRT の変異遺伝子では再結合までに 3 種類の中間体を経る複雑な反応で生成したことがわかる (b)。

(b) Morris T, Thacker J. Formation of large deletions by illegitimate recombination in the HPRT gene of primary human fibroblasts. Proc Natl Acad Sci USA. 90:1392-1396, 1993. を参考に作成

の上側の単鎖 DNA の GC（グアニン-シトシン）と 2514 塩基離れた下側の単鎖 DNA の CG（シトシン-グアニン）が対合して再結合、その後、上側の単鎖 DNA に TAGG の 4 塩基を挿入する修復合成が行われて中間体 1 を形成した。上側の単鎖 DNA の TTTG が下側単鎖 DNA の AAAC と対合して GAGCTAGGTTTGAC のループを形成（中間体 2）、そして下側単鎖 DNA の AAAC が上側単鎖 DNA に存在するもう 1 つの TTTG までスリップして（中間体 3）、その空白に AAACCTCGATCC（12 塩基）を挿入して再結合が完結している。この 12 塩基配列は元の親細胞に存在した配列なので、見かけ上

はTAGG 4塩基だけが挿入突然変異として観察される。この例のような放射線によるDNA二重鎖切断の再結合は一度に起こったわけではなく、数段階の過程を経る複雑な再結合の結果である。放射線照射後に、細胞核内DNA（ゲノムDNAと呼ばれる）の突然変異や染色体異常が細胞分裂後も数世代にわたって繰り返される現象は**ゲノム不安定性**として知られており、放射線の特徴的な生物作用である。

　上記の例のような放射線誘発突然変異の一般的な特徴をまとめると、次のようになる。

1) 大きな欠失突然変異が起こる。これは多くの環境変異原ではわずか1塩基が変異する点突然変異が多いのと対照的である。
2) 単なる再結合ではなく、塩基挿入やスリップが起こる複雑な再結合を伴う。放射線照射が化学的に複雑なDNA切断端（第3章51頁参照）やクラスターDNA損傷（第10章220頁参照）を形成することと関係していると思われる。
3) 放射線突然変異では塩基配列の対合（例ではCG/GC）を利用して再結合する。これは、数塩基の対合を利用する非相同末端再結合の特徴であるので、この図4.10の突然変異は非相同末端再結合に由来すると見なされる（解説1参照）。

解説 1 ── 細胞に残る DNA 二重鎖切断の爪痕

DNA 二重鎖切断の爪痕：DNA 二重鎖切断の修復には相同組換え修復と非相同末端再結合の 2 経路がある。細菌からヒトまで生物種を超えて用いられる相同組換え修復は、姉妹染色分体上の相同な配列を利用して丁寧な再結合を行う誤りのない修復経路である（69 頁参照）。これに対して、ヒトやマウスで多く用いられる非相同末端再結合では、相同配列を利用しないで切断端が直接再結合するので DNA 欠失が多くなるとされている。実際に欠失が多いかどうかを調べるには DNA 二重鎖切断の再結合部位の塩基配列情報が必要であるが、細胞内 DNA に二重鎖切断を無秩序に発生させる放射線では切断部位の塩基配列が不明で解析が難しい。近年著しい進歩を遂げているゲノム編集技術は、制限酵素を特定遺伝子に結合させて DNA 二重鎖切断を決まった位置に人為的に発生させ、そのときの誤った再結合を利用して遺伝子の破壊動物を作製する手法である。この方法だと塩基配列情報が分かっている遺伝子部位を破壊するので、DNA 二重鎖切断再結合の誤りを調べられる。

ゲノム編集技術で作製したラットの 34 変異体の遺伝子を解析した結果、それらの切断部位の塩基配列は、一例を除いた残り 33 変異体のすべてが非相同末端再結合から予想される欠失突然変異であった[1]。短いのでは 1 塩基、長いのでは 900 塩基の欠失を伴って結合していた。解説図 1a には、20 塩基欠失、35 塩基欠失、28 塩基欠失突然変異の例を示した。次に、これら変異体の欠失部位近くの DNA 配列を調べると、驚いたことに 1〜5 塩基の対合を利用して再結合していることがわかった。図の 20 塩基欠失を伴う場合には GG/CC の 2 塩基対合、35 塩基欠失変異体では CGG/GCC の 3 塩基対合、28 塩基欠失変異体では CCGG/GGCC の 4 塩基対合による再結合であった。塩基欠失を起こした他のすべての 33 変異体も 1〜5 塩基の対合を利用した再結合であった。このように DNA 二重鎖切断による変異体は塩基対合という爪痕を、再結合部位の DNA にはっきりと残していることがわかる。

放射線 DNA 修復の場合：DNA 二重鎖切断を高い効率で誘発する放射線の場合はどうであろうか。過去に行われた詳細な解析例では、放射線も同様に 2514 塩基欠失、および 4200 塩基欠失が見られ、それに加えて TAGG の 4 塩基挿入も伴っていた（図 4.10 参照）[2]。制限酵素による DNA 二重鎖切断と違って放射線では局所的に多数の DNA 損傷を作り、しかも異常な化学型の切断端を作るので再結合が複雑になったと思われる。次に再結合部位の塩基対合を調べて見た。これらの放射線 DNA 照射で発生した突然変異は 2 例ともに、A/T の 1 塩基対合と GC/CG の 2 塩基対合の再結合が見られたので[2]、基本的にはゲノム編集技術を用いた DNA 二重鎖切断の再結合結果と同じであった。

(a) 制限酵素により作られた DNA 二重鎖切断の再結合部位

(b) 致死量の放射線照射を受けた細胞の DNA 二重鎖切断の再結合速度

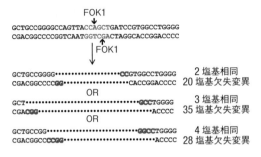
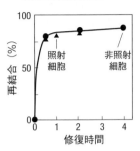

解説図 1　DNA 二重鎖切断の修復（再結合）

制限酵素で人為的に DNA 二重鎖切断を発生させて突然変異を起こした時の DNA を見ると、ほぼすべてにおいて再結合時の DNA 塩基の対合（例えば CC/GG）の痕跡を残している (a)。致死量の放射線 50 Gy の照射を受けても、細胞の DNA 修復は正常に進行する (b)。

(b) 文献 4) の図を参考に作成

　一方、放射線による欠失領域が大きければ、生存に必須の遺伝子の機能が失われて細胞死が起こるはずである。しかし死んだ細胞を数多く集めて解析することは技術的に難しい。このため"余分な染色体"を導入した細胞を用いて放射線被ばくによる細胞死が起こらないようにした条件で解析すると、"余分な染色体"内部に放射線照射で数万〜数百万塩基の欠失が生じている事が分かった[3]。α線を照射して得られたこのタイプの細胞に発生した 26 種類の突然変異体のうち、実に 25 種類（96%）が大きな欠失を伴う放射線特有な変異体であった。数万〜数百万塩基の領域には生存に必須の遺伝子が存在するはずなので、通常の細胞であればこの欠失突然変異が原因で細胞死が起こると考えて良い。次に細胞が死ぬほどの高放射線被ばくで本当に DNA 修復が進んでいるか調べると、いずれは死ぬ細胞でもほとんどの細胞の DNA 修復が正常に進んでいることがわかる。解説図 1b では致死線量 50 Gy 照射した細胞の DNA 二重鎖切断の再結合が正常に進行している[4]。同様の結果が他のグループにより 80 Gy 照射でも観測されている[5]。このことは放射線照射が DNA 修復を阻害、あるいは未修復が原因で細胞死を引き起こしているのでないことを意味している。放射線被ばく後の細胞はほぼ正常なスピードで修復されるが、誤った DNA 修復（おそらく非相同末端再結合）により細胞致死や突然変異が起こると考えるのが自然であろう。放射線誘発の DNA 二重鎖切断に対する修復過程は

一般には安全と考えられているが、放射線 DNA 修復が突然変異や細胞死を起こして放射線障害を導くことに注意すべきである。

[1] Mashimo T, et al., Generation and characterization of severe combined immunodeficiency rats. Cell Rep. 2:685-94, 2012. [2] Morris T, Thacker J. Formation of large deletions by illegitimate recombination in the HPRT gene of primary human fibroblasts. Proc Natl Acad Sci U S A. 90:1392-6, 1993. [3] Hei TK,et al., Mutagenic effects of a single and an exact number of alpha particles in mammalian cells. Proc Natl Acad Sci U S A. 94:3765-70, 1997. [4] Komatsu K, et al., The scid factor on human chromosome 8 restores V(D)J recombination in addition to double-strand break repair. Cancer Res. 55:1774-9, 1995. [5] Rothkamm K,et al., Pathways of DNA double-strand break repair during the mammalian cell cycle. Mol Cell Biol. 23:5706-15, 2003.

Chapter 5

組織・臓器の放射線障害

放射線による細胞への障害は、やがて人体の組織およびいくつかの組織の複合体である臓器への障害をもたらす。組織・臓器の障害は細胞死に由来する確定的影響と突然変異を起こした細胞に由来する確率的影響に分類される。ここでは確定的影響の一般的な性質と代表的な組織・臓器の確定的影響について述べる。

5.1 放射線障害の確定的影響と確率的影響

▌放射線障害は確定的影響と確率的影響に区分される

　放射線被ばくで DNA 二重鎖切断を発生した細胞は、元通りに回復する、細胞死に至る、修復の誤りにより突然変異を誘発する、のいずれかの運命をたどる。このうち細胞死と突然変異の両方が組織・臓器（以下、組織）の放射線障害の原因になる。組織の放射線障害は一定量以上の放射線被ばくを受けると影響が現れる**確定的影響**（definitive effect）と被ばく線量が増加すると障害が現れる確率が高くなる**確率的影響**（stochastic effect）に分類される。確定的影響は、細胞死による身体の組織の機能低下や喪失に原因する障害であり、皮膚の放射線障害や被ばくによる死亡などがこれにあたる（図 5.1）。一方、確率的影響は突然変異が原因であり、精子や卵を作る生殖細胞に起こって次世代に伝わる遺伝的影響と、生殖細胞以外の身体の細胞に突然変異が

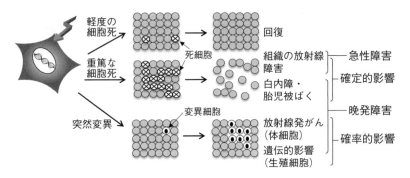

図 5.1　確定的影響と確率的影響

放射線障害は、細胞死が原因で組織の機能障害や喪失によって起こる確定的影響と、細胞の突然変異が原因の確率的影響に分類される。また、障害が被ばく後の早い時期に現れる急性障害と数年後に現れる晩発障害の2種類に分類することもある。確定的影響のほとんどは急性障害になるが、白内障など一部の障害は晩発障害に分類される。

起こって被ばく者本人にがんを発生する発がん影響の二つに分類される。

　また、放射線障害の症状が現れるまでの期間の長さから急性障害と晩発障害に区分する分類もある。被ばく後数週間以内に症状が現れる大部分の確定的影響は急性障害に含まれるが、数年後に症状が出る放射線白内障など一部の確定的影響とすべての確率的影響は晩発障害に分類される（図 5.1）。

　確定的影響では、少数の細胞死が起こっても残りの多くの組織は機能を維持する余力があり、また死んだ細胞の後を隣接する細胞が増殖して埋め合わせるので障害が発生しない（図 5.1）。しかし、大線量に被ばくすると大量の細胞死が原因で組織の機能の喪失が起こり、死んだ細胞を増殖で補って回復することもできなくなり放射線障害に至る。横軸に被ばく線量、そして縦軸に放射線障害をとると、S字が右側に傾いたS字状曲線を示す（シグモイド曲線という）（図 5.2）。低線量被ばくでは障害の現れない線量域があり、次第に増加して、ある線量以上では確実（definitive）に障害が発生する。障害が出ない線量（正確には被ばく者の99%に障害が現れない線量）を「**しきい線量**」といい被ばく組織によりそれぞれ異なった線量値になる。染色体異常など除けば、通常 0.1 Gy 以下では組織の形態や機能の変化などの放射線障害が見

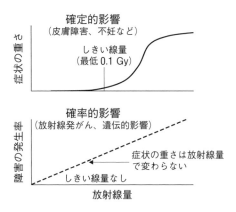

図 5.2　確定的影響と確率的影響の比較
確定的影響は一定線量（しきい線量）以上を被ばくすると必ず（確定的に）影響がみられ、しかも症状は被ばく線量が高くなると重篤になる特徴がある。一方、確率的影響では被ばく線量が多くなると障害の発生頻度（確率）が高くなるが、しきい線量もなく、障害の重篤度も被ばく線量によって変わることがない。

られないので、最も低いしきい線量は 0.1 Gy になる（表 5.1）。また、確定的影響では大線量の放射線に被ばくするとそれだけ放射線障害が重篤になる。例えば皮膚の障害では、3 Gy 程度の低線量被ばくでは表面に発赤・紅斑が出るだけであるが、5 Gy を超える大線量では放射線火傷にいたる。

　一方、異常な細胞の増殖により引き起こされる放射線発がんや遺伝的影響では、突然変異がたとえ 1 個の細胞にしか起こらなかったとしても変異細胞の増殖により確率的影響として放射線障害が現れる。これらは運が良ければ一生涯にわたって放射線障害が出ないこともあるので、障害が出るかどうかは確率的（stochastic）である。確率的影響は被ばく線量とともに発症の頻度が増加するが、確定的影響と違って高線量の被ばくほど遺伝的影響やがんの症状が重篤になるわけでない（図 5.2）。この章では、身体に起こるさまざまな確定的影響について説明するが、胎児被ばくの確定的影響については第 7 章で先天異常と一緒に述べる。

表 5.1 放射線障害のしきい（最低）線量

被ばく組織		放射線量 Gy	発現時期
精巣	一時的不妊	0.1	3～9 週間
	永久不妊	6.0	3 週間
卵巣	不妊	3.0	1 週間以内
水晶体	白内障（視力障害）	0.5*	数年
骨髄	造血機能低下	0.5	3～7 日
皮膚	紅斑	3～6	1～4 週間
	放射線火傷	5～10	2～3 週間
	一時脱毛	4	2～3 週間
胚・胎児	奇形・精神遅滞	0.1	（受胎後 9 日～15 週）

確定的影響が現れる被ばく線量（しきい線量）は組織により異なる。しきい線量の最も低い値は、胎児の放射線障害および男性の一時不妊の 0.1 Gy（100 mGy）である。
ICRP Pub103（2007 年、日本語版）127 頁を参考に作成。* ICRP Pub118（2012 年）

表 5.2 細胞再生系と放射線感受性

放射線感受性	増殖、分化	組織
高感受性（細胞再生系）	分裂盛ん、未分化細胞	造血幹細胞、小腸幹細胞、精原細胞（精子形成）、表皮幹細胞、（リンパ球）
↕	分裂する、分化細胞	口腔上皮細胞、食道上皮細胞、毛嚢上皮細胞、水晶体上皮細胞
低感受性（非細胞再生系）	分裂は通常しない、分化細胞	腎臓、膵臓、肝臓、甲状腺
	分裂しない、分化細胞	神経細胞、筋繊維（心筋）

組織の放射線感受性は造血組織や小腸のように細胞分裂が盛んな細胞再生系で高く、細胞分裂をしない分化細胞では放射線感受性が低くなる。

組織により変わる放射線感受性

　放射線感受性は組織によって異なるが、その違いを生み出す要因は何だろうか。既に第 4 章で述べたように、放射線による細胞死は増殖死によって引き起こされたものである。増殖死は分裂を経て起こる細胞死であるので細胞

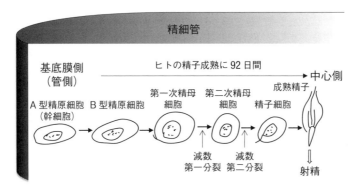

図 5.3 精巣の構造
精巣管の基底膜側に存在する精原細胞が、活発に細胞分裂をして精巣管中央に移動しながら分化を続け、精母細胞を経由して最終的に精子になる。精原細胞は幹細胞として、精子に分化する細胞と自身と同じ精原細胞（幹細胞）を作る。

分裂が活発な組織で顕著であり、分化して増殖が停止した組織では増殖死が起こらない。人体でとりわけ分裂が盛んなのは造血組織や腸上皮、皮膚、精巣、水晶体などの細胞再生系と呼ばれる組織である（表 5.2）。細胞再生系では細胞分裂の元にある幹細胞が、分裂して自分と同じ細胞を作りながら、分化する細胞を作ることができる（コラム 6）。これらの組織には分裂が活発な細胞と分化して増殖が停止した細胞の両方が存在する。例えば精巣では精原細胞（幹細胞）が分裂して、精母細胞、精子細胞を経て成熟精子へと分化するが（図 5.3）、基本的には分化が進んだ細胞ほど放射線感受性が低下する。

1906 年にベルゴニエとトリボンドー（Jean A. Bergonié and Louis Tribondeau）はラットの精巣を用いた研究から、組織放射線感受性に関する**ベルゴニエ・トリボンドーの法則**を提唱した。すなわち、

1) 細胞分裂頻度が高いほど、
2) 将来、長期にわたって分裂を続ける組織ほど、
3) 形態的および機能的に未分化な組織ほど、放射線感受性が高い。

人体組織には、細胞再生系以外に休止細胞系や非再生系組織がある。肝臓や膵臓、繊維芽細胞などの休止細胞系には幹細胞がなく、それぞれの機能を担う細胞が非常にゆっくりと細胞分裂している。しかし、部分的な肝臓切除

Column 6　　　　　　　　　　幹細胞、ES 細胞、iPS 細胞

　細胞分裂が常に繰り返され、古い細胞が新しい細胞に置き換わる組織を細胞再生系という。細胞分裂の元になる細胞を幹細胞（stem cell）といい、造血幹細胞や皮膚幹細胞のように呼ぶ。いずれの幹細胞にも、1) 分裂して自分と同じ細胞を作る自己複製能力と、2) 別の種類の細胞に分化する能力を有する特徴がある（図）。近年は幹細胞の概念も広がり、がん細胞もごく少数の幹細胞の性質を持ったがん細胞（がん幹細胞と呼ぶ）を起源として発生するとされ、白血病のがん幹細胞が 1997 年に報告された。一方、受精卵から得られる幹細胞は特に胚性幹細胞あるいは ES 細胞（embryonic stem cell）と呼ばれる。自己複製能を有するのは細胞再生系の幹細胞と同じであるが、身体のすべての細胞に分化できる多能性を有している点が異なる。この能力から、欠損した人体組織の機能を回復させる再生医療への応用が期待されている。また、マウスの ES 細胞は体細胞に比較して相同組換え能が高いために、ノックアウトマウス作製など生物実験材料としても利用される。細胞分化は未分化細胞から分化細胞への一方通行と思われていたが、山中伸弥（京都大学）らは皮膚の繊維芽細胞に数種類の遺伝子を導入することにより人工的な多能性幹細胞の作製に 2006 年に成功した。これは iPS 細胞（induced pluripotent stem cell、人工多能性幹細胞）と呼ばれる。

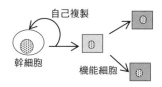

図　細胞再生系
細胞再生系では細胞分裂が常に起こっており、分裂の元になる幹細胞が自身と同じ能力を持つ細胞（自己複製）と機能細胞に分化する細胞の 2 種類を産生する。

などで機能障害が生じるとすべての細胞が分裂を開始するのが休止細胞系の特徴である。これに対して、神経や筋肉などの非再生系組織では細胞が分化した後では一切の細胞分裂が行われない。

ベルゴニエ・トリボンドーの法則により放射線感受性は細胞再生系の組織で最も高く、休止細胞系、非再生系組織と続く（表5.2）。がん病巣は活発に細胞分裂を繰り返しているので、細胞再生系と同様に放射線高感受性である。放射線治療によって重要な正常組織（多くは休止細胞系）に大きな障害を与えずがんを根治することが可能なのは、このためである。ここで述べた組織の放射線感受性の違いは増殖死に起因しているので、細胞死がアポトーシス（第4章78頁参照）により起こる末梢血リンパ球にベルゴニエ・トリボンドーの法則は適用できない。

放射線障害の発症経過

放射線は人間の知覚（視覚、聴覚、味覚など）で認識できないが、1 Gy以上の全身被ばくをすると24時間以内に現れる**放射線宿酔**（radiation sickness）という前駆症状によって被ばくをある程度認識できる。二日酔いに似ているので放射線宿酔と名付けられたが、大別して胃腸系の症状と神経系の症状が見られる。胃腸系の症状には食欲不振、吐き気、嘔吐、下痢など、神経系では疲労や頭痛などの症状がある。線量が増えるに従って、食欲不振（0.97 Gy）、吐き気（1.4 Gy）、下痢（2.3 Gy）の症状が順番に現れるので、症状の種類からある程度の被ばく線量の推定が可能である。例えば、前駆症状が出ない場合は被ばく線量が1 Gy以下、もし下痢の症状がなくて24時間以内におさまる吐き気が見られるなら2 Gy以下、逆に下痢の症状が出て1週間後も続くようなら2 Gy以上の被ばくの可能性がある。前駆症状は全身被ばくだけでなく、組織への局所的な放射線照射を受ける放射線治療の際にも現れる。

放射線宿酔が現れる前駆期の後に、潜伏期、発症期、回復期の時間経過で急性放射線障害が進行する（図5.4）。一時的に症状が消える潜伏期の存在は放射線障害の特徴の一つであるが、その長さは被ばく線量により変わる。高い線量では潜伏期が短くなり、8〜10 Gy以上の被ばくになると潜伏期を経

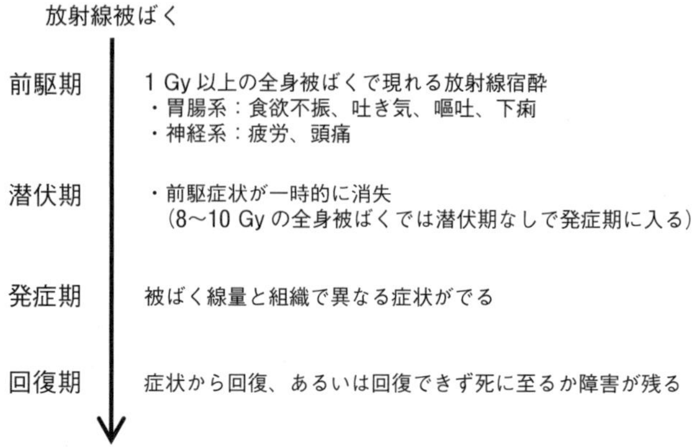

第2部　放射線と人体

```
放射線被ばく
    ↓
前駆期    1 Gy 以上の全身被ばくで現れる放射線宿酔
         ・胃腸系：食欲不振、吐き気、嘔吐、下痢
         ・神経系：疲労、頭痛

潜伏期    ・前駆症状が一時的に消失
         （8〜10 Gy の全身被ばくでは潜伏期なしで発症期に入る）

発症期    被ばく線量と組織で異なる症状がでる

回復期    症状から回復、あるいは回復できず死に至るか障害が残る
    ↓
```

図 5.4　放射線障害の時間経過

被ばく後の放射線障害は、被ばく線量にもよるが、初めに放射線宿酔といわれる前駆症状がみられる。続いて症状が一旦消失する潜伏期を経た後に発症期に入り、回復する（被ばく線量によっては回復しない場合もある）。

ずそのまま発症期に入る。発症期には、以下の節で述べるように被ばく線量に応じてさまざまな組織で症状が出る。発症期が終了するとやがて回復期に入るが、そのまま障害が残ることもある。また、致死的な障害を受けると回復期に入ることなく死に至るが、適切な治療を受ければ回復することもある。

5.2　組織特有なさまざまな放射線障害

放射線被ばく後の発症期ではそれぞれの組織特有の放射線障害が現れる。ここでは、放射線に対する感受性の高い組織および重篤な症状に発展するいくつかの組織の障害について述べる。

皮膚の障害

皮膚の障害や脱毛は観察しやすいこともあり、X 線発見の翌年 1886 年から報告されていた。皮膚は表面からおよそ 0.2 mm の厚さの表皮（深部から基底細胞層、有棘細胞層、顆粒細胞層、角質層の順序で構成される）、5 mm

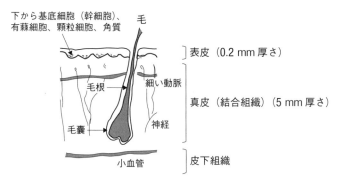

図 5.5　皮膚の構造
皮膚は表皮、真皮、皮下組織から構成されており、真皮には毛根とそれを包む毛嚢が存在する。表皮の基底細胞と毛嚢の一部は活発に細胞分裂をしており、放射線に特に感受性が高い。

ほどまでの真皮（コラーゲンや毛細血管）、その下にあってクッションの役割をする皮下組織（脂肪）および毛嚢や小血管から構成される複雑な組織である（図5.5）。毛嚢は放射線感受性が高く1〜2 Gyの被ばくで毛髪の成長阻害が起こり、4 Gyの被ばくで2〜3週間後に**脱毛**が起こる（表5.1）。しかし回復力も強く、大線量の被ばくをしなければ1ヶ月後には再び生え出す。

同様に、3〜6 Gyの被ばくでは毛細血管の拡張により1〜4週間後に皮膚の**紅斑**が見られる。皮膚の幹細胞は基底層のみで分裂して、表層に移行しながら分化、成熟、そして脱核して角質細胞となり、1ヶ月後には垢となってはげ落ちる。組織としては細胞再生系である。3〜4 Gyの被ばくで幹細胞の増殖阻害が起こり、5〜10 Gyの被ばくで放射線被ばくが原因の火傷が起きる。20〜25 Gyの被ばくで水疱が形成されるが、幹細胞の再生能力はいまだ残っている。30 Gy以上では難治性の放射線潰瘍を生じ、治癒しても瘢痕（ケロイド）が残る。皮膚の放射線感受性は部位によっても異なり、首の周りが最も高く、顔面、腹部、腕の順に感受性が低下するとされる。

　放射線による皮膚障害は火傷と似ているが、火傷では患部の細胞すべてが障害を受けるのに対して放射線では感受性の高い細胞のみが障害を受ける。従って、火傷ではすぐに激しい痛みや炎症反応、組織の破壊が起きるが、放

射線では初めに痛みが無く、表皮が脱落して再生ができなくなって初めて障害が明らかになる。ところで、太陽紫外線によっても皮膚障害が現れるが、放射線と違って脱毛が起こることはない。これは、放射線と違って、真皮の毛根近くに存在する毛の幹細胞まで紫外線が到達しないからである（図5.5）。

▎精巣と卵巣の障害

精巣は放射線感受性の高い組織であるが、その中のすべての細胞が放射線感受性でないことは前節で述べた。精巣管の基底膜側にある幹細胞の（A型）精原細胞が有糸分裂をして、中心に向かって第一次精母細胞、それが減数分裂した2個の第二次精母細胞、さらに分裂して4個の精子細胞となり成熟して精子になる（図5.3）。成熟精子は放射線抵抗性であるが、精原細胞と精母細胞は感受性が高い。基底膜での精原細胞の分裂から精子が形成されるまで平均92日かかると言われており、また精子の寿命も40日程度あるので、**不妊**の症状が出るのは早くても放射線被ばくの3～9週間後である。精巣への0.1 Gy以上の被ばくで、精原細胞の分裂が一時的に止まるので、2～15ヶ月の間は一時的不妊となる。それ以上の被ばくでは不妊期間が長くなり、6 Gy以上では永久不妊となる（表5.1）。

卵巣の成熟過程は精巣と大きく異なり、母親の胎内3ヶ月までに有糸分裂で卵原細胞にまで分化し、以後第一次卵母細胞で停止する。思春期を迎えると第一次卵母細胞は定期的に減数分裂をして第二次卵母細胞を経て卵細胞となる。静止期の第一次卵母細胞は放射線抵抗性であるが、分裂を始めた第二次卵母細胞は最も放射線感受性が高く、アポトーシスを起こす。0.65～1.5 Gyで一時的に受胎能力が低下し、2.5 Gy以上で1～2年の一時的不妊、3 Gy以上の被ばくで永久不妊になる（表5.1）。永久不妊になる線量は年齢でも異なり、20～30歳の女性では最低線量が高く（放射線抵抗性に）なる傾向がある。

▎眼の障害

眼はその特異な構造のために放射線被ばくで気をつけるべき組織の一つである。図5.6に眼の組織を示した。水晶体前面の上皮細胞は赤道部付近でゆっくりと分裂して細胞核を失いながら、初めは後方に、そして中心に向かっ

Chapter 5 組織・臓器の放射線障害

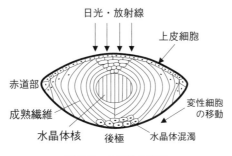

図 5.6 水晶体の構造
眼の水晶体は前面（図では日光側）の上皮細胞が分化したものである。水晶体には血管が通っていないので、被ばくで傷ついた上皮細胞は排除されることなく後極に貯まり、水晶体を混濁させて白内障を発症させる。

て分化を続け水晶体繊維となる。繊維状になった組織はクリスタリンというタンパク質を持ち、これが水晶体の 30〜50% を占めることで透明性を保っている。上皮細胞の分裂は生涯続くので、水晶体は皮膚や生殖細胞のように細胞再生系と見なしえる。しかし、水晶体には血液循環はなく、細胞を除去する経路を欠いている。従って、放射線により障害を受けた細胞は水晶体から排除されることなく、後極へと移動し不透明な繊維となる。**白内障**は透明であるべき水晶体が混濁することにより起こるが、ごく小さな斑点から直径数 mm の混濁まで程度はさまざまである。放射線白内障は後極に斑点として出現し、次第にそれが大きくなる。なお、老化に伴い最も普通に見られる老人性白内障は赤道部に出現するので初期の段階なら放射線白内障と区別できるが、進行すると両者の区別は困難になる。

　放射線被ばくによる白内障の発生にはしきい値があり、従来は 1.5 Gy 程度の局所被ばくで発生するとみなされていたが（ICRP Pub103）、2011 年頃には新たな疫学調査からしきい値は 0.5 Gy と考えられるようになった（表 5.1）。動物実験では、中性子線の被ばくが高頻度に白内障を起こすことが知られている。潜伏期は 2.0〜6.5 Gy の被ばくでは平均 8 年、6.6〜11.5 Gy では平均 4 年となり、被ばく線量が多いほど短くなる。白内障の発症には最低 6ヶ月必要なので晩発障害として、皮膚や生殖細胞の急性障害と区別される。

その他

肺：成人の肺は安定した組織で増殖が遅く、放射線影響もすぐには出現しないので亜急性障害（1〜6ヶ月）といわれることもある。6 Gy 以上の被ばくで3ヶ月後に浮腫が起こり、場合によっては肺炎に至る。9.5 Gy の被ばくをすると肺炎が 50% の頻度で起こり、次いで肺線維症に移行する場合がある。肺線維症では肺胞内にフィブリン繊維、血管内にコラーゲン繊維が析出し、肺胞での空気交換に異常が生じて最悪の場合は死に至る。

腎臓：放射線被ばくで重篤な症状を呈する晩発障害の組織として知られる。30 Gy 以上の被ばくで数週間以内に腎炎が起こり、1〜5 年の潜伏期を経て糸球体が機能を失い腎不全に陥る。

甲状腺：成人の甲状腺の細胞分裂は遅いので一般的には放射線抵抗性と見なされる。しかし、国際原子力機関 IAEA（The International Atomic Energy Agency）では甲状腺機能低下が 5 Gy 以上の被ばくで起こる可能性を示している。

口腔咽頭：口腔粘膜は皮膚に似て、基底細胞層で分裂した細胞が分化しながら表層に移動する。3 Gy 以上の被ばくで痛みを伴った発赤、浮腫、粘膜炎が起こる。東海村 JCO の臨界事故（第 13 章 289 頁参照）の被ばく者では、唾液腺の放射線障害が原因で唾液腺アミラーゼが血中に現れたが数日で正常化した。

5.3 死に結びつく放射線障害と治療例

大線量の放射線に被ばくすると人は死亡するが、その原因となる決定組織は骨髄、腸、中枢神経の 3 種類のいずれかである。ここではそれぞれの決定組織の放射線障害と放射線被ばく事故の治療例について述べる。

被ばく線量と生存期間の関係

少線量を全身に被ばくしても死亡することはないが、線量が大きくなるにつれて死亡する割合が増加する。横軸に放射線量を、縦軸に被ばく後 60 日以内の死亡率をとると、確定的影響と同様のしきい値を持ったシグモイド曲

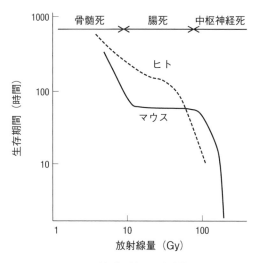

図 5.7　被ばく線量と生存期間
被ばく線量が多いと早く死亡し、線量が少ないと死亡までの生存期間が長くなる傾向がある。マウスの生存期間で顕著にみられるが、被ばく線量によらず生存期間が一定の線量域（10〜100 Gy）が存在する。これは腸の障害による死亡（腸死）であり、それよりも低い線量では骨髄の障害による死亡（骨髄死）、そして高い線量では中枢神経の障害による死亡（中枢神経死）が起こる。

線で死亡率が増加する（図 5.2）。この時の被ばく後 60 日以内に 50% が死亡する放射線量を**半致死線量**あるいは LD50/60 という（LD は Lethal Dose の略）。広島・長崎の原爆被ばく者の資料からヒトの LD50/60 は約 4 Gy と推定されている。

　LD50/60 線量を受けたほとんどの被ばく者の死亡原因は感染や出血なので、重度の火傷があれば LD50/60 は小さく（感受性になり）、逆に医療的なサポートがあれば大きく（抵抗性に）なる。青年は幼児や老人に比べて、また女性は男性よりもわずかに LD50/60 が大きくて放射線抵抗性である。同様に LD50/60 は物理学的因子によっても異なり、γ 線よりも中性子などの高 LET 放射線のほうが LD50/60 は小さいので少線量で死亡となり、また 1 回照射ではなく緩照射あるいは数回に分けて被ばくすると LD50/60 が大きくなって放射線に耐えられるようになる。

次に、放射線量と生存期間の関係を見ると、一般的に被ばく線量が高いほど生存期間が短くなる関係にある（図5.7）。しかし、よく見ると生存曲線は3相に分かれていることに気づく。マウスでは2～10 Gyの範囲に見られる勾配の緩やかな曲線、10～100 Gyに見られる放射線量にかかわらず生存期間が一定した区間、そして100 Gy以上で起こる急勾配の曲線である。これらの曲線はそれぞれ異なる組織、すなわち骨髄、腸、中枢神経の障害による死亡を表しており、それぞれ骨髄死、腸死、中枢神経死と呼ばれる。それぞれの組織の放射線感受性と細胞動態がおのおのの生存期間を規定している。図5.7によると、ヒトがLD50/60相当の4 Gyを被ばくすると骨髄障害が原因で2ヶ月以内に死にいたる。全身への4 Gyの被ばくは生殖細胞や眼の障害も引き起こすので、たとえ骨髄の治療により生存しえたとしても次にはこれら組織の障害に苦しめられることになる。

骨髄死

全身に数 Gy 被ばくすると骨髄から分化する末梢血の血球が減少し、重篤な場合には**骨髄死**と呼ばれる死亡を招くことになる。骨髄中で分裂を繰り返している細胞はいずれも放射線感受性として知られている。動物実験では骨髄細胞の放射線感受性（D_0=0.95 Gy）は、通常の繊維芽細胞（D_0=1.0～1.5 Gy）などに比べて高いことが確認されている。血小板（形状から栓球ともいう）は5 Gy以上被ばくすると10日後には枯渇してしまう（図5.8）。同様に、好中球は肝臓や脾臓などにプールされた分が末梢血に移動して一時的に増加するが、やはり10日後には枯渇する。これに対して赤血球は観測した40日間ではほとんど影響を受けない。これは、末梢血中に存在する赤血球の寿命が約120日と長いので骨髄での赤血球の供給が停止してもしばらくは枯渇しないことによる。4 Gy以下の被ばくでは一過的に血小板や好中球が減少するがやがて回復する。

一方、リンパ球は血小板と同程度の寿命であるが、5 Gy以下の被ばくで24時間以内に約半数に減少する。末梢血のリンパ球も他の血球と同じで細胞分裂していないものの、他の血球と異なりアポトーシスによる間期死が起こるためである（第4章78頁参照）。このように低い線量でも鋭敏に減少す

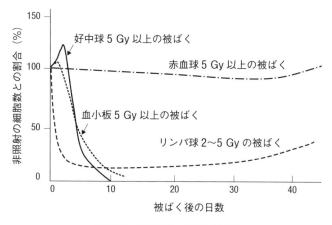

図 5.8 被ばく者の末梢血細胞
被ばく者の末梢血のそれぞれの細胞数は、骨髄での細胞分裂と末梢血での細胞の寿命に左右される。好中球や血小板（栓球）は被ばくによる骨髄での産生停止後まもなく減少するが、末梢血での寿命が長い赤血球では減少が見られない。一方、リンパ球は末梢血に存在する細胞がアポトーシスにより死にいたるので、少ない線量でも被ばく後ただちに減少する。

る性質から、末梢血のリンパ球減少は被ばく線量の生物学的推定方法として利用される。

放射線被ばくによる末梢血の血球減少の結果として、さまざまな症状が出てくる。まず放射線被ばく直後の吐き気や嘔吐などの初期症状の後、目立った症状のない潜伏期が続く。この間は血液を循環する放射線抵抗性のそれぞれの血球が機能している。やがて、造血幹細胞（コラム 7）の分裂停止により血液中の好中球が減少すると感染や発熱、また、血小板が減少すると出血と貧血、リンパ球が減少するとウイルス感染に対する免疫機能低下などが起こり、被ばくによる個体死が起こる。

この最も危険な時期を乗り越えると、造血幹細胞が分裂を再開して回復することができる。骨髄死の主な原因は感染であるので、これを防ぐための無菌状態での隔離、抗生物質や放射線緩和剤の投与（第 3 章 60 頁参照）、あるいは兄弟の骨髄や臍帯血中の造血幹細胞の移植によって生存率や生存期間を

改善することができる。

腸死

　1945年8月6日に原爆が投下された翌日から広島市中心部の百貨店が臨時救護所として使われ、被ばくし、傷を負った人々が収容された。やがて被ばくした人々の間で、熱傷や外傷の有無にかかわらず、下痢・血便が見られるようになった。赤痢の発生が疑われたので、8月17日から百貨店の2、3階を隔離病舎として、臨時伝染病院が開設された記録が残っている。しかし、これは赤痢ではなく、急性放射線障害の症状であった。

　5～15 Gy以上の放射線に被ばくすると放射線による腸の障害が起こり、その結果ヒトでは10～20日以内に死亡する。**腸死**の生存期間は動物種によりほぼ一定しており、マウスでは被ばく後、厳密に3.5日目に死亡するので3.5日死と呼ばれるほどである。この一定した生存期間は腸組織の構造と深く関わっている（図5.9）。腸の内面には無数の絨毛があり、その表面は栄養や水分を吸収する腸上皮細胞に覆われている。絨毛間には無数の腺窩が深く沈んでいる。腺窩にある腸上皮幹細胞は細胞分裂して、分化しながら絨毛の先端に向かって移動、最後は絨毛先端でアポトーシスにより腸管へと抜け落ちる。腺窩での細胞分裂と絨毛先端からの脱落は平衡しており、細胞分裂から脱落までヒトでは10日ほど、マウスでは3.5日である。絨毛の分化した細胞は放射線抵抗性で被ばく後も細胞機能を維持できるが、放射線感受性の腺窩の細胞は容易に細胞分裂を停止する。従って、放射線被ばく後の腸死による生存日数は、線量に依存せず、絨毛の細胞が分裂して先端から脱落するまでの期間となる。

　被ばくを受けると初め腸管運動が増強、ついで停止し、その状態が3日間も続くことがある。腸管運動の停止は食欲の減退、嘔吐、下痢などの前駆症状として現れる。潜伏期の一定期間中に、腸上皮幹細胞の分裂停止により絨毛の高さが順次短縮して、やがて扁平になる。この状態では機能できる細胞がないので、栄養・水分の吸収機能が停止し、腸管が破れ、内容物が漏れ出して、腸内細菌による感染が起こる。体液・電解質の喪失と感染が直接の死因である。これを防ぐ処置として輸液や抗生物質投与によりある程度延命で

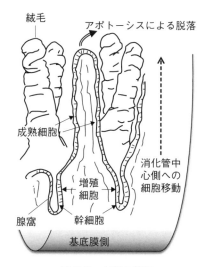

図5.9 小腸の構造
腸の細胞は基底膜側の凹んだ構造の腺窩に存在する幹細胞が分裂して、分化しながら小腸の絨毛機能の役割を果たしながら絨毛先端部に移動する。腺窩で産生された細胞は、決まった日数後に絨毛先端から脱落（アポトーシス）するので、腺窩で幹細胞の分裂が起こらないと絨毛の長さは次第に短くなる。

きるが、腸の再構築の可能性は低く、たとえ延命してもその後に現れる重篤な骨髄障害やその他の組織の放射線障害から生き残ることは難しい。

中枢神経死

中枢神経系は、脊椎管内にある脊髄と頭蓋腔内の脳からなる。神経は放射線抵抗性の組織として知られるが、50 Gy 以上の放射線に被ばくすると直ちに知覚異常を伴う重篤な灼熱感を訴え、頭痛、痙攣、昏睡など脳圧昂進症状が現れて3日以内に死亡する。**中枢神経死**の機構には不明な点もあるが、事故により頭部前面に約 100 Gy の γ 線と中性子線を受け 35 時間後に死亡した作業者の大脳に、重度の浮腫が認められている。浮腫の原因として中枢神経系における血管障害の可能性が指摘されている。これに一致して、広島・長崎の被爆者のうち、被爆6日後に死亡した人の大脳では血管透過性の昂進に

表5.3 放射線被ばく者の骨髄および臍帯血移植例

	ユーゴスラビア原子炉事故（1958年）	ピッツバーグ直線加速器事故（1967年）	チェルノブィリ原子炉事故（1986年）	東海村JCO臨界事故（1999年）
被ばく線量	6～7 Gy	6 Gy	6 Gy 以上	7.3～15.8 Gy*
生存数/移植患者数	5/6	1/1	2/18	0/1
造血機能	不明	不明	生存者2名とも移植細胞の生着なし	移植細胞の生着あり

*生物学的γ線相当線量（Svに相当）

伴う病理学的な変性が認められた。さらに大きな被ばく線量では数時間内に死亡するが、この時は分子死と呼ばれて細胞や組織のレベルを超えて生体分子が直接障害を受けることが原因である。

重篤な被ばく事故での治療例

放射線被ばく線量がLD50/60以上であると骨髄死の可能性が高くなる。被ばく者は無菌状態に隔離して、滅菌した食事を与え、周囲環境内の病原との接触を避けなければならない。**骨髄移植**が有効な治療法と思われるが、表5.3に示した放射線事故に伴う現在までの骨髄移植の報告は、それが必ずしも万全の解決策でないことを示している。放射線被ばく事故に骨髄移植が初めて適用されたのは1958年である。この例では5名が生存、1名が死亡した。生存し得たのは骨髄移植のおかげとする評価がある反面、懐疑的な多くの人は拒絶反応にあって移植は失敗したがそれでも生存できたと信じている。続いて米国ピッツバーグでの加速器の事故では、被ばく者の一卵性双生児の兄弟から骨髄移植を行い救命に成功した。

チェルノブィリ原子炉事故では骨髄移植ならびに胎児幹細胞移植を受けた18名のうち生存者はわずか2名であった。生存率11%（=2/18）は骨髄移植を受けなかった同じ被ばく者の生存率43%より低いので骨髄移植が成功したとは言えない。生存率が低い原因としては、被ばく線量が予想よりも低か

Chapter 5 組織・臓器の放射線障害

Column 7 ─────────────── 白血病と骨髄

　大量の放射線を照射したマウスに、照射していないマウスの骨髄細胞を移植すると造血障害が回復することから骨髄細胞内に造血幹細胞が存在することが証明された。造血幹細胞はあらゆる血球細胞および免疫系の白血球（好中球、好酸球、好塩基球、リンパ球、単球、マクロファージ）、赤血球、血小板（栓球）などに分化できる多重機能幹細胞である。骨髄では造血幹細胞および前駆細胞、ある程度分化した細胞が活発に分裂してそれぞれの血球を抹消血に供給している。幼児期には全身の骨でこれらの造血を行うが、成人になると四肢の骨の造血機能が失われ、胸骨、肋骨、脊椎、骨盤などの体躯の骨が中心となる。なお、へその緒に含まれている血液（臍帯血）には骨髄と同じくらいの造血幹細胞が含まれている。

　一方、これらの骨髄細胞ががん化すると白血病になる。将来リンパ球になる細胞ががん化した場合にリンパ性白血病、それ以外の白血球に分化する細胞ががん化すると骨髄性白血病と区別する。また、それぞれはさらに分化の早い段階で止まってしまい未成熟な細胞が増殖して急激に症状が悪化する急性白血病、そして分化能力を維持する未成熟な細胞も成熟細胞も異常に増殖して徐々に症状が悪化する慢性白血病に分類される。慢性が急性に変わるのでなく、両者は元々病型が異なるのである。

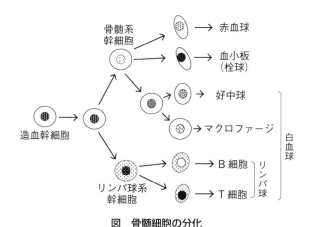

図　骨髄細胞の分化
骨髄に存在する造血幹細胞がすべての血液の細胞を作り出す。

ったため被ばく者の免疫機能が正常に働いて、それによる移植細胞への拒絶反応が起こった可能性がある。また、被ばく事故時には病原菌で汚染された状態で骨髄移植をしなければならないので感染の可能性も挙げられる。

　我が国で起こった東海村 JCO 臨界事故では、被ばく者 1 名に造血幹細胞移植が適用された。チェルノブィリ原子炉事故の際の骨髄移植の上記問題点が改善され、被ばく 10 日後に臍帯血（コラム 7）からの臍帯血幹細胞移植が施され、2ヶ月後には造血機能の回復も見られた。同被ばく者では重篤な放射線皮膚障害も発症したが、こちらも皮膚移植により良好な結果が得られた。しかし、骨髄や皮膚以外の、消化管出血や肺、腎臓の放射線障害の併発により被ばく 211 日後に亡くなった（第 13 章 289 頁参照）。

Chapter 6
放射線による発がん

> 放射線ががんを誘発することは集団で被ばくした過去の事例で明確に示されている。しきい線量という安全線量が存在する確定的影響とは対照的に、確率的影響の放射線発がんは低い被ばく線量でも起こる可能性がある。このため、公衆や職業被ばく者での低線量放射線のリスクは放射線発がん頻度をもとに決められる。ここでは、発がんの生物学的機構や被ばく者集団の放射線発がん頻度の解析結果について述べる。

6.1 自然発がんのしくみと放射線

▌がん遺伝子の活性化とがん抑制遺伝子の不活化

　がんは古くから知られている病気で、古代ギリシャの書物にも現れる。環境物質ががんの原因になることは、19世紀の英国の煙突掃除夫に石炭の煤が原因で陰嚢がんが多発することから発見された。さらに、我が国の山極勝一郎がウサギの耳にコールタールを塗り続ける実験から、1915年に発がん物質による皮膚がんの発生を観測してこれを裏付けた。発がん物質にさらされた細胞は、DNAが傷つき、遺伝子に変異を起こしてがん化する。発がんに関わる遺伝子は、がん遺伝子とがん抑制遺伝子の2種類に分類される。簡単にいうと、がん遺伝子は細胞が異常増殖を始めるアクセルの役割、がん抑制遺伝子はブレーキの役割を担っている遺伝子である。

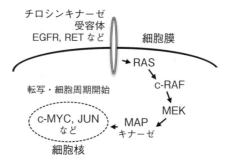

図 6.1　がん遺伝子
がん遺伝子にはいくつかの経路が知られているが、図ではチロシンキナーゼ群発がん遺伝子の突然変異や遺伝子増幅により、あるいは RAS 遺伝子の変異により活性化が起こり、細胞核内へと増殖シグナルが伝達され、最終的に MYC など核内遺伝子の発現制御により細胞に増殖開始へのスイッチが入る。

がん遺伝子の発見は 1976 年に発がん性ウイルスからクローニングされた SRC（Sarcoma、肉腫）が最初である。その後 20 種類近いがん遺伝子が発見され、現在では SRC を含むチロシンキナーゼ（アミノ酸のチロシンのリン酸化酵素、キナーゼはコラム 4 参照）群、RAS（rat sarcoma、ラット肉腫）群、MYC（myelocytomatosis、骨髄細胞腫症）群などに分類されている。図 6.1 に示したように、これらの遺伝子群はチロシンキナーゼの活性化に続く RAS の活性化、そしていくつかのタンパク質を経由した後、最終的には細胞核内で転写因子 MYC などによる細胞増殖開始へと連鎖的に働く。いずれのがん遺伝子が活性化してもがん細胞の異常増殖が引き起こされる。膵臓がんの 90% 近くで RAS 遺伝子が活性化を受けているように、本経路ががん遺伝子の代表的な経路であるが、この経路に属さないがん遺伝子もある。

一方、**がん抑制遺伝子**は網膜芽細胞腫など高発がん家系の疫学研究がきっかけで発見された。1971 年に米国のクヌードソン（Alfred G. Knudson）は眼に発生する網膜芽細胞腫の詳細な家系調査を元に、細胞内には父親と母親由来の 2 コピーのがん抑制遺伝子が存在し、両方のがん抑制遺伝子が破壊されるとがんを発症するという 2 ヒットモデル（Two hit model）を提唱した（図

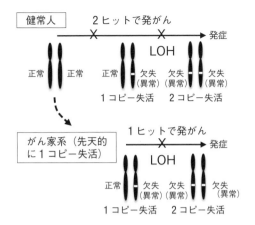

図 6.2　がん抑制遺伝子のコピー数と発がん
細胞内の遺伝子は父親由来の染色体と母親由来の染色体にそれぞれ1コピーずつ、合計2コピー存在する。がん抑制遺伝子の働きを失うには2つのコピーの失活（2ヒット）が必要であるが、遺伝的に1コピー失活している家系の患者では残りの1コピーの失活（1ヒット）で充分である。また、既に1ヒットが起こっている細胞では父親と母親の染色体が同じになる LOH（Loss of heterozygosity）で正常な2コピー目も失われてがん抑制遺伝子の働きが失われる可能性が高くなる。

6.2）。すなわち、健常人では2コピーの遺伝子が失われるのに2ヒットが必要なのに対し、遺伝的に1コピーが既に失われている家系では残り1コピーが1ヒットで失われて容易に発症するため高発がん家系となるわけである。1987年に網膜芽細胞腫の原因遺伝子として RB（Retinoblastoma、網膜芽細胞腫）がクローニングされ、実際に RB 遺伝子の欠失や変異が網膜芽細胞腫で起こっていることが示された。2コピーのがん抑制遺伝子の不活性化は、本来は異なるはずの父親と母親由来の染色体（ヘテロ接合状態と呼ぶ）が失われて、何らかの理由で同じ染色体になる **LOH**（Loss of heterozygosity: ヘテロ接合状態の喪失）と関連することが多い。図6.2では1コピーに初めに起こったがん抑制遺伝子の欠失変異や不活化が、LOH を通じて2番目のコピーの失活を誘導してがん化する過程が示されている。

　がん抑制遺伝子は他にもあり、RB 遺伝子に続いて大腸がんの APC

(adenomatous polyposis coli、腺腫様多発結腸ポリープ)、腎がんの VHL（Von Hippel-Lindau、フォン・ヒッペル・リンドウ病）や WT（Wilms tumor、ウィルムス腫瘍）、乳がんの BRCA1/2（breast cancer susceptibility gene 1/2、乳がん感受性遺伝子 1/2）、などが次々とクローニングされた。1979 年には既にクローニングされていた p53 遺伝子（第 4 章 66 頁参照）もヒトの約半数のがんで不活化が見られるがん抑制遺伝子であることがわかった。がん遺伝子は、正常ながん原遺伝子が突然変異によって活性化し、細胞の異常増殖を引き起こす。これに対して、がん抑制遺伝子は細胞増殖を抑制する遺伝子であり、突然変異でこの機能を失うと異常増殖を抑えられなくなりがん化を促進する。

自然に起こるがん化のしくみ

我々の身体を構成している 60 兆個の細胞には、実は、毎日数千個単位で遺伝子の変異が生じている。これらの遺伝子変異した細胞が存在してもがん

Column 8 ─────────────── がんと癌

ひらがなの「がん」と漢字の「癌」は違った意味で使われる。癌（carcinoma）は体表、内臓、消化管、呼吸器などの上皮組織に由来するものであり、それに対して上皮組織以外の組織である骨、血管、筋肉などに発生するものは肉腫（sarcoma）と呼ばれる。ひらがなの「がん」は癌と肉腫の両方を含めた意味で使う。また、「がん」の代わりに使われる言葉に「腫瘍」があるが、この場合には良性腫瘍と悪性腫瘍の区別が重要である。良性腫瘍は、腺腫あるいはポリープのように発生した部位に限局して増殖し、栄養血管の不足などで自然に増殖を停止する。これに対して周囲の組織に浸潤あるいは転移して再増殖を繰り返す悪性腫瘍を「がん」と呼ぶ。

「がん」と似たようなひらがなによる使い分けが、「被ばく者」と「被爆者」に見られる。「被爆」は爆撃を受けるという意味で、この分野では原爆被爆者に限って使用する。それ以外のさらす（exposure）意味の"曝"は常用漢字にないので被ばく者が用いられる。

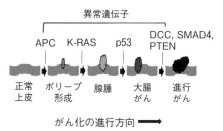

図 6.3　多段階発がん説
自然発生の大腸がんには複数のがん遺伝子およびがん抑制遺伝子が関わっている。初めにがん抑制遺伝子 APC の変異により異常増殖を開始して腺腫（良性腫瘍）になり、その後がん抑制遺伝子 p53 などの変異により悪性化が進行してがんに発展する。複数の遺伝子が段階的に発がんに関わることから多段階発がん説と呼ばれる。

にならないのは、良性腫瘍（コラム 8）を含めて、複数の遺伝子変異により段階的にがん化するからである。1990 年にフォーゲルスタイン（Bert Vogelstein）は、大腸がんの発生に際し複数の遺伝子変異が段階的に蓄積することを具体的に示した。初めにがん抑制遺伝子 APC の変異による細胞の異常増殖でポリープが形成され、続いてがん遺伝子 K-RAS（Kirstin ラットで見つかった RAS 遺伝子）の変異により細胞数が増えてポリープが大きくなる（この段階では腺腫と呼ばれる良性腫瘍）。次に、がん抑制遺伝子 p53 の変異を経て早期がん（腺がん）になり、その後がん抑制遺伝子 DCC（deleted in colorectal cancer、大腸がんにおける欠失）やがん抑制遺伝子 SMAD（Sma and Mad homologue、線虫からクローニングされた増殖シグナルの遺伝子で 1〜5 の 5 種類が知られている）、PTEN（Phosphatase and Tensin Homolog Deleted from Chromosome 10、10 番染色体の欠失で見つかったフォスファターゼドメインを持つ遺伝子）の変異が続いてさらにがん化が進行する（図 6.3）。

　APC 遺伝子は大腸がんの初期過程に中心的な役割を担っているが、他の組織のがんではそれぞれ別の遺伝子が関与している。例えば、胃がんではヘリコバクター・ピロリ菌感染による慢性胃炎、萎縮性胃炎、腸上皮化生を経てがん化するが、ヘリコバクター・ピロリ菌が分泌する病原因子 CagA（cytotoxin-associated gene A）により複数のがん抑制遺伝子の不活化が起こる。

いくつかの遺伝子の変異が蓄積されて初めてがん化するのでこの発がん過程は**多段階発がん説**と呼ばれる。

放射線発がんのしくみ

本書では放射線被ばくでがんが発生することを放射線発がんと呼ぶことにする。しかし、これにより発生する放射線がんという特殊ながんがあるわけではなく、自然に起こるがんと区別ができない。従って、放射線被ばく者のがんも被ばく後の数年から数十年の期間中に正常な細胞ががん前駆細胞を経て悪性がんへと段階的に進行すると考えられる。生物研究者の間では、腫瘍化への初期の段階を特に**イニシエーション**、そして細胞増殖などを通じて悪性化する過程を**プロモーション**と呼び、発がん過程を便宜上区別する。動物実験では放射線の発がん影響はイニシエーションで顕著に起こり、プロモーションにはわずかに影響するだけである。このことから、放射線照射された最初の細胞に起こる DNA や染色体の欠失および異常などがイニシエーションとして放射線発がんに直接関わると考えられる。実際、島田義也（放射線医学総合研究所）らは、マウスの髄芽腫（Medulloblastoma）を指標に用いて、細胞に起こった欠失突然変異ががん化と関連していることを報告している（Ishida Y, et al., Carcinogenesis 31:1694-1701, 2010）。

一方、放射線による**ゲノム不安定性**（第4章84頁参照）が放射線発がんを引き起こす発がん機構が提案されている。ゲノム不安定性とは放射線被ばく後の数世代の細胞にわたって突然変異や染色体異常の誘発が続く現象である。つまり、放射線を直接受けた最初の細胞でなく、照射後に増殖した子孫細胞の遺伝子変異にも放射線が関わることになる。ゲノム不安定性を示す DNA 修復タンパク質 DNA-PKcs の欠損マウスなどでは放射線による乳がん頻度が高くなるので、DNA 修復欠損という特殊な状況ではあるが、ゲノム不安定性の寄与が確認されている。同様に、NBS1 や ATM の修復タンパク質を欠損した患者では**細胞周期チェックポイント**や**クロマチン再編成**の異常が原因でがんが誘発される。これらの患者は放射線に被ばくしたわけでなくても、免疫細胞に自然発生する DNA 二重鎖切断が白血病など免疫細胞系のがんを高頻度に発生させる（解説2参照）。

また、原爆被爆者の小児白血病では、21番染色体上に存在するAML1（acute myeloid leukemia 1）と12番染色体上のTEL（translocation ets leukemia）遺伝子の転座（第7章137頁参照）により融合したTEL-AML1 **融合遺伝子**が作られる。この融合遺伝子は胎生期の造血に必須なAML1タンパク質の働きを阻害する異常なタンパク質を産生し、白血病化を促進することが知られている。当初は、放射線が転座を促進して融合遺伝子を作ったと思われたが、このタイプの変異は放射線被ばくしていない健常な胎児にも見られることから、放射線被ばくが既に転座を起こした細胞のがん化を促進したとも解釈できる。同様の融合遺伝子は、チェルノブィリ事故での小児甲状腺がんのチロシンキナーゼ遺伝子RET（Rearranged during transfection）（図6.1）の染色体転座でも見られる。

他方、がん細胞は細胞と宿主組織が相互作用する**微小環境**（Niche、ニッチェと呼ばれる）の中で成育するが、放射線がこのような組織内微小環境に作用してがん前駆細胞の増殖に関わる可能性がある。これを支持するように、放射線には組織内微小環境を構成する細胞の増殖因子 TGF-β（transforming growth factor β、腫瘍成長因子ベータ）を産生する効果が知られている。また、加齢に伴う組織内微小環境の変化も、イニシエーション細胞から腫瘍への進行を抑制する宿主組織の働きを低下させるようである。一般的に微小環境の影響は低線量被ばくでは小さいと考えられている。

このように現在までにいくつかの放射線発がん機構が提唱されているが、実際の発がんへの寄与はがんの種類、がんの進行度、患者の被ばく年齢や放射線量によって変わると考えられる。いずれの経路にせよ、細胞内DNAの二重鎖切断が発がんの引き金になることは確かである（解説2参照）。これは、煙突の煤に代表されるような環境変異原由来のDNA損傷は確認できるが、そのがん化過程の詳細がいまだにわかっていない研究状況とよく似ている。

6.2 ヒトの放射線発がん頻度

有用な疫学資料

X線が発見されて7年後の1902年にはX線管製作者の間に皮膚がんが報

告された。同様に、1911年には医師24人、放射線技師24人に放射線による皮膚がんが報告された。放射線の発がん作用を社会的に有名にしたのは、1925年に米国で報告された蛍光時計工場で働く女性達に起こった骨肉腫である（コラム15）。この工場では、時計の文字板用の夜光塗料に入っていたラジウムが毎日少量ずつ飲み込まれ、骨に沈着したのである。この事件により放射線による発がん作用が広く世の中に知られるようになった。

時計工場でのがん発生後にも、医療行為や戦争による被ばく者から放射線発がんが報告されている。これらの放射線発がんとそれ以外の要因で発生したがんを病理学的に区別することはできない。そこでコホートを設定した集団レベルの疫学的な解析が行われた。コホートとは古代ローマ軍の部隊単位に由来する言葉である。コホート研究では被ばく者集団とそのコントロール集団からなる固定集団（コホート）を設定して、そのコホートを数十年にわたって追跡、その集団の中からがんになる割合を調査研究する。現在から将来に向かって解析するので「前向き研究」（Prospective study）とも言われる。コホート研究は膨大な手間と経費がかかるが、信頼できるデータが得られる利点がある。これに対して、既にがんを発症した患者カルテなどの過去のデータから解析する場合は「ケース・コントロールスタディ」（Case-control study）もしくは「後ろ向き研究」（Retrospective study）と呼ばれる。

世界で発生した放射線発がんの中で有名なのは、

1) 広島・長崎の原爆生存者（0.005〜4.0 Gy、9万4000人）に発症した白血病と固形がん
2) 頭部にできた白癬の放射線治療（0.06〜0.3 Gy、1万902人）が原因で発症したイスラエルの甲状腺がん
3) 結核感染した肺の人工気胸後に頻回に透視撮影（1回0.04〜0.2 Gy、2064人）したことが原因で発症した米国やカナダの結核療養所の乳がん
4) 強直性脊椎炎の治療（3.75〜27.5 Gy、1万4554人）として放射線を受けた英国の患者に発症した白血病

などである。これらの中で、広島・長崎の原爆生存者が最大の集団であり（表

表 6.1　放射線被ばく者の疫学資料

コホート	被ばく形態	発がん部位	追跡期間
原爆被爆者（日本）	原子爆弾	全身	5〜45 年
強直性脊椎炎治療患者（英国）	X 線治療	白血病、全がん（大腸がん除く）	1〜57 年
頭部白癬治療患者（イスラエル）	X 線治療	甲状腺、皮膚	26〜38 年
分娩後急性乳腺炎治療患者（米国）	X 線治療	乳房	20〜35 年
結核透視患者（米国）	胸部透視	乳房	0〜50 年
結核透視患者（カナダ）	胸部透視	乳房	0〜57 年

UNSCEAR 2006 年報告書を参考に作成

6.1）、また疾病を抱えた他の集団と違って健常な人間での発がんであることから、放射線量と発がんの関係についての極めて有用なデータを提供している。この原爆生存者のコホート研究は、Life Span Study（LSS）と呼ばれ、被爆者に非被爆者コントロール 2 万 7000 人を加えた 12 万 1000 人の大集団で 1950 年に開始して現在に至るまで 65 年以上解析が続けられている。

▌白血病の発生頻度

ヒト抹消血の白血球は通常赤血球の 1/500 から 1/1000 の数しかないが、**白血病**では患者血液の白血球細胞が異常に増加する。骨髄は放射線感受性の組織の一つであるが、骨髄の被ばくにより白血病も高頻度に誘発される。原爆被爆者コホートでの白血病による死亡者数 204 名のうち 94 名が原爆放射線に関連していると推定されている（1950〜2000 年）。このような血液系の放射線発がんには、他の固形がんの放射線発がんと大きく異なる特徴がある。通常、がんは長い潜伏期を経て発症するが、白血病の潜伏期は際立って短い。原爆生存者の白血病は被ばく後 2〜3 年で増加し始め、7〜8 年でピークになりその後に減少する（図 6.4）。

白血病死亡率は放射線の線量に直線比例（linear）する項 αD と放射線の二次曲線（Quadratic）の項 βD^2 の和（直線二次）で近似できる。

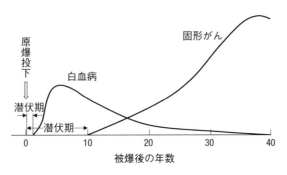

図 6.4　放射線発がんの時間経過

原爆投下後 2〜3 年の潜伏期を置いて白血病が増加し、7〜8 年でピークに達した。これに対して放射線による固形がんでは 10 年〜数十年の潜伏期後に増加し、現在でも発がんが続いている。

『原爆放射線の人体影響』(放射線被曝者医療国際協力推進協議会編、文光堂、改訂 2 版) 26 頁を参考に作成

$$白血病死亡率 = \alpha D + \beta D^2 \text{ (Dは放射線量、}\alpha\text{、}\beta\text{は比例定数)}$$

このため、白血病の放射線 − 死亡率曲線は LQ (Linear Quadratic、直線二次) 曲線と呼ばれる。

　白血病は、血液の幹細胞が白血球になるまでの分化過程で異常増殖してがん化した疾患の総称である。がん化した時の分化段階により、骨髄性白血病とリンパ球性白血病とに、また、それぞれの成熟段階での病変により、急性と慢性の病型に分類される (コラム 7)。成人で放射線被ばくにより増加するのは、慢性および急性骨髄性白血病であり、広島の慢性骨髄性白血病の発生率は長崎より顕著に高頻度である。また、急性リンパ球性白血病は小児に多く見られる病変である。(これに対して、慢性リンパ球性白血病は放射線被ばくの影響を全く受けない。) このような白血病の放射線線量 − 発がん率として表される曲線は、それぞれ年齢や地域により変わる性質の異なるいくつかの病型の総和である。0.1 Sv および 1.0 Sv の被ばく線量での白血病の死亡率 (過剰絶対リスク) はそれぞれ 0.03〜0.05% の範囲および 0.6〜1.0% の範囲である (表 6.2)。白血病の潜伏期間には線量依存性があり、被ばく線量

表 6.2　放射線による固形がんと白血病の死亡率*

放射線量 Sv	固形がん（%）	白血病（%）
0.1	0.36〜0.77	0.03〜0.05
1.0	4.3〜7.2	0.6〜1.0

*過剰絶対リスク

UNSCEAR 2010 年報告書（放射線医学総合研究所監訳）10 頁を参考に作成

が高いほど潜伏期間は短くなる傾向がある。

固形がんの発生頻度

　血液系のがんである白血病に対して、胃がんや肺がんのようにがん細胞が塊で増殖するがんを総称して**固形がん**と呼ぶ。原爆被爆者コホートでの固形がん発生数 7851 名のうち、放射線被ばくに関連しているのは 848 名と推定されている（1958〜1998 年）。これら放射線に由来する固形がんは白血病と違って 10 年から数十年と潜伏期間が長いのが特徴である。原爆生存者では白血病がピークを過ぎた 1960 年頃から増加して、被爆後 70 年の現在でも発生が続いている。固形がんでは、白血病で見られたような被ばく線量が高くなると潜伏期間が短くなる傾向は明確でない。

　放射線による固形がんはさまざまな組織に発生するのが特徴である。被爆者集団に過剰に発生した固形がんの死亡では胃がん（150 症例）、乳がん（147 症例）、肺がん（117 症例）、直腸がん（78 症例）、甲状腺がん（63 症例）、肝臓がん（54 症例）が多いように見える。しかし、放射線が原因のこれら固形がんによる死亡は日本人の自然発がんが多いことと関係しているようである（コラム 9）。そこで自然発生がんの何倍増加しているかを表す過剰相対リスク（Sv^{-1}）（自然発生率 1.00 として、その頻度の数値から 1.00 を差し引いた値）で比較すると、乳がん（0.8）、肺がん（0.8）は高いが、胃がん（0.3）、直腸がん（0.20）、肝臓がん（0.3）では全固形がんの平均（約 0.42）より逆に低くなっている（図 6.5a）。がんを部位別にすると症例数が少なくなるが、放射線が特定部位のがんを誘発する傾向がみられる。

　次に、固形がんのリスクと被ばく線量の関係を調べると、100 mSv 以上の

第 2 部　放射線と人体

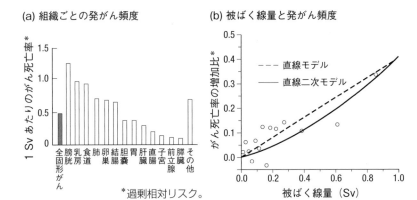

図 6.5　原爆被爆者の発がん（固形がん）

原爆被爆者では胃がん、肺がんなどの固形がんの死亡率が高いが、自然発生がんの何倍増加しているかを示す相対リスクで比較すると、顕著な組織特異性は見られなくなる (a)。放射線による固形がんの死亡率は、0.1 Sv 以上では直線モデルおよび直線二次モデルのいずれでも近似できる (b)。

UNSCEAR 2010 年報告書（放射線医学総合研究所監訳）8-9 頁を参考に作成

線量域では放射線量に直線比例する直線モデル（固形がん死亡率 $=\alpha D$）でよく近似できるが、直線二次モデルでも近似できる（図 6.5b）。直線モデルを用いて固形がん死亡率を比較した時の 0.1 Sv および 1.0 Sv あたりのリスクはそれぞれ 0.36〜0.7% の範囲および 4.3〜7.2% の範囲である（表 6.2）。なお、図 6.5 と表 6.2 のがん死亡率は異なった単位で表されている。単位の換算を簡単な例をあげて説明すると、自然発生がんの死亡率を 20% そして図 6.5 に用いられた過剰相対リスクを 0.5/Sv とすれば、被ばくによるがん死亡の生涯リスクは 30%（$= 20\% \times (1 + 0.5)$）になる。この時の被ばくによる上乗せ分 10%（$= 30\% - 20\%$）が表 6.2 の過剰絶対リスクに相当する。

　一方、原爆被爆者のがん死亡率は、がん発生率の 50% 程度であり、その値は自然発がんと同程度である。従って、発生率で比較した時のリスクと死亡率のリスクとの間に大きな違いはない。しかし、発がん部位によっては発生率と死亡率が大きく異なる場合がある。チェルノブィリ事故後に発生した 6000 人以上の放射線甲状腺がんの死亡率は 0.25% とされており、甲状腺が

ん患者の残りは適正な治療を受けて生存している。甲状腺がんのように死亡率で表すと極端にリスクが低くなる放射線発がんもあるので、発生率と死亡率のどちらで比較しているかについて注意が必要である。

6.3 放射線発がんを左右する諸因子

被ばく年齢の影響

　原爆生存者の小児白血病では10歳以下で被爆した場合はそれ以上の年齢で被爆した場合よりも発生率が顕著に高いので、がん発生率が被爆時の年齢に影響されることは明らかである。同様に、甲状腺がんでも幼児期に被爆すると高い頻度で発症する。チェルノブィリ事故では事故10年後の2006年頃に甲状腺がんの発生率がピークに達しているが、この時にみられた0～14歳で被ばくした小児の甲状腺がんは15～18歳での被ばく者より3倍ほど多く発症した。一方、多くの固形がんが発症するのは老齢になってからなので、固形がんの被爆時年齢の影響は少し複雑になる。

　そこで、乳がんを例に原爆生存者の発がんと被爆年齢との関係を調べてみる。被爆時年齢が10代、30代、50代のグループについて調査をしたときの年齢（到達年齢と呼ぶ）の乳がん発生の相対リスクをとると、1本の曲線で表される（図6.6a）。この図は到達年齢が若い時に比較すると10代での被爆者の発がん率はかなり高いが、老齢の到達年齢で比較すると被爆時年齢の影響がわずかになることを示している。10代での被爆者と同じ若いコントロール集団の自然発生乳がんの頻度は低いので、被爆者でのわずかな発症者数の増加でも相対リスクが数倍高くなるのである。しかし、10代の被爆者の生涯を通じての乳がん発生率が50代での被爆者のそれよりも実際に数倍に増加したのでないことは、到達年齢70歳での比較では両グループともにほぼ同じ発生率になることで確認できる（図6.6a）。つまり、10代の若年被爆は乳がんの発症を早め、結果として放射線乳がんが原因の余命年数を縮めている。原爆放射線が多段階発がんの1段階を進めているとも解釈できる。

　このように発がん率は到達年齢で変わるので、到達年齢を70歳に揃えたときの各組織の発がんに対する被爆時年齢の影響を図6.6bに示した。甲状

第 2 部　放射線と人体

(a) 乳がんの発がんに及ぼす被爆時および調査時年齢の影響

(b) 調査時年齢を 70 歳とした時のさまざまながんの被爆時年齢の影響

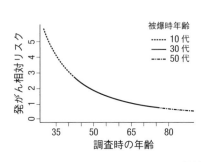
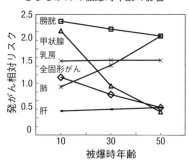

図 6.6　原爆被爆時年齢の影響

年齢 10 代、30 代、50 代で被爆した時の乳がん発生率は、被爆者が若い時に調査すると自然発がんよりも高いが、調査時の年齢が高くなると低下する (a)。発がん調査時の年齢を 70 歳に固定して比較すると、乳がん発生の年齢依存性はなくなる。しかし他のがんで比較すると、甲状腺がんは若年被爆で発生率が高く、逆に肺がんは老年被爆の方が発生率が高くなる (b)。

Preston DL, et al. Solid cancer incidence in atomic bomb survivors: 1958-1998. Radiat Res. 168:1-64, 2007. 論文より転載、(b) 同論文中のデータをもとに作成

表 6.3　100 mSv あたりの放射線発がんの生涯リスク

原爆被爆時年齢	性	放射線リスク（％）	寿命短縮（年）
10 代	男性	2.1	13.0
	女性	2.2	13.3
30 代	男性	0.9	12.7
	女性	1.1	14.4
50 代	男性	0.3	10.2
	女性	0.4	11.2

Preston DL, et al. Studies of mortality of atomic bomb survivors. Report 13: Solid cancer and noncancer disease mortality: 1950-1997. Radiat Res. 160:381-407, 2003. 論文を参考に作成

腺がんでは若い時ほど感受性が高く見える。この原爆被爆者の甲状腺がんデータに統計的有意差はないが、チェルノブィリ原発事故での甲状腺がんと同じ傾向である。一方、肺がんでは 50 代の被爆者の頻度が逆に高くなる。乳がんは被爆年齢に影響されないように見えるが、詳細な解析では 10〜19 歳

の被爆年齢にピークが存在することが知られている。このように、がんが発生した組織により被爆年齢の影響が大きく異なることがわかる。真の放射線リスクは、集団の生涯を観察して初めてわかることである。2000年段階で被爆者集団の45%が生存しており、全員の生涯を追跡するには時間がかかりすぎるので、モデルに基づいて生涯リスクとがん死亡による余命短縮が計算されている（表6.3）。これによると10代の若年被爆は、30代の被爆より放射線リスクを約2倍高くし、また13年ほど寿命短縮を引き起こすことがわかる。

緩照射および放射線の種類

第3章で述べたように細胞致死を指標にした場合に、たとえ被ばくの合計線量が同じであっても、低線量率被ばく（緩照射）の場合は放射線障害が低下する。原爆被爆のような1回照射による発がん資料から、実際に職業被ばくで遭遇する複数回に分割された被ばく、あるいは長期間にわたる連続的な被ばくを経験した時の発がん率を推定することは、職業被ばくや公衆の放射線防護の上で重要である。この放射線発がんの線量率効果を表す指標として**線量・線量率効果係数** DDREF（dose and dose-rate effectiveness factor）が用いられる。高い線量率での発がんリスクが、同じ線量を低い線量率で照射した時の何倍になるかを表わしたものである。例えば、DDREFが5であれば、高線量率の発がん率は低線量率照射での5倍になる。マウスを用いたγ線やX線の高線量率照射と低線量率照射の発がん実験では、急性骨髄性白血病のDDREFは4～5、肺がんは約3、そして乳がんは2を示している。ヒトについては緩照射あるいは複数回の分割照射による発がんの疫学資料はいくつか存在するが、ICRPはDDREFとして2を採用している。他方、高LET放射線の障害は修復されないので線量率効果は見られず、DDREF=1になる。

中性子やα線のような高LET放射線は、γ線より生物影響が大きい。放射線発がんに関しては、1965年代に推定した原爆被爆線量（T65D、第13章276頁参照）では、広島と長崎の原爆放射線で中性子の割合が異なることを利用して中性子の発がん影響が推定された。しかし、1986年に行われた原爆放射線の線量改訂（DS86、276頁参照）によって両都市での中性子の寄与率が低くなり（広島で0.7～2.7%、長崎0.3～0.7%）、統計的な違いを検出

表 6.4 放射線発がんと発がん因子

がんの種類	被ばく者集団	因子	放射線発がんへの影響
乳がん	原爆被爆者	複数回出産	抑制
		長期授乳歴	抑制
肺・気管支がん	原爆被爆者	喫煙歴	影響しない
	ウラン採鉱夫（米国）	喫煙歴	促進
皮膚がん	原爆被爆者	露光と遮光部分	影響しない
	頭部白癬治療（ニューヨーク）	白人と黒人	促進
肝臓がん	原爆被爆者	C型肝炎感染	大きく促進

することができなくなった。α線についても、ウラン鉱夫や二酸化トリウムを含む血管造影剤（トロトラスト）を投与された患者の疫学資料があるが、放射線リスクを正確に推定することは難しい。

そこで、現在では高LETにおける放射線荷重係数のデータはすべて培養細胞やマウスを用いた生物学実験から得られるRBE（生物学的効果比）を元にしている（第3章63頁参照）。培養細胞の実験より求められた中性子のRBEは3〜80、α線は3〜25である。ICRPは中性子の放射線荷重係数は中性子エネルギーにより変わるとして2.5〜21の範囲を、α線には20を勧告している。

その他の発がん関連因子

女性被爆者の放射線発がんリスクは男性よりもわずかに高くなる（表6.3）。女性特有の乳がんや子宮がんを除いた比較でもこの結果は変わらない。女性のLD50/60は男性よりも高いので女性の放射線感受性は低いといえるが（第5章101頁）、放射線発がんを指標にするとわずかであるが感受性が高くなる。また、原爆被爆者の女性では出産回数が多いほど、また授乳歴が長いほど放射線被ばくによる乳がん発生率が低くなる。一方、頭部白癬の治療に用いられた放射線が原因の皮膚がんは太陽紫外線により促進されることが報告されている（表6.4）。

この他の因子としては、米国のウラン鉱夫の調査から、1日1～19本の喫煙がウラン娘核種のラドンα線による肺がんを顕著に促進することが報告されている（表6.4）。しかし、原爆被爆者の喫煙による放射線発がんの促進効果は認められていない。この違いの理由ははっきりはわからないが、戦時中のタバコ不足やα線被ばくとγ線被ばくの違いなどがあげられている。

6.4 放射線発がんリスクとLNT仮説

LNT仮説とは

原爆生存者の疫学研究においては死亡診断書にもとづいた寿命調査（Life Span Study）が行われる。それによると100 mSvから1 Svまでの被ばく線量では、がん死亡率は線量にほぼ直線的に比例して増加する。しかし、100 mSv以下の被ばく線量では放射線発がんが増加するはっきりした傾向が認めらない。正確に言うと100～200 mSv以上の被ばくをするとがんが増加するが、それ以下だと影響があったとしても統計的に検出できないほど小さい（図6.5b）。統計上の問題だけなら解析する対象者の母集団を数十万まで大きくすれば検出できそうである。しかし、同じ日本人であっても生活習慣の違いによりがん死亡率の高い県と低い県では20%程度のバラツキがある（コラム9）。世界中の被ばく者を集めて母集団を大きくしたとしても、人種や生活習慣が異なるために誤差が大きくなり規模の効果が相殺されるだけなので疫学研究には限界がある。

このため、国際放射線防護委員会ICRPは低線量（100 mSv以下）の放射線リスクは仮説に基づいて推定している。すなわち、低線量の放射線リスクは1 Svのような高線量からしきい値なしで放射線量に直線的に比例して減少するという**LNT**（Linear Non-Threshold）**仮説**を採用している。1 Sv被ばくした時の放射線発がん率は固形がんで4.3～7.2%、そして白血病で0.6～1.0%の範囲である（表6.2）。ICRP Pub60（1990年）は、1 Svの急照射あたりの白血病を含む全がんのリスクを10%、そしてこれをDDREF2で割った5%を1 Svあたりの放射線リスク（過剰絶対リスク）としている。低線量のリスクは、しきい値なしの直線性のLNT仮説から、5%を単純に放射線量で

比例配分して計算できる。例えば、1 Sv の 1/50 である 20 mSv の放射線リスクは同じく 5% の 1/50 の 0.1% になる。

放射線リスクの過小評価をさける

LNT 仮説を支持する根拠となる主な観測事実は次の 3 点であろう。

1) 広島、長崎の原爆被爆者の疫学資料は少なくとも 1Sv などの高線量の放射線発がん率から低線量（100 mSv）までほぼ直線的に比例して減少すること。
2) マラー（Hermann J. Muller）の実験によるショウジョウバエの精子の突然変異率が放射線に直線的に比例して増加すること。
3) 放射線による DNA 損傷は放射線量に直線的に増加すること。

1) については、古くから議論されてきた。放射線発がんにおける"しきい値なし"仮説は 1955 年にルイス（Edward B. Lewis）が原爆被爆者の白血病の発生率が爆心地から周辺部に向けて距離の二乗に反比例して減少するデータから提唱したのが始まりとされる。これに対して当時の放射線研究者は、断言するにはデータが足りないと断りながらも、ルイスの考えよりも非直線あるいは"しきい値"ありの方が正しいだろうと反論している。現在では、少なくとも白血病は"しきい値"なしの非直線の線量－発がん関係で近似されることがわかっている。しかし、固形がんについての 100 mSv 以下の低線量データが不足している状況は現在でも同じである。2) の実験は DNA 修復の全く見られない精子を実験材料に用いた時の結果である。放射線によるほ乳類の細胞致死や突然変異の影響は主に DNA 修復を介して起こるので（解説 1 参照）、DNA 修復がない生物系の実験結果を参考にすることはできない。3) については、確かに DNA 二重鎖切断は放射線量に比例する。しかし、発がんイニシエーションと関わりのあるとされる放射線損傷（DNA 欠失変異）の線量依存性を低線量で正確に測定した報告は今までにない。第 4 章で述べたように低線量では非相同末端再結合に加えて相同組換え修復がかかわることから、DNA 欠失変異量は直線性で予想した値から若干ずれると考え

られる。

現在までの生物学実験の結果は直線性よりも非直線性の線量 – 放射線障害関係を示すことが多い。実際、放射線白血病は直線二次曲線で近似され、ま

Column 9 ─ 我が国のがん発生

我が国の男性の部位別の死亡数は、2013年の統計では肺がんが死亡全体の23%を占め、続いて胃がん15%と続く。女性は、肺がん13%や胃がん11%を抑えて、大腸がん14%が最も多い。放射線発がんとして有名な甲状腺がんおよび白血病は男性でそれぞれ0.3%、2%、女性で0.8%、2%と少数である。一方、都道府県別の比較では、同じ日本人でもがん死亡率の高い地域と低い地域との間に20%程度の開きがある（図）。

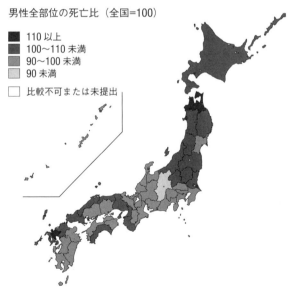

図 我が国における自然発がんの地域差
都道府県別の男性のがん死亡率（全部位の合計）を全国平均100として比較した。

独立行政法人国立がん研究センター、全国がん罹患モニタリング集計2011年
<http://www.ncc.go.jp/jp/information/press_release_20150326_pop01.html> をもとに作成

た固形がんでも直線二次曲線での近似が可能である。それでも国際放射線防護委員会 ICRP が LNT 仮説を採用する理由は ICRP Publication 103（2007）に記載されている。すなわち、「LNT モデルは生物学的事実として世界的に受け入れられているのでなく、むしろ我々が極低線量の被ばくにどの程度のリスクが伴うのかを実際に知らないため、被ばくによる不必要なリスクを避けることを目的とした公共政策のための慎重な判断である」（同報告書 A178）というわけである。将来たとえ非直線性の線量－発がん関係が正しいとわかったとしても、LNT モデルを採用する限り被ばくを過小評価して作業者や一般市民に重大な被害が及ぶのを避けることができる。

Chapter 6 放射線による発がん

解説2 — DNA 二重鎖切断がヒトの発がんを引き起こす確かな証拠

ナイミーヘン症候群：ナイミーヘン大学（オランダ）小児科に来院した 10 歳男児は、肺炎や中耳炎などの感染症を繰り返していた。末梢血リンパ球の 7 番染色体と 14 番染色体に染色体異常が頻繁に見つかり、また患者の細胞に放射線高感受性ならびに細胞周期チェックポイントの異常も見られた。当時知られていた放射線高感受性遺伝病の毛細血管拡張性運動失調症と似ていたが、運動失調症と毛細血管拡張は認められず、代わりに小頭症が見られた（解説図 2a）。5 歳年上の兄も同じ症状を呈していたことから、診断にあたった小児免疫専門の Corry M.R. Weemaes 医師はナイミーヘン症候群と名付け、1981 年に新規の染色体不安定症候群（Nijmegen breakage syndrome：NBS）として報告した。ナイミーヘン症候群は現在までに東ヨーロッパを中心にわずか 150 人程度の患者が報告されている希少疾患であるが、我が国でも関連する症例が報告されている。日本の研究グループは、1998 年に原因遺伝子 NBS1 をクローニングして、NBS1 タンパク質が MRE11 や RAD18 との結合を介して DNA 修復をコントロールすることを報告した（解説図 2b）[1-3]。続いて、NBS1 が RNF20 と結合してクロマチン再編成も開始することを報告した[4]。また、別のグループが ATM キナーゼと RPA タンパク（ATR キナーゼ活性化に必要）と

(a) 患者写真　　(b) NBS1 タンパク質

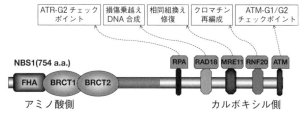

解説図2　ナイミーヘン患者と原因遺伝子
1981 年にナイミーヘン市（オランダ）で報告された小頭症を呈するナイミーヘン症候群の最初の患者の写真 (a)。健常人の NBS1 タンパク質にはそのカルボキシル側で 5 種類のタンパク質と結合して DNA 二重鎖切断修復を円滑に進めるさまざまな役割がある。患者では NBS1 遺伝子が正常に働かないので、DNA 修復に加えて、細胞周期チェックポイントやクロマチン再編成にも異常がみられる (b)。

(a) は C.M.R. Weemaes 博士から提供を受けた、(b) Komatsu K, NBS1 and multiple regulations of DNA damage response. J Radiat Res. 57 Suppl 1:i11-i17, 2016. を参考に作成

結合して、NBS1 が細胞周期チェックポイントをコントロールすることを報告した。

患者の発がんは DNA 二重鎖切断に由来する：患者の 40％が 20 歳までにリンパ腫や白血病を併発し、免疫不全とともに患者死亡の原因になっている。免疫不全の原因は多種多様な抗原に対抗する抗体を産生するための、染色体 7 番および 14 番に存在する特定領域 DNA での VDJ 組換えができないからである。VDJ 組換えでは、DNA 二重鎖が切断され、その後に組み合わせを変えて誤りの多い非相同末端再結合機構により DNA が再結合する（第 11 章 234 頁参照）。この内在性 DNA 二重鎖切断は免疫系の細胞で起こるが、他の体細胞で発生することはない。患者の発がんも免疫組換えが起こる細胞のがんであるリンパ腫や白血病に限定されるので、免疫細胞に発生する内在性 DNA 二重鎖切断が正しく再結合されないことが患者の発がんの原因である。実際、内在性 DNA 二重鎖切断が発生するリンパ球染色体 7 番および 14 番の VDJ 組換え部位に、異常な再結合をした染色体を数多く見ることができる。

[1] Matsuura S,et al.,Positional cloning of the gene for Nijmegen breakage syndrome. Nat Genet. 19:179-81, 1998. [2] Tauchi H,et al.,Nbs1 is essential for DNA repair by homologous recombination in higher vertebrate cells. Nature. 420:93-8, 2002. [3] Yanagihara H, et al., NBS1 recruits RAD18 via a RAD6-like domain and regulates Pol η-dependent translesion DNA synthesis. Mol Cell. 43:788-97, 2011. [4] Nakamura K,et al., Regulation of homologous recombination by RNF20-dependent H2B ubiquitination. Mol Cell. 41:515-28, 2011.

Chapter 7

放射線による先天異常

母親の胎内で胎児が被ばくすると発生過程にある組織の細胞死が原因で確定的影響（非遺伝性）としての先天異常が起こる。一方、先天異常は両親の精子や卵子の生殖細胞における突然変異や染色体異常が原因の確率的影響でも発生する可能性がある。このような確率的影響による先天異常は、第1世代だけでなく子孫に長く伝わる遺伝的影響である。ここでは胎児の被ばくによる先天異常の例と両親の生殖細胞の被ばくによる遺伝的影響の可能性について述べる。

7.1 放射線に敏感な胎児期

マウス実験では妊娠初期に 0.18 Gy 被ばくすると 25% の仔マウスにさまざまな奇形が発生する。このため、人間の胎児が母親のおなかの中で放射線被ばくすると先天異常が発生すると恐れられているが、実際に観測された例は非常に少ない。ヒトの胎内被ばくで確認されている主な放射線障害は精神遅滞とそれに付随する放射線小頭症である。

マウスの胚および胎仔（ヒトの胎児と区別する）の時期は、あらゆる部位で組織構築のための細胞増殖が進行中であり、極めて放射線に高感受性になるが、放射線障害の種類は発達のそれぞれの段階で異なる。ここで、「胚」は着床するまでの初期の発生段階、「胎仔あるいは胎児」はそれ以降の器官

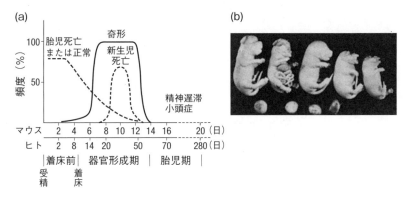

図 7.1　胎内被ばく時期と放射線障害

器官形成期のマウス胎仔が放射線 2 Gy に被ばくすると 100% の頻度で奇形が発生し、それ以前の被ばくでは出生前死亡の可能性が高くなる。また、器官形成期後に被ばくした場合には小頭症が見られる (a)。器官形成期に胎内被ばくしたマウスに見られる奇形の例として、左の 2 匹では脳露出、真ん中は見かけ上正常、右 2 匹では無脳症、下 4 匹では出生前死亡（吸収）が見られる (b)。

(a) は『放射線科医のための放射線生物学』(E.J. Hall、篠原出版) 375 頁を参考に作成、
(b) は同テキスト 379 頁から転載

形成期から出産までの発生段階での呼び名とする。マウスの妊娠期間は約 20 日と短いが、妊娠期間 10ヶ月のヒトと同じ発生段階を経るので着床前、器官形成期と胎児期の 3 段階に分けて、ヒトとマウスのデータを比較する。

着床前の胚死

受精卵の細胞分裂により発生した胚が、子宮壁にふれ、そこに結合して定着するまでの期間（pre-implantation: 着床以前の意味）はマウスで受精後 0～5 日、ヒトで受精後 0～8 日に該当する。着床前のこの時期に被ばくすると、**胚死**が原因でマウスでは産仔数が少なくなる。2 Gy の照射で 80% のマウス胚が死亡する（図 7.1a）。一方、この時期の照射で生き残った胚は発育遅延や奇形は観測されずに正常に成長する。このように、着床前の放射線障害は全か無か（all-or-none）の法則に従う。

p53 タンパク質（第 4 章 66 頁参照）の欠失によりアポトーシス機構を欠

如した遺伝子改変マウスでは、放射線被ばくによる胚死が減少する。このことから、正常なマウスでは傷ついた胚が p53 経由のアポトーシスにより排除されていると考えられる。この発生段階の短い時期のヒトでの胚死の報告はないが、おそらく実験動物の場合と同様であろう。

器官形成期の奇形

主要な器官が形成される時期（器官形成期、Organogenic period）はマウスで受精から 5.5～13.5 日（胎生 5.5～13.5 日と呼ぶ）、ヒトで 9～60 日（およそ胎生 8 週前まで）の期間である。この時期の放射線被ばくは、分化段階の細胞死が原因で**先天異常**（先天性奇形）を引き起こし、重度の場合には出生後に死亡する。2 Gy 照射のマウスで奇形発生率 100％、新生仔死亡が 70％にも達する（図 7.1a）。器官形成期は諸器官が形成される時期なので、それらの分化の段階に応じていろいろな奇形が発生する。例えば、胎生 7.5～10.5 日に放射線照射を受けたマウスでは脳露出や無眼球症などの奇形（図 7.1b）、胎生 11～12 日では四肢の奇形が生じる。

器官形成期のヒト胎児は精神安定剤のサリドマイドや風疹ウイルスによる障害発生率が最も高い時期なので、ヒトでも放射線被ばくによる奇形および新生児死亡の危険率が高くなると予想される。マウス実験から胚死および奇形が発生しない"しきい値"は 100 mGy とされる。

胎児期の小頭症

この段階は器官の細部が完成してさらに成長する時期（Fetal period）である。マウスでは胎生 13.5～20 日、ヒトで胎生 60 日～出産日（胎生 8 週以降）に相当する。この時期の放射線被ばくではマウスに明らかな構造奇形は発生しない。しかし、胎仔期初期（胎生 13.5 日）に 1～2 Gy の照射を受けたマウスで小頭症と発育遅滞が見られる（図 7.1a）。この発育遅滞は生涯回復することはない。ヒトの**原爆小頭症**が見られたのもこの時期である。胎生 8～15 週に 1 Gy 被ばくした原爆生存者の胎児の 50％ 近くに**精神遅滞**が発生し、またその 80％ 以上が小頭症と発育遅滞を伴っている。1 Gy での放射線発がんリスク 5％ に比較しておよそ 10 倍高い頻度で起こる放射線障害である（図

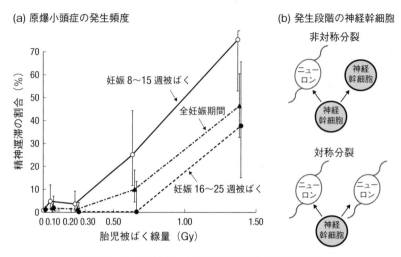

図 7.2 胎内被ばくによる精神遅滞発生と神経幹細胞

広島・長崎の原爆に胎内被ばくした子供に高い頻度で小頭症（原爆小頭症）を伴う精神遅滞が発生した。胎児期の初期（妊娠 8〜15 週）に放射線 1 Gy 被ばくすると60% 近くに精神遅滞が発生するが、それ以降の被ばくでは頻度が低下する (a)。マウス大脳では胎生 13〜14 日（ヒトの妊娠 8 週に相当）に神経幹細胞が活発に非対称分裂し、14〜15 日にかけて対称分裂によりニューロン細胞が爆発的に増加する (b)。

(a) 放射線影響研究所、放射線の健康影響 <http://www.rerf.jp/radefx/uteroexp/physment.html>の図を転載

7.2a)。胎生 15〜25 週以降の胎児では小頭症および発育遅滞の起こる割合が低くなるが、これは大脳の神経幹細胞の動きと関連している。

骨髄や皮膚、大腸など多くの細胞再生系では、1 個の幹細胞が分裂して、1 個の幹細胞と 1 個の分化する細胞が作られる。幹細胞と分化細胞の異なった 2 種類の細胞が作られるのでこれを**非対称分裂**という。これに対して、大脳の発生段階では 1 個の幹細胞から 2 個の幹細胞、あるいは 1 個の幹細胞から 2 個の分化したニューロン細胞（神経を構成する細胞）が作られる**対称分裂**も行われる。マウスでは胎生 11 日頃までは 1 個の神経幹細胞から 2 個の幹細胞を作る対称分裂が行われるが、胎生 13 日頃（ヒトの胎生 8 週に相当）から 14 日にかけて幹細胞と分化したニューロン細胞を作る非対称分裂が主流になる（図 7.2b、上図）。やがて 14 日から 15 日になると、神経幹細胞からニ

ューロン細胞を2個作る対称分裂（図7.2b、下図）がこれに代わって、ニューロン細胞数が爆発的に増加する。その反面、15日を過ぎると神経幹細胞の数は急速に減少する。このように大脳ニューロン細胞は胎仔期初期に数を増やすが、この時期を逃すと神経幹細胞がなくなり、またニューロン細胞を増やすこともできない。原爆に被爆した胎児に現れた精神遅滞も放射線小頭症も神経幹細胞が胎生8週頃の被ばくにより大きく減少することが原因である。

　第5章で述べたように神経は放射線抵抗性組織として知られるが、なぜ胎仔期の大脳神経幹細胞は放射線被ばくで大きく減少するのだろうか？　この時期の大脳の神経幹細胞は活発に増殖しており、一般的には被ばくによる増殖死が原因と思われている。しかし、予測と違って胎生13日に放射線照射されたマウス大脳組織を調べるとアポトーシスを起こした無数の痕跡をみることができる。このように胎仔期の大脳神経幹細胞が容易にアポトーシスを起こすことが、他のどの組織よりも放射線感受性にしている原因である。

　アポトーシスが容易に起こる正確な原因は不明であるが、末梢血リンパ球のように大脳幹細胞は元々アポトーシスを起こしやすい細胞なのかもしれない。また、胎仔期の神経幹細胞の特殊なチェックポイントとの関わりも指摘される。大脳幹細胞はG1期に長期間留まるとニューロン細胞に分化する性質があるので、G1チェックポイントを捨て、G2チェックポイントのみが働いていると考えられる。通常の細胞はG1チェックポイントとG2チェックポイントの二つのDNA損傷監視機構で放射線照射後のDNA修復の精度を上げている（第4章73頁参照）。G1チェックポイントを失った大脳幹細胞では高い精度でDNA修復が行われないことが原因で、アポトーシスが容易に起こったとも考えられる。なお、胎児期の原爆被爆による精神遅滞と小頭症の発生にはしきい値が存在し、ヒトでは200〜400 mGy以下の被ばくであれば影響が現れないようである。

7.2 遺伝的影響が発生するしくみ

放射線による染色体異常

　一つなぎのDNA二重鎖で構造が維持されている染色体に、ひとたび放射

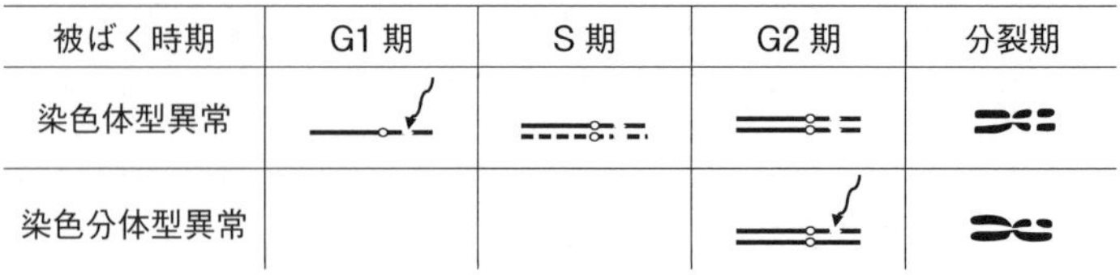

被ばく時期	G1 期	S 期	G2 期	分裂期
染色体型異常				
染色分体型異常				

図 7.3　染色体型異常と染色分体型異常

DNA 複製前の G1 期～S 期に発生した DNA 二重鎖切断は染色分体の両方が切断された染色体型異常に発展し、G2 期の DNA 二重鎖切断は片方の染色分体が切断された染色分体型異常に発展する。

線で DNA 二重鎖切断が起これば、染色体の構造異常を発生しやすい。このような染色体異常は遺伝子の欠失や重複、それによるタンパク質発現の異常が原因となって細胞に重大な放射線障害をもたらすことになる。DNA は S 期での複製により 2 倍となり、それが G2 期で一対の姉妹染色分体に発達する。このため、染色体異常は G1 あるいは G0 期で DNA 鎖切断が起こって対をなす染色分体の両者に異常が存在する**染色体型異常**と、DNA が既に倍加した後の G2 期で DNA 鎖切断が起こり染色体のいずれか 1 個に異常が現れる**染色分体型異常**に分けられる（図 7.3）。

　放射線被ばく者の末梢血リンパ球では、原則として染色体型異常となる。これは、すべての末梢血リンパ球は複製前の段階にあり、被ばく後に血管から細胞を取り出して強制的に DNA 複製と細胞分裂をさせて観察するからである。一方、DNA 二重鎖切断を引き起こす化学物質を除けば、紫外線その他の環境変異原は DNA 二重鎖の片側の一重鎖だけに損傷を与えるので、たとえ複製前に障害を受けても染色分体型の異常となる。

　比較的たやすく染色体を見ることができるヒトのリンパ球染色体異常は放射線被ばく線量のモニターとして使われる。リンパ球の染色体型異常は、切断された染色体の中で、あるいは切断された染色体と別の染色体との間で再結合が行われるためにいくつかの種類が発生する。図 7.4a では同一染色体内の再結合により**環状染色体**と欠失染色体、あるいは染色体の一部の方向が 180° 変わった**逆位**が、(b) では異種染色体間の再結合により、二動原体と動

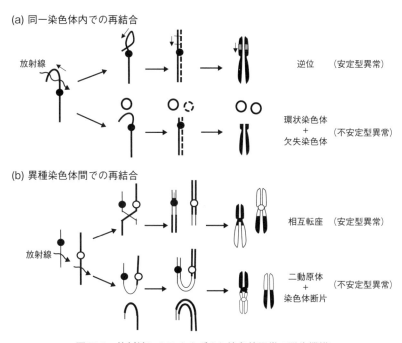

図 7.4　放射線によるさまざまな染色体異常の発生機構
放射線被ばくにより同一染色体内の 2 ヶ所に発生した切断箇所が誤って再結合すると逆位や環状染色体ができる (a)。また、異種染色体にできた切断との間で再結合すると相互転座と二動原体の染色体異常が発生する (b)。

原体のない**染色体断片**、あるいは染色体の一部が他の染色体と入れ替わった**相互転座**が生じている。このような 2 本の染色体がかかわる染色体異常は直線二次モデルつまり LQ モデルで表されることが多い。しかし、高 LET 放射線では一つの放射線飛跡で複数の切断を同時に起こすので放射線量に対して直線的な増加となる。

一方、染色体異常が細胞にいつまでも残存するかどうかで分類する方法もある。転座や逆位は細胞分裂が正常に起こり、娘細胞に染色体とその遺伝情報が伝わるために**安定型染色体異常**と呼ばれる（図 7.4）。これに対して二動原体染色体や環状染色体では細胞分裂を起こすと細胞が死んでしまうために、このタイプの染色体異常はいずれ消えてなくなる。そのためこのタイプの異

常は不安定型異常と呼ばれる。放射線被ばく事故直後の線量推定にリンパ球の染色体異常を用いる場合には特徴的な形をした二動原体染色体や環状染色体が、また、原爆被爆のような長期間を経たリンパ球の染色体異常の測定には安定型異常の観察が適している。一方、安定型の染色体異常でも、精子や卵を作る生殖細胞に起これば発生過程での流産や子供の奇形などの先天異常の原因になる。

▎単一遺伝子によるメンデル遺伝

正常細胞の遺伝子に変異が起これば、細胞は死に至るであろう。もし細胞死を免れたとしても、その子孫の細胞は特定のタンパク質の消失や異常タンパク質の発現を引き起こす。このような遺伝子変異が卵や精子を作る生殖細胞に起これば「遺伝病」として子孫に伝わる。ここでは生殖細胞に起こる遺伝子変異の性質とそれによる疾患について述べる。なお、生殖細胞以外の体細胞に変異が起こった場合でも細胞が異常に増殖すると「がん」になる（第6章参照）。

メンデル（Gregor J. Mendel）は背の高いエンドウマメと低いエンドウマメを交雑すると、その雑種は中間の高さにならず背の高いエンドウマメになることを発見した。次に雑種同士を掛け合わせて生じた雑種第2代では背の高いエンドウマメと低いエンドウマメが3対1に現れた（図7.5a）。これをメンデルは図のように一対の因子を仮定して説明した。ここでAは背の高い因子（遺伝子）を、aは低い因子を表し、Aはaに対し**優性**（dominant）であると考える。逆にaはAが存在すると隠されてしまう**劣性**（recessive）である。

このように単一の遺伝子により優性および劣性の性質が現れるメンデルの遺伝形式を示す遺伝病はヒトでも知られている。常染色体には2本の相同染色体があり、その上には必ず父親から受け継いだ遺伝子と母親から受け継いだ同じタンパク質を発現する遺伝子がある。エンドウマメの実験のように相同染色体上に本来は同じタンパク質を発現する Ⓐ とAの遺伝子がある場合、今仮に Ⓐ が変異した遺伝子でAが正常遺伝子であるとすると、ⒶA（ヘテロ接合体と呼ぶ）とAA（ホモ接合体）の両親からは必ず子供の半数にⒶA

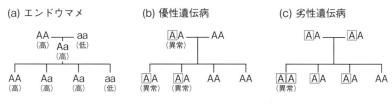

図 7.5　メンデル遺伝と遺伝病

エンドウマメの背の高い性質を示す遺伝子 A は優性で、背の低い遺伝子 a が劣性とするとメンデルが行った実験では第二世代で背の高い豆（AA、Aa）と背の低い豆（aa）は 3 対 1 で生まれる (a)。変異した A 遺伝子を優性とすると、ヒトでは AA の患者は重篤で往々にして致死的なので、実際上 AA をもつ患者が優性遺伝病として発症する。この患者からは異常な子供と正常な子供が 1 対 1 で生まれる (b)。一方、変異した A が劣性とすると、保因者同士が結婚するとメンデル遺伝と同じく異常な子供と正常な子供が 1 対 3 で生まれる (c)。

を持った子供が現れる（ヒトでは優性の性質を持つ AA は生存しないことが多いので 3 対 1 にならないことに注意、図 7.5b）。ホモ接合体 AA の子供が正常で、ヘテロ接合体 AA の子供に病気が現れる場合にこの遺伝形式を優性遺伝と定義する。つまり、変異遺伝子 A の性質が正常遺伝子 A よりも優性に働いていることになる。このような A 遺伝子が XY 染色体以外の常染色体にある時に**常染色体優性遺伝病**と呼ぶ。軟骨無形性症やハンチントン病など 2500 種が知られている。

逆にヘテロ接合体 AA では異常がなく、ホモ接合体 AA で初めて異常が発現する場合に劣性遺伝と定義する。運悪く両親のいずれも相同染色体上に AA と AA の遺伝子を持った場合には 1 対 3 の割合で異常な性質を持つ AA が現れる（図 7.5c）。A が常染色体に存在する場合に、このような遺伝病を**常染色体劣性遺伝病**と呼ぶ。放射線感受性の毛細血管拡張性運動失調症や紫外線高感受性の色素性乾皮症など DNA 修復に異常を示す遺伝病を含めて 1500 種が知られている。

劣性遺伝病では遺伝子変異のために患者の体内でタンパク質が全く作られないか、あるいは機能が低下したタンパク質が作られる。つまり A が正常で A が変異遺伝子である場合には、AA は正常のタンパク質が A から作られるので異常が発現せずに、AA の組み合わせで初めて異常な子供が生ま

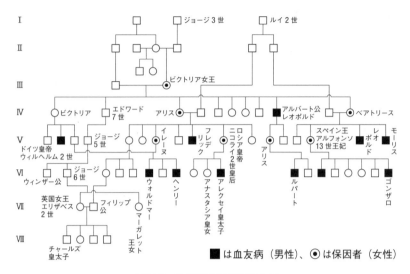

図7.6 X連鎖劣性遺伝病の例
英国ビクトリア女王のX染色体の突然変異が原因の血友病が、ヨーロッパ王室の男児子孫に現れた。このため、この遺伝性疾患は王室血友病と呼ばれている。

れる（図7.5c）。これに対して、優性遺伝病ではタンパク質が完全に欠失した例は今までに報告されておらず、むしろ異常タンパク質を作り出すことで症状が出る。優性遺伝の変異遺伝子は異常タンパク質の蓄積により組織の形状や形態異常を起こすことで発症する。上記の例で A̅ が変異遺伝子でAが正常遺伝子であるとすると、A̅Aは異常なタンパク質を発現するので A̅ はAに対して優性になる。AAの組み合わせだけが異常なタンパク質を作らないので正常な子供が生まれる。

タンパク質が欠失する劣性遺伝病であっても、原因遺伝子がX染色体上にある場合には、X染色体が1本しかない男子では変異遺伝子が1つ存在するだけで異常な性質が現れる。このような**X連鎖劣性遺伝病**は血友病など300種が知られている。図7.6に英国のビクトリア女王に起こった突然変異が、ヨーロッパの王室男子に血友病をもたらした例を示す。図では、四角が男性、丸印が女性、そして発症患者は黒四角、保因者の女性は丸中黒印で表す。

140

表 7.1　遺伝性疾患の自然発生頻度

疾患の種類	100万人当たりの自然発生頻度、P	突然変異成分 MC	潜在的回収能補正係数 PRCF
メンデル性			
常染色体優性・X連鎖劣性	16,500 (0.165%)	0.3	0.15〜0.30
常染色体劣性	7,500 (0.075%)	0	0
染色体性	4,000 (0.04%)	―	―
多因子性			
慢性疾患	650,000 (6.50%)	0.02	0.02〜0.09
先天異常	60,000 (0.6%)	―	―
合計	738,000 (7.38%)		

『放射線の遺伝的影響』（安田徳一、裳華房）100頁、154頁、156頁の表をもとに作成

さまざまなヒト遺伝性疾患

前述のビクトリア女王の血友病の異常遺伝子は女王の両親から受け継いだものでなく、女王に起こった突然変異が子孫に伝わった例である。一方、通常子供を設けることができない軟骨無形成症では病気が子孫に伝わることはない。しかし、両親の生殖細胞に起こった突然変異が原因で発症するので軟骨無形成症も確かに遺伝病である。そこで遺伝性疾患とは単に「遺伝する病気」に限定されるのでなく、「生殖細胞の遺伝子変異や染色体異常により起こる病気」として定義できる。遺伝性疾患は、(1) メンデル遺伝に従う単一遺伝子病、(2) 染色体異常症、(3) 多因子遺伝病に分類される。

染色体異常症とは、リンパ球のような特定細胞だけでなく、全身レベルで染色体異常が起こる疾患である。染色体異常により発症する先天異常の多くは全く正常の両親から生まれるが、これも遺伝性疾患と見なされる。染色体の構造異常や染色体数の異常の例として、21番染色体を3本持つダウン症やY染色体が欠失してX染色体1本だけになるターナー症候群などが知られている。また、上記のメンデル遺伝を示す遺伝子病は単一遺伝子の変化により起こるが、口蓋裂や先天性心奇形などは発症に複数の遺伝子の変異と環境との相互作用がかかわっている多因子遺伝病である。この場合にはメンデ

ル遺伝のように疾患が現れるか現れないかがはっきり分かれるわけでなく、障害の程度が大きいものから小さいものまで連続的に現れるのが特徴である。

現在までに、遺伝性疾患として6000種類以上が登録されている。それぞれに分類された遺伝性疾患の自然発生頻度の総和は、国連の調査（2001年）によると表7.1のように推定されている。疾患を重複罹患しているものもあり単純な合計はあまり意味をなさないが、大ざっぱにいうと出生児の7.38%が何らかの先天異常を持つ可能性がある。

7.3 予想外に低い遺伝的影響リスク

遺伝的影響リスクの推定方法

放射線被ばくにより遺伝性疾患が現れるリスク（遺伝的影響リスクと呼ぶことにする）を求めるために、ヒトで放射線照射の実験をするわけにはいかない。このためマウスを用いた実験で**倍加線量**（突然変異率を自然状態の2倍にする放射線量）を求めて、前述の遺伝病の自然発生頻度から、次の式により遺伝性疾患グループごとの放射線リスクを求める。

$$リスク推定値 = P \times (1/DD) \times MC \times PRCF \qquad (7.1式)$$

ここでPは表7.1に示したヒトでの各グループの**自然発生頻度**であり、倍加線量DDはマウスの実験から求める。P×（1/DD）は単位線量あたりの遺伝性疾患の頻度を意味し、それにMC（後述）とPRCF（後述）という二つのパラメーターを乗じることでヒトの遺伝的影響リスクを正確に推定する。

遺伝性疾患を指標として放射線の遺伝的影響のリスクを推定するので、放射線による突然変異の発生率と疾患異常との関係式が必要である。突然変異が増加すると遺伝性疾患も比例して増加すると考えられるので、この時の比例定数を**突然変異成分**（MC: mutation component）と定義する。完全メンデル性優性遺伝の場合にはすべての疾患が生殖細胞の単一遺伝子の突然変異に由来するので、何世代か後の平衡状態での突然変異成分は1.0になる。しかし、突然変異を受けた細胞は生存力や生殖力の低下による淘汰を受けるので第1世代は0.3、第2世代は0.5と徐々に増加する。同様にX連鎖での第1世代で

の突然変異成分も 0.3 と見積もられている（表7.1）。当然のことながら、劣性遺伝病は被ばく直後の世代には伝わらないので MC は 0 になる。

他方、次に述べるマウス実験に用いられる毛の色や耳の形などの突然変異検出系では、すべて純系マウスを用いて、小さな変異でも容易に観察できるように特別に設計されている。それに対して、ヒトは遺伝的に多様かつ異質な集団であるので、突然変異出現頻度がマウスよりも小さいのではないかと懸念される。**潜在的回収能補正係数**（PRCF: potential recoverability correction factor）はこのようなマウスのデータとヒトの突然変異との間のギャップを埋めるために設けられた係数で、優性遺伝病と X 連鎖劣性遺伝病の PRCF は 0.15 から 0.3 の範囲、多因子慢性疾患では 2 遺伝子だけが関与すると仮定して、0.02（$=0.15^2$）から 0.09（$=0.3^2$）の範囲と見積もられている（表7.1）。

マウスの倍加線量を求める

倍加線量を求めるにはマウスの常染色体劣性の突然変異を検出する**特定座位検定法**を使う。この方法では、まず毛の色や耳の形などに関する遺伝子（特定座位）に変異を起こした「ねずみ色でない黒」、「茶」、「真珠がかった灰色」、「黄色の毛色でピンク色の目」、「薄い毛色」、「短い耳」、「ねずみ色と白のマダラ」などの劣性ホモ接合体 ⒜⒜ の雌マウスを準備する（図7.7a）。これに正常な優性ホモ接合体 AA の雄マウスを交配すると生まれてくる仔はすべて A⒜ で正常な毛の色や耳の形を示すことになる。もし、放射線照射によって雌マウスと同じ毛の色や耳の形の仔が生まれれば、それは A から ⒜ への変異が起こったことになり、その頻度から突然変異率を計算することができる。1965 年にこの 7 種類の特定座位を指標に、数百万匹のマウスを用いたラッセル（William L. Russell）の**メガマウスプロジェクト**が行われた。このときのマウスの突然変異頻度と放射線量との関係を図7.7b に示した。緩照射と急照射では突然変異誘発頻度が 3 倍異なることがわかる。ラッセル以後の実験も含めて、特定座位法による合計 34 座位の平均値は 1 Gy あたり 1.08×10^{-5}/座位になる。これに上記の緩照射により低減する係数 1/3 をかけて、放射線による 1 Gy あたりの誘発突然変異率は 0.36×10^{-5}/座位と見積もられる。

倍加線量は定義により（自然突然変異頻度）/（誘発突然変異率）で求め

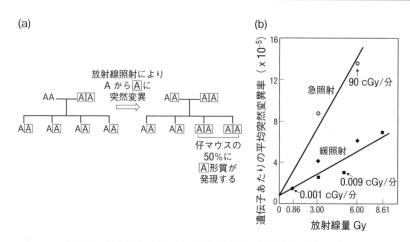

図 7.7 放射線によるマウス遺伝的影響の検出方法と発生頻度

マウスの毛色などに起こった突然変異を観察する特定座位法では、正常な性質 AA と変異した劣性の性質 ⒶⒶ を持つマウスを交配する。非照射ではすべての仔マウスが A の性質を持つが、放射線照射による突然変異で A が Ⓐ に変わると 50% の確率で Ⓐ の性質を持った仔マウスが生まれる (a)。突然変異頻度は急照射と緩照射のいずれも放射線量に比例して増加するので、その勾配から放射線量 Gy あたりの突然変異頻度が求まる。

(b) は『放射線基礎医学』（青山喬他、金芳堂）394 頁の図をもとに作成

られる。以前の推定では自然突然変異頻度としてマウスのデータが用いられていた。しかし、ヒト男子の生殖細胞の分裂回数は 30 歳までに 381 回であるのに対してマウスでは 9 ヶ月（1 世代）でわずか 62 回にすぎないので、ヒトのデータを用いるほうが望ましい。ヒトの自然突然変異頻度は優性遺伝病の発生頻度から容易に求めることができる。なぜなら、優性遺伝の形質は次世代に必ず出現するので、正常な両親から優性遺伝病の患者が生まれた場合には突然変異により出現したと見なせるからである。新規に発生したヒトのさまざまな常染色体優性疾患の頻度から求めた突然変異率の平均は 2.95×10^{-6}/座位である。この結果、倍加線量は $(2.95 \times 10^{-6}) \div (0.36 \times 10^{-5}) = 0.82$ Gy となる。この数値をまるめて、ICRP は倍加線量として 1.0 Gy を採用している。

表 7.2　放射線によるヒト遺伝的影響の推定値

疾患の種類	1 Sv あたりの子孫 100 万人あたりのリスク	
	第 1 世代	第 2 世代
メンデル性		
常染色体優性および X 連鎖劣性	750〜1,500	1,300〜2,500
常染色体劣性	0	0
染色体性	常染色体優性と X 連鎖劣性および先天異常に算入	常染色体優性と X 連鎖劣性および先天異常に算入
多因子性		
慢性疾患	250〜1,200	250〜1,200
先天異常	2,000	2,400〜3,000
合計	3,000〜4,700	3,950〜6,700

『放射線の遺伝的影響』（安田徳一、裳華房）160 頁を参考に作成

放射線の遺伝的影響リスクの計算値

このようにして求められた、倍加線量 DD = 1、常染色体優性および X 連鎖の P = 16500 と MC = 0.3、PRCF = 0.15〜0.30、そして常染色体劣性の MC = 0、多因子性慢性失陥の P = 650000、MC = 0.02、PRCF = 0.02〜0.09（表 7.1）のそれぞれを 7.1 式（142 頁）に代入すると、次のように放射線による第 1 世代の遺伝的影響のリスクが求まる。ただし、ここで多因子性の先天異常は倍加線量を用いずに骨格異常や白内障その他の誘発率のマウスのデータ 2000/座位/Sv をそのまま使っている。なお、ここでは γ 線と X 線の 1 Gy を 1 Sv としている。

　発生リスク（1 Sv 被ばくした 100 万人あたりの頻度）
　　= メンデル性（常染色体優性および X 連鎖 + 常染色体劣性）
　　　+ 染色体性（ここでは常染色体優性と X 連鎖劣性および先天異常に振り分けられている）+ 多因子性（慢性失陥 + 先天異常）
　　= メンデル性（750〜1500 + 0）+ 多因子性（250〜1200 + 2000）
　　= 3000〜4700

表 7.3 　原爆被爆者の遺伝的影響調査

調査項目	対照 （異常件数 / 調査人数）	被爆者 （異常件数 / 調査人数）
出生時異常 （死産、形態異常など）	2,257/45,234 (5.0%)	29/506[*1] (5.7%)
染色体異常 （頻度）	25/7976 (0.31%)	18/8322[*2] (0.22%)
タンパク質電気泳動 （突然変異率 / 遺伝子 / 世代）	4/12297 (0.7×10^{-5})	2/11364[*3] (0.4×10^{-5})
DNA 調査（ミニサテライト） （頻度）	35/1440 (2.4%)	9/509[*4] (1.8%)

[*1] 線量 0.50 Gy 以上、[*2] 平均線量 0.60 Gy、[*3] 線量 0.49 Gy、[*4] 1.9 Gy

放射線影響研究所、遺伝的影響 <http://www.rerf.jp/radefx/genetics/geneefx.html> のデータをもとに作成

この結果、1 Sv あたりの第 1 世代のリスクは 0.3%〜0.47% となる。同様に ICRP は第 2 世代への遺伝的影響についても計算して、合算して 0.395%〜0.67% の平均値 0.54% を採用している。出生時の平均余命を 75 歳とすると生殖年齢 30 歳ごろまでの被ばく線量は 40% 程度（= 30 歳/75 歳）なので、0.54%×0.4≈0.2% を国際放射線防護委員会 ICRP は 1 Sv あたりの遺伝的影響リスクとしている。このリスクの推定値は、1 Sv あたりの放射線発がんのリスク 5.0% に比べて 1 桁以上低いことがわかる。

原爆生存者の遺伝的影響は確認できてない

原爆生存者の子孫への遺伝的影響を調べるために、被爆 10 ヶ月後に生まれた被爆者二世について、1) 死産、奇形の出生時異常、2) 安定型染色体異常、3) 血液中の 30 種類のタンパク質の突然変異、4) 血液リンパ球 DNA の突然変異、が調べられた。しかし、被ばく二世に統計的に有意な遺伝的影響は今までにいずれも検出されていない（表 7.3）。これら両親の平均被ばく線量は 0.5〜0.6 Gy なので上記で推定された遺伝的影響リスク 0.2%/Gy から計算しても、遺伝性疾患の自然発生頻度をわずか 0.1%（= 0.5 Gy×0.2%/Gy）か

ら 0.12%（= 0.6 Gy × 0.2%/Gy）増加させるだけにすぎない予想と一致する。このことから逆にマウス倍加線量を用いた前述のヒトの遺伝的影響リスクの推定は妥当であると考えられる。

一方、1990年代の中頃からヒト生殖細胞のミニサテライトと呼ばれるゲノム DNA の単純反復伸長の変化を指標として、チェルノブィリ原子力発電所事故の被ばく者やセミパラチンスク核実験場住民（第13章参照）の調査により放射線被ばくによる誘発突然変異の増加が報告されている。しかし、これらの旧ソ連の調査では生殖腺の被ばく線量の推定が難しいことに問題があるが、被ばく線量が正確な広島・長崎の原爆被爆者の子供達にはミニサテライトの突然変異は増えていないことがわかる（表7.3）。このようにさまざまな生物学的指標で比較しても原爆生存者の子孫への遺伝的影響は今までに観察されていない。

胎内被ばくによる発がんと継世代影響の可能性

英国オックスフォードの研究者グループは、X線診断のために母体内で10 mGy 程度の被ばくをした小児において、白血病をはじめとした種々のがんの発生率がコントロールの小児に比べて 1.3〜1.5 倍高いことを 1968 年に報告した（オックスフォード・サーベィの名称で知られる）。同様の調査が他でも行われたが結果は同じであった。このことは胎児への 10 mGy の被ばくにより相対リスクが 30〜50% 増加することを意味する。この胚・胎児の放射線高感受性はなにがしかの疾病を抱えて放射線診断を受けた母親の集団のほうが、子供への高い発がんリスクを持っていた可能性が指摘される。オックスフォード・サーベィを含めたこれらの解析はすべて、白血病を発症した子供とコントロールの小児を比較した疫学のケース・コントロールスタディ（第6章116頁参照）であることも問題である。胎内被ばくによる発がんの正確な評価には、広島・長崎の原爆生存者の子供である胎内被ばく者集団 3600 人が本格的ながん年齢に差し掛かる今後 10 年以降のコホート研究の調査結果を待たなければならない。

オックスフォード・サーベィは過去に「10日ルール」の根拠になったことがある。すなわち、出産可能年齢の婦人が腹部下部の放射線診断あるいは

放射線治療を受ける際に、生理開始日から数えて10日以内であれば受胎の可能性がないのでこの時期の受診が推奨された。1980年代半ばにこの指針は取り消されたが、胎児の放射線防護のためにも発がん感受性の正確な評価が必要である。なお、マウス実験では、胎仔期に照射した場合の発がん率は、出産後照射よりもむしろ低くなる結果が報告されている。

　他方、網膜芽細胞腫に見られるように、生殖細胞に起こったがん抑制遺伝子 Rb の失活は子孫に高発がん性を遺伝させる（第6章110頁参照）。同様に、もし放射線被ばくでがん抑制遺伝子の変異が起これば、親から子供へと世代を超えて発がんリスクを増加させることになる。野村大成（大阪大学）らは、交配前の雄マウスに約5 Gy照射すると、仔マウスおよび次の世代（F_2）の発がん頻度が数倍高くなることを報告した。しかし、その後の他の研究者による追跡実験では、用いたマウスの系統により、発がんの継世代影響を支持する結果と否定的な結果の両方が報告されており、統一的な結論は得られていない。

Q&A

Q5. 我々の身体には DNA 修復の働きがあるので、少しくらいの放射線に被ばくしても問題にならないと聞きますが、本当でしょうか?

A5. 放射線により発生した DNA 二重鎖切断や塩基損傷の大部分は修復されて、そのまま障害に結びつくのでないという意味では正しいです。その一方で、DNA 修復が放射線障害の原因にもなっています。実際、放射線により発生した突然変異のほとんどが誤った DNA 修復の結果です。同様に放射線による細胞死の主な原因も誤った DNA 修復によると思われます(解説1参照)。もう少し細かく言うと、放射線の DNA 修復には2種類あって誤修復を起こさない修復系もありますが、残念ながら我々の身体の中では放射線被ばくの場合に誤りの多い修復系(非相同末端再結合)が働いてしまうようです。このことは少量の放射線被ばくのリスクは相応に小さいですが、それでもリスクが0にならないとする LNT 仮説(第6章125頁参照)と一致します。

Q6. 放射線発がんは晩発効果に分類されていますが、最も早い場合にはどのくらいで発症しますか?

A6. 広島・長崎の被ばく者では小児白血病は4〜5年の潜伏期間後に増加しました。また、乳がんや胃がんのような固形がんは10年の潜伏期間をおいて徐々に増加しています。その一方で、固形がんの中でも小児甲状腺がんの潜伏期間は非常に短いことが近年わかってきました。チェルノブイリ原発事故では被ばく後4年から小児甲状腺がんが急増しており、最短の場合には1年後に発症するとされています。小児白血病および小児甲状腺のいずれも固形がんとは発症機

構が違うことが、この潜伏期間の短さと関連している可能性があります（第6章115頁参照）。

Q7. LNT仮説に従えば、わずかな放射線被ばく線量でも対象者が多くなればがん死亡者数も人数に比例して増えると考えて良いですか？

A7. LNT仮説に従えば、1Svでの放射線リスクが5％だとすると、1mSvの放射線リスクは1Svの1/1000の0.005％になります。また、その論理的帰結により、対象者が多くなれば低い放射線リスクでも大きな影響が出ると予想されます。例えば首都圏人口3400万人が1mSvに被ばくすれば、1700人もの人々ががんで死亡する結果が予想されるわけです。ただし、ICRPも認めているようにLNT仮説は科学的真実というよりも、不必要な被ばくの回避を目的とした公衆政策の便宜的な手法と考えるべきです。このことを理解すれば、上記計算に意味がないことに気づくはずです（第6章128頁参照）。

Q8. 先天性奇形が起きる危険性が最も高いのは妊娠期間のどの時期に被ばくした時ですか？

A8. ヒトでは原爆放射線の胎内被ばくによる先天性奇形発生は、小頭症（第7章133頁参照）を除いて、確認されていません。しかし、実験動物では他の先天性奇形も報告されており、このことからヒトでも同様の危険性があると考えられています。原爆放射線の胎内被爆者でさまざまな先天性奇形が認められない理由は明確でありませんが、ヒトの短い器官形成期に被爆した胎児がたまたまいなかったなどの原因が考えられます。さて最も危険が高い時期についてですが、マウスの実験からヒトでは妊娠8日から32日の間に被ばくすると奇形発生の可能性が高まると考えられています。この時期は風疹ウイルス感染により奇形が発生する危険な時期としても知られていま

す。奇形発生にはしきい値があり、ICRPは100 mGy以下の被ばく線量であれば影響は現れないとしています。

Q9. 酒に強い人と弱い人がいるように、放射線に特に感受性の高い人はいるのでしょうか？

A9. 古くはいろいろな病気の放射線高感受性が疑われたことがありますが、現在までに明確になっているのは毛細血管拡張性運動失調症、ナイミーヘン症候群やリガーゼIV欠損患者などいずれもDNA修復タンパク質に異常がある非常に稀な病気の患者です。これらの患者は重篤な症状を呈するので放射線作業などに従事することはできません。従って、日常生活で放射線被ばくする機会はないと思います。しかし、毛細血管拡張性運動失調症では患者に好発するがんの放射線治療の時に、そしてリガーゼIV欠損患者では小頭症診断のためのX線CT検査で、いずれも被ばく後に放射線高感受性であることがわかった経緯があります。医療の現場では、DNA修復タンパク質の欠損が疑われる患者への放射線利用には特別の注意が必要です。

第3部
放射線と医療

Chapter 8

がんを放射線でなおす

放射線治療は臓器の温存が可能で、患者のQOL（quality of life、生活の質）の維持に優れ、手術が難しい高齢者にも行えるなどの利点がある。我が国での放射線治療の患者は年間17万人（2005年）であり、がん患者の4人に1人とされているが、欧米では放射線治療を受ける割合はがん患者の半分ほどを占める。ここでは、がんの放射線生物学的特徴、放射線治療成績を向上させるための方法、さまざまな放射線照射装置を用いた治療法について述べる。

8.1 がん治療の放射線生物学

がん治療に有効な放射線照射

放射線を用いたがん治療の歴史は古く、レントゲンがX線を発見した翌年の1896年にドイツのフォークト（Leonhard Voigt）が鼻咽頭がんの治療に用いたのが始まりとされる。1899年にはスウェーデンのステンベック（Thor Stenbeck）とシェーグレン（Tage Sjögren）が皮膚がんのX線治療に成功したこともあって、やがてヨーロッパの各所で行われるようになった。当時のX線管はエネルギーが弱く、対象は体表面のがんに限られていた。現在では放射線照射装置の発達で深部のがんも治療対象となって、さまざまながんに放射線治療が行われている。表8.1の例では放射線治療を受ける割合は全が

表 8.1　がんの種類別の放射線治療

がん発生臓器	全てのがんに占める割合（%）	放射線治療を受ける患者の割合（%）	放射線治療を受ける患者の割合（全がんの %）
乳房	13	83	10.8
肺	10	76	7.6
黒色腫	11	23	2.5
前立腺	12	60	7.2
泌尿器	5	35	1.8
大腸	9	14	1.3
直腸	5	61	3.1
頭頸部	4	78	3.1
肝	1	0	0.0
食道	1	80	0.8
胃	2	68	1.4
膵臓	2	57	1.1
リンパ腫	4	65	2.6
白血病	3	4	0.1
中枢神経系	2	92	1.8
膀胱	3	58	1.7
甲状腺	1	10	0.1
その他	12	44	5.3
計	100	−	52.3

『臨床放射線生物学の基礎』（安藤興一他監訳、エムプラン株式会社）2頁を参考に作成

ん患者の 52.3% となっている。

　現在のがん治療法は、外科療法（手術）、放射線治療と化学療法の三つからなる。化学療法は白血病などの血液がんを治癒するための治療、いわゆる根治的治療として用いられる。表 8.1 で白血病の患者の中で放射線治療を受ける割合が 4% と少ないのはこのためである。胃がんや肺がん、乳がんのよ

うに細胞が塊で増殖する固形がんにおいては、外科療法と放射線治療が根治的治療法になる。通常、乳がんは外科療法を受けるが、肉眼的あるいは顕微鏡レベルの腫瘍が残存した場合や摘出リンパ腺転移が多い場合には予防的に放射線照射が手術後に行われる。表 8.1 の乳がん患者の放射線治療の割合が83％と高いのは、このように根治的治療以外の目的で放射線照射が行われるからである。この術後照射により、最大 20％ 治療成績が改善される。同じような再発予防を目的とした術後照射は子宮頸がん、脳腫瘍、頭頸部がんでも行われる。

さらに、放射線治療は緩和的治療に用いられることもある。緩和的治療とは、根治は期待できないが、再発や転移の病巣に対してがん縮小効果による症状の緩和を目的とするものである。骨転移に対する疼痛の緩和や骨折の予防、脳転移に対する神経症状の改善などに用いられる。このように、がんの放射線治療は目的に応じて 1）根治的治療、2）予防的治療、3）緩和的治療に分けられるが、本章では放射線の根治的治療について述べる。

▍低酸素細胞と放射線治療

細胞内の酸素が欠乏した場合と充分量の酸素が存在する場合では放射線感受性が大きく変わる。3 mmHg 以下の酸素濃度では、空気中の酸素濃度 160 mmHg の場合と同じ生物学的効果を得るのに 2〜3 倍の放射線量が必要である。これは、放射線による初期の化学反応（有機物過酸化ラジカルの発生）に酸素が必要だからである（第 3 章 61 頁参照）。

体内には隅々まで毛細血管が張り巡らされており、通常、酸素が不足することはない。臓器の肥大に伴い、血管内皮成長因子 VEGF（vascular endothelial growth factor）が血管新生を促進するからである。しかし、活発に増殖するがん病巣では VEGF が過剰に産生されているにもかかわらず、腫瘍血管の新生が追いつかずにがん細胞への栄養ならびに酸素の供給が不充分な状態が続くことになる。このため、腫瘍血管の近傍のがん細胞は活発に増殖を繰り返すが、腫瘍血管から 70〜150 μm 離れた部位のがん細胞では血管から拡散してくる酸素は少なくなり、さらにこの酸素さえも途中のがん細胞で消費されるので血管から離れた細胞は壊死する。その壊死細胞よりも腫瘍血管にわず

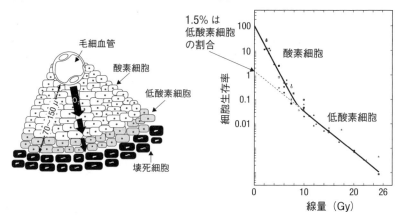

図 8.1　がん病巣内部の低酸素細胞

がん病巣は血管を取り巻くように酸素細胞、低酸素細胞と壊死細胞からなる腫瘍コードと呼ばれる層構造をとることが多い (a)。腫瘍コードのがん病巣に放射線照射すると、酸素細胞に由来する放射線感受性と低酸素細胞に由来する放射線抵抗性の二相性を示す (b)。

(b)『放射線科医のための放射線生物学』(E.J. Hall、篠原出版) 217 頁をもとに作成

かに近い細胞は低酸素状態であるが生存し続ける。このように腫瘍血管を中心に、それを取り巻く酸素細胞、低酸素細胞と壊死細胞の層構造が形成され、これを**腫瘍コード**と呼ぶ（図 8.1a）。

低酸素細胞の存在はがん病巣では一般的であり、マウスのがん病巣を放射線照射すると、放射線に感受性と低感受性の二相の生存率曲線を示すことがわかる（図 8.1b）。放射線抵抗性のがん細胞が病巣内の低酸素細胞に相当する。この低酸素細胞の生存率曲線の直線部分を Y 軸に外挿した点からその割合が計算できる。図 8.1b では 1.5% が病巣内における低酸素細胞の割合である。がん病巣で大きく異なるが、マウスのがんでは 1〜50% の低酸素細胞を含んでいるとされる。がん病巣を 1 回放射線照射すると、酸素細胞は死滅するが、放射線抵抗性の低酸素細胞は生き残る。この細胞はやがて死滅した酸素細胞の代わりに、腫瘍血管から酸素と栄養の供給を受けて増殖し、がんの再発の

原因となる。したがって低酸素細胞の根絶はがんの放射線治療における重要な課題である。

がんの放射線感受性

　早期のがんでは細胞が活発に分裂して、時間とともに指数関数的に増殖するが、がんの体積が大きくなると増殖しない細胞の割合が増える。マウスのがんでは、1 cm^3 程度までは指数関数的増殖をするが、その後、成長速度が鈍りいわゆるゴンパーツ曲線（Gompertzian function）に似た増殖形式を示す。放射線による細胞死は分裂を介して起こるので（第 3 章 52 頁参照）、一般的には増殖速度が大きいがん病巣は放射線照射により急速に縮小する。逆に前立腺がんのように増殖の遅いがんでは照射効果が遅延する。また、大きな腫瘍は増殖しない細胞や低酸素細胞も多く、放射線の照射野が大きくなる分だけ近接した正常組織・臓器（以下、組織）の照射による放射線障害も大きいので、がん病巣が大きいほど放射線で治りにくくなる。

　がんがどの組織から発生したかによっても放射線感受性が異なる。組織別に見ると、体表由来の扁平上皮がん（皮膚がん、頭頸部がん、子宮頸部がんなど）の方が、消化管や腺組織由来の腺癌（ほとんどの乳がんや胃がん）よりも感受性が高くなる。また、同じ腺癌でも乳がんは胃がんよりも感受性が高い（図 8.2）。一方、放射線治療では 80～90％ 程度の細胞を死滅させれば生き残った細胞は宿主の免疫系の攻撃を受けて死滅するといわれる。このため、がんに対する宿主の免疫反応も放射線治療成績を左右する因子である。

　また、脳に発生する神経膠腫（別名：グリオーマ）は放射線抵抗性のがんとして知られているが、近年これはがん病巣内に存在するがん幹細胞に原因があることがわかった。自己複製能と多分化能を有するがん幹細胞の存在は 1990 年代から急性骨髄性白血病で知られていた。つまり、がん病巣には大多数のがん細胞とそれを供給する**がん幹細胞**の 2 種類の細胞が存在しており、抗がん剤抵抗性の白血病がん幹細胞が化学療法で生き残り、再発の原因になるとされていた。同様に、神経膠腫の放射線抵抗性のがん幹細胞は放射線照射後も生き残り、やがてそれが細胞分裂を経てがんが再発する。このようにがんの放射線感受性は発生した組織により変わるだけでなく、それぞれの患

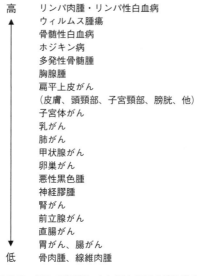

図 8.2　がんの種類により異なる放射線感受性

者のがんの進行度、がん幹細胞の性質、低酸素細胞の比率、宿主の免疫など種々の要因により変わる。

正常臓器の耐容線量と治療可能比

患者に個別化した治療が理想であるが、患者それぞれのがんの放射線感受性を病巣内で正確に測定することは難しい。そこで、実際の放射線治療ではがんに近接した正常組織の機能が温存できる放射線線量を上限として放射線照射を行う。放射線によるがん病巣の縮小は、多くの確定的影響のようにしきい値を持って線量の増加とともに増大するシグモイド状の線量 – 効果曲線を示す（図 8.3）。

がんへの放射線障害をもたらす線量と正常組織への障害をきたす線量には大きな違いがないので、線量が増加してがんへの縮小効果が顕著になる頃に正常組織の機能障害も出始める。正常組織の障害も S 字状を示し、5％の確率で障害が発生する線量を**正常組織耐容線量**（TTD: tissue tolerance dose）と

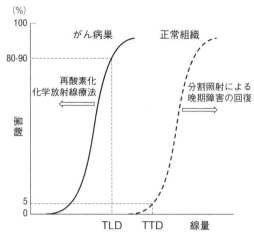

図 8.3 放射線治療効果の考え方

放射線の障害はがん病巣も正常組織も同じシグモイド曲線で線量とともに増加するが、通常はがん病巣の方が低線量で障害が現れる。がん病巣の 80-90% に細胞死が現れる線量を腫瘍致死線量 TLD、そして正常組織の 5% に細胞死が現れる線量を正常組織耐容線量 TTD として、TTD/TLD の値を治療可能比 TR と定義する。TR が 1 あるいはそれ以上であれば放射線治療が可能である。

呼ぶ。同様に、がんが 80〜90% に縮小（治癒に必要な細胞致死の割合）する線量を**腫瘍致死線量**（TLD: tumor lethal dose）と呼ぶ。そして両者の比が**治療可能比**（TR: therapeutic ratio）となる。

TR = TTD / TLD

TR が 1 あるいはそれ以上であれば治療が可能であるが、1 以下であれば原理的に放射線照射による治癒は困難となる。ただし、TTD および TLD ともに、患者それぞれの正確な値を定量的に把握することは困難なので、あるタイプのがんの TLD ならびに正常組織の TTD の多数の臨床例を集めて標準的な値が与えられる。TLD は固定したものでなく、がんが大きくなれば右にシフトして治癒が難しくなる。反対に、がん病巣内の低酸素細胞を減らす、ある

いは薬剤を用いて放射線感受性をあげればTLDが左にシフトして治療成績は向上する。一方、TTDは各正常組織によって変わるが、分割照射を適正に行うことにより右にシフトする。

図8.3では、がん病巣と正常組織が同程度の線量で照射されると想定したが、がん病巣だけに照射して正常組織が被ばくしないような効果的な照射方法があれば、正常組織の障害を少なくする、あるいはがん病巣にもっと集中的に放射線照射を与えることが可能となる。放射線治療で現在用いられている、放射線感受性を改良する方法および放射線照射法を次に述べる。

8.2 がんと正常組織の感受性を変える

上記の治療可能比を高めるために、がんのTLDを左側にシフトさせて感受性を高く、正常組織のTTDを右側にシフトさせて抵抗性を高くする工夫がなされている。

▎低酸素細胞を減少させてがんの放射線感受性を上げる

がん病巣に数%～数十%存在している放射線抵抗性の低酸素細胞を排除できれば放射線感受性が高くなり、図8.3のTLDを左にシフトできる。低酸素細胞の感受性を高めるために、酸素を満たした容器内で患者に照射する方法や酸素と同様の機能を有する酸素増感剤の開発などが試みられた。しかし、前者は酸素による爆発の危険性、後者は酸素増感剤の強い毒性のために成功に至っていない。現在実用化されている方法は、放射線の分割照射によって低酸素細胞を再酸素化する方法である。

腫瘍血管から離れた場所のがん細胞の酸素濃度が低くなる原因の一つは、腫瘍血管近くにあって活発に細胞分裂している細胞に酸素を奪われてしまうからである。しかし、ひとたび放射線照射すると腫瘍血管近くの細胞の酸素消費量が減少するとともに酸素がより遠くまで届くようになる。また、毛細血管の血液循環もよくなり、低酸素細胞が**再酸素化**する（図8.4a）。再酸素化した後にもう一度放射線照射するとこの再酸素化細胞に細胞死が起こる。順次これを繰り返すことにより、低酸素細胞の割合は次第に減少してついに

(a) 照射によるがん細胞の再酸素化　　(b) 分割照射による低酸素細胞の減少

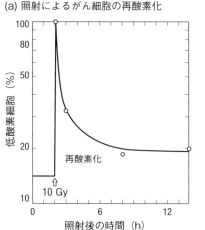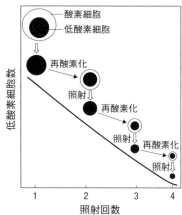

図 8.4　がん細胞の再酸素化

がん病巣に放射線照射すると毛細血管から離れた位置の低酸素細胞まで酸素が行き渡り再酸素化する (a)。照射を繰り返すことにより、放射線抵抗性の低酸素細胞の割合が再酸素化により縮小する (b)。

(a)『放射線科医のための放射線生物学』(E.J. Hall、篠原出版) 222 頁の図をもとに作成

は全がん細胞を死滅させることができるというわけである（図 8.4b）。再酸素化の速度はがん病巣により異なるが、早いもので図 8.3a のように数時間から、遅いものでは数日かかる。そこで、再酸素化されたがん細胞を照射して、翌日残りの低酸素細胞の再酸素化を待って照射する分割照射を繰り返すことで、酸素化細胞と低酸素細胞が混在したがん病巣の放射線感受性を上げることができる。

　分割照射した固形がんでは、上記の再酸素化（Reoxygenation）のみならず、次の照射までの間に放射線感受性に影響するさまざまな因子に変動が起こる。放射線治療における因子として重要な、1) Reoxygenation、2) Repair（修復）、3) Redistribution（細胞周期の再分布）、4) Repopulation（再増殖）、を総称して**放射線治療の 4R** と呼ぶ。Repair は、初めの照射から 2 回目の照射までの間に起こる亜致死障害（sublethal damage）からの回復である（第 3 章 54 頁参照）。分割照射の間に起こる DNA 二重鎖切断の再結合（修復）が原因

で生き残る細胞が多くなり、放射線抵抗性になる。Redistribution は、細胞周期による放射線感受性の変化に起因する現象である（第 4 章 80 頁参照）。初めの照射直後に 2 度目の照射すると S 期後半の細胞が生き残って大半を占めるため放射線抵抗性であるが、時間とともに細胞が細胞周期を回りだし、それに伴い細胞周期の偏りが崩れて元の分布に戻ることで放射線感受性も元通りになる。Repopulation は分割照射中にがん細胞が増殖することで、標的細胞数が増えることで放射線抵抗性になる現象である。実際の放射線治療ではこのようなさまざまな因子が関与している。

抗がん剤を併用する

　抗がん剤の単独処理では固形がんの根治的治癒を期待できないが、放射線感受性を高める目的で併用される場合があり、これを**化学放射線療法**と呼ぶ。抗がん剤はその性質によって殺細胞性抗がん剤と分子標的治療剤の大きく 2 種類に分類できる（表 8.2）。殺細胞性抗がん剤はがん細胞と正常細胞の区別なく致死効果を高めるが、放射線をがん細胞に照射することで放射線増感効果が現れる。これに対して分子標的治療剤は薬剤単独でもがん細胞特異的に障害を与える。

　殺細胞性抗がん剤は第一次世界大戦時に毒ガスとして使われたマスタードガスを起源に持つ、細胞を殺す能力に優れた抗がん剤である。白金化合物のシスプラチンや、DNA 塩基に類似した化学構造を有するフルオロ・ウラシルがこれに属する。シスプラチンは DNA と結合して DNA 鎖間および DNA 鎖内架橋を作り、これが放射線による DNA 損傷の修復を阻害する。細胞周期特異性はなく、増殖細胞に特に効果的に作用する。一方、フルオロ・ウラシルは DNA 合成を阻害するので、S 期の細胞に効果的に細胞死を起こす。これらを服用中に放射線照射する同時化学放射線療法では、放射線で発生した DNA 損傷の修復阻害や放射線照射で生き残った S 期の細胞も殺せることから放射線の効果が増感する。頭頸部がん、食道がん、直腸がんや子宮頸がんなど広範囲に効果が認められている。抗がん剤併用により TLD に加えて TTD も左方に移動すると予想されるが、子宮頸がんの同時化学放射線療法で TR = 1.7 の値が得られている。また、頭頸部がんでは化学療法を併用す

表 8.2 抗がん剤と放射線

種類	働き	薬剤名	標的	放射線と併用	対象がん
殺細胞性抗がん剤	DNA障害	白金製剤（シスプラチン）	増殖細胞	同時化学放射線療法	食道がん、子宮頸がん、非小細胞肺がん、など多数
	DNA合成阻害	代謝拮抗薬（フルオロウラシル）	S期細胞	同時化学放射線療法	直腸がん、頭頸部がん、食道がん、胃がん、胆道がん、など
分子標的治療剤	小分子化合物	ゲフィチニブ（イレッサ）	EGFR	不明	非小細胞肺がん
	抗体薬	ベバシズマブ（アバスチン）	VEGF	不明	大腸がん、肺腺がん

ることで根治線量を投与した場合に 12 Gy 程度の放射線量の上乗せ効果があるとされる。なお、放射線照射後の潜在的な微小遠隔転移を抑制する目的で抗がん剤を投与することもある。

　殺細胞性抗がん剤は効果に優れているが、がん細胞と正常細胞を区別する力に乏しいために正常細胞の障害も大きくなり、ひどい副作用を伴うことになる。副作用の例としては、放射線皮膚炎や咽頭・食道などの粘膜炎、血液毒性などが挙げられる。

　他のタイプの抗がん剤である**分子標的治療剤**は、がん細胞に特異的に過剰発現しているタンパク質の免疫抗体や活性阻害剤を用いるものである。前者には血管新生が活発ながん病巣で高発現している血管内皮成長因子 VEGF（157頁参照）の抗体ベバシズマブ（bevacizumab）、後者には発がん遺伝子産物のEGFR チロシンキナーゼ（第 6 章 110 頁参照）の阻害剤ゲフィチニブ（gefitinib）が属する。がんの種類にもよるが、治療に伴って起こる QOL の低下がないなどの良好な治療成績も報告されている。分子標的治療剤と放射線との併用は有望であるが、効果の面から依然として殺細胞性抗がん剤との併用が化学放射線療法の主力として使用されているのが現状である。

正常臓器の障害を減らす

　放射線治療を行う場合に、一般には周囲の正常臓器が耐えられる線量を上限としてがん病巣に放射線照射する。このため、正常臓器の放射線障害が放射線治療でとりわけ重要である。放射線照射で患者に初めに起こる症状は、事故による被ばく同様に全身倦怠、嘔吐、食欲不振などの放射線宿酔である（第 5 章 95 頁参照）。これらは症状が早い分、治療期間中に軽快することが多い。また、治療期間中あるいは直後に、粘膜炎、皮膚炎、白血球減少、脱毛などの障害が起こる。皮膚炎、粘膜炎は合計線量で 30 Gy 以上の照射が行われた部位に起こるが、症状の程度には個人差がある。以上の放射線障害は早期に現れるので、**早期有害事象**と呼ばれる。通常は時間が経つにつれて自然軽快する。

　これに対して、治癒しないだけでなく、時には進行性で、QOL 低下や重度の場合には生命の危険をもたらす副作用がある。これらは放射線治療終了後の数ヶ月～数年で発症するので**晩期有害事象**と呼ばれる。血管障害による血流低下や放射線照射による正常細胞数の減少に伴う照射部位の線維化や壊死が原因である。臨床症状は、脳・神経への照射では脳の萎縮、四肢麻痺など、頭頸部では口内乾燥、耳炎、顎骨壊死、胸部では肺線維化、心膜炎、そして腹部では肝不全、腎不全、胃潰瘍、胃腸の穿孔、などいずれも重篤である（表 8.3）。

　これらの副作用を引き起こす放射線線量（**耐容線量**）は臓器により異なり、肺の全体積に照射した場合に合計線量 17.5 Gy であるのに対して、胃腸の全体積照射では 40～60 Gy と耐容線量が大きくなる（表 8.3）。しかし、肺では部分的に被ばくしても残りの肺組織が機能するために、体積の 1/3 以内の被ばくでは耐容線量が 45 Gy に増加する**容積効果**が認められる。胃腸では部分的に穿孔や閉塞が起こると全体が機能しないので、肺のような容積効果は見られない。このように照射容積により耐容線量が大きく変わる臓器と変わらない臓器があるのは、機能単位が並列に配置されている（並列臓器）か、直列に配置されている（直列臓器）かの違いを反映している。肝臓、肺、腎臓のような並列臓器は、ある程度の機能単位の欠落は他の健全な機能単位により補われるので耐容線量は照射容積により変わる。これに対して、神経や胃、

表 8.3　正常組織の耐容線量

臓器・組織		5 年間で 5% に副作用を生ずる線量		判定基準
	照射容積	1/3	3/3	
脳・神経	脳	60 Gy	45 Gy	壊死、梗塞
	視神経	50 Gy　体積効果なし		失明
頭頸部	中耳・外耳	55 Gy	55 Gy	慢性漿液性耳炎
	喉頭	79 Gy	70 Gy	軟骨壊死
胸部	肺	45 Gy	17.5 Gy	肺炎
	心臓	60 Gy	40 Gy	心外膜炎
腹部	胃	60 Gy	50 Gy	潰瘍、穿孔
	肝臓	50 Gy	30 Gy	肝不全
	腎臓	50 Gy	23 Gy	臨床的腎炎

『放射線治療計画ガイドライン』2008 年版（日本放射線専門医会・医会編）をもとに作成

喉頭部など機能単位が直列に連続している直列臓器では、わずかな容積でも臓器全体の機能を失うので、容積効果は見られない。

表 8.3 は分割照射時の各臓器の耐容線量を示したものである。1 回照射では耐容線量がはるかに小さいが、**分割照射**により TTD を右方に移動（耐容線量を大きく）させることができる。分割照射により耐容線量が大きくなることは古くから知られており、1944 年に総線量と治療期間の定量的関係が示された。続いてエリス（Frank Ellis）はさらに改良して分割回数と治療期間の関係を表すエリスの式を報告した。当時はエネルギーの低い X 線が治療に用いられたので、これらの式では皮膚紅斑を有害事象の指標に用いた。高エネルギーの X 線が放射線治療に普及するにつれ、リスク組織として皮膚ではなく肝臓や腎臓など深部の臓器が重要になってくると Ellis の式では対応できなくなった。そこで、これに代わるものとして、下記の LQ モデルが使われるようになった。

$$E = e^{-(\alpha D + \beta D^2)}$$

LQ モデルは第 4 章で述べたが、α/β 比が大きいと線量効果曲線は直線に近

第3部 放射線と医療

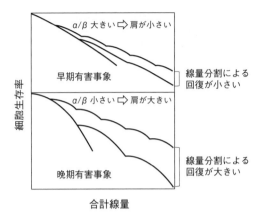

図 8.5 回復力を考慮した分割照射による放射線治療
細胞生存率曲線のパラメーター α/β が小さい晩期有害事象の組織では、線量を同じくして細かく分割照射すると細胞生存率が上がって回復する。しかし、α/β が大きい早期有害事象の組織では分割照射しても回復が小さい。

『臨床放射線腫瘍学』（日本放射線腫瘍学会、南江堂）56 頁を参考に作成

くなり、細胞の放射線損傷からの回復力が小さくなる（図 8.5）。逆に α/β 比が小さいと細胞生存曲線の低線量での曲がりが大きくなり、細胞の回復力が大きくなる（第 3 章 58 頁参照）。表 8.4 に示したように組織の α/β を比較すると、自然軽快する早期有害事象が起こる組織では α/β が 11.2〜15 である。これに対して副作用として深刻な晩期有害事象が起こる組織の α/β は 1.6〜4.0 前後であるので、晩期有害事象を起こす組織の回復力が大きいことがわかる。多くのがんの α/β は早期有害事象の組織と同じレベルなので、分割照射による晩期有害事象組織の回復力を利用して重篤な障害を避ける放射線治療が可能となる。

　我が国では 1 回線量として 2 Gy 週 5 回の分割照射を行う施設が多い。従って、60〜78 Gy/ 30〜39 回 / 6〜8 週が標準的な治療法になる。晩期有害事象は 1 回の線量を下げると発生頻度を抑えることができるので、1 回 1.0〜1.3 Gy の線量を 1 日 2 回照射して合計線量を安全に増加させる**過分割照射法**（hyperfractionation）が用いられることもある。1 日 2 回照射とするのは、照

表8.4 線形二次（LQ）モデルを用いた放射線障害からの回復力

	組織／臓器	エンドポイント	α/β（Gy）
早期有害事象	皮膚	紅斑	12.3
		落屑	11.2
	口腔粘膜	粘膜炎	15.0
晩期有害事象	皮膚／脈管構造	毛細血管拡張	2.8
	皮下組織	線維症	1.7
	神経	視神経障害	1.6
	肺	肺炎	4.0
	頭頸部	種々の晩期効果	3.5

『臨床放射線生物学の基礎』（安藤興一他監訳、エムプラン株式会社）107頁を参考に作成

射と照射の至適間隔が6時間とされるからである。一方、1回1.3〜2.0 Gyの線量を1日2回あるいは3回照射して治療期間を短くする**加速過分割照射法**（accelerated hyperfractionation）が行われることもある。この照射方法だと晩期有害事象の発生は通常の照射方法と変わらないが、照射中のがん再増殖を抑えるので治療成績の向上が期待される。

8.3 がん治療に優れた放射線照射法

放射線治療の特徴はがん病巣を直接狙い撃ちしてがん細胞を殺すことにある。正常臓器の被ばく線量を最小限にして、がん病巣への殺細胞効果を最大限にするいくつかの照射方法が開発されて、治療成績を向上させている。

高エネルギーX線を用いた三次元原体照射法

放射線治療には照射装置としてリニアック（LINAC: linear accelerator、直線加速器）が用いられる。診断用X線発生装置もリニアックも金属（タングステン）ターゲットに電子を打ち込んで制動X線を発生させる原理は同じである。X線管では陽極と陰極の間の電位差（〜300 keV）で発生した電

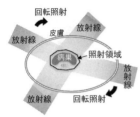 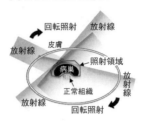 

図 8.6　さまざまな放射線照射法
三次元原体照射法ではがん病巣を中心に回転しながら放射線照射することにより、体表近くの正常組織の被ばくを避けて病巣に集中的に照射することが可能である (a)。がん病巣近傍に重要な正常組織がある場合には、回転しながら放射線量を調節する放射線強度変調放射線療法でがん病巣の形状に沿った照射ができる (b)。また、たくさんのコバルト 60 γ 線の細いビームを用いて、病巣へのピンポイント照射を行う定位放射線治療法も正常組織への被ばくを抑えることができる (c)。

子を用いるのに対して、リニアックではほぼ光速まで加速した電子（2〜20 MeV）を金属ターゲットに衝突させるので桁違いに高いエネルギーの X 線が発生する。これにより体幹深部のがんの放射線治療が可能になる。しかし、電磁波である X 線の性質上、体表面の皮膚の被ばく線量が深部のがん病巣の線量よりも大きくなることに変わりはない。

　これを克服するために、2 方向ならびに複数方向からの照射を行う多門照射法という方法が開発された。1960 年に高橋信次（名古屋大学）らは、患者を中心に放射線を 360 度回転させることで皮膚の被ばくを抑えて放射線をがんに集中させる方法を考案して、これを原体照射法（conformation radiotherapy）と名付けた（図 8.6a）。もちろんただの回転照射だと、円柱状の照射域にしかならない。そこで、回転照射中に照射口の形状を変えることにより、病巣に沿った照射域を作り出す。現在では、回転中にコンピューター制御により 3〜10 mm の精度で照射口の形状を変化できる多分割コリメーターが用いられる。また、患者軸に対して直交する円軌道だけでなく、直交以外の多方向角度から照射をする**三次元原体照射法**（three-dimensional conformal radiotherapy）が使用されている。この病巣に一致した三次元的な

線量分布の形成により、近接した正常組織への副作用の抑制が実現される。

強度変調放射線療法

　三次元原体照射法は線量分布を大幅に改善したが、基本的には外方に凸の線量分布が形成される。もしがん病巣が凹面を有して、その凹んだ箇所に重要な正常組織が存在する場合、三次元原体照射法では副作用を抑えることができない。これを克服するために、照射中に線量強度を変えて凹面を含む不整形の形状に線量分布を作り出す**強度変調放射線治療**（IMRT: intensity-modulated radiation therapy）が開発され、我が国では 2000 年頃に臨床応用が始まった（図 8.6b）。これにより、がん病巣中の放射線抵抗性が高い領域に、より高線量を照射することも可能になった。がん病巣の形状を正確に把握する必要があるために、CT 画像などと連動した画像誘導放射線治療（IGRT: image-guided radiotherapy）を併用する場合が多い。IMRT の特徴が有用となる領域の一つは頭頸部がんである。頭頸部は解剖学的に複雑であり、発声機能、嚥下、視聴覚、唾液腺機能、味覚障害などの副作用が起こりうる。この他には前立腺がんや脳腫瘍も IMRT の特徴を生かせる適応疾患である。

定位放射線治療法

　定位放射線治療（SRT: stereotactic radiotherapy）とは放射線を高精度（頭部で 2 mm 以内、体幹部で 5 mm 以内の精度）にピンポイント集中させて行う治療法である。1968 年にスウェーデンのレクセル（Lars Leksell）が脳専用の定位照射装置として開発したガンマナイフが最初である。ヘルメット状の半円球に配置された 201 個のコバルト 60 γ 線の細かいビームを一点に集中して 50 Gy の放射線を目標病巣に照射する（図 8.6c）。通常の放射線治療では正常組織の耐容線量を超えないように照射するが、ガンマナイフでは病巣への高精度ピンポイント照射により正常組織の被ばくを抑える。脳血管障害や良性腫瘍も含めた頭部の疾患が対象となる。この方法では大きい照射域への対応は難しく、病巣の最大径が 3 cm 以下に適用される。

　一方、体幹部の定位放射線照射には、ロボットアームの先端に小型直線加速装置を取り付けたサイバーナイフや通常型リニアックに専用コリメーター

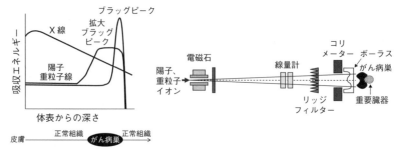

図 8.7 粒子放射線照射法
陽子線や重粒子のブラッグピークは滑らかに拡大して放射線治療に用いられる (a)。粒子線治療ではフィルターやコリメーターなどを用いて、ブラッグピークをがん病巣の位置や形状に調節する (b)。

を取り付けた装置が用いられる。頭部の照射と違って、いずれも照射中の患者の固定と呼吸に伴って移動するがん病巣の位置補正が必要である。体幹部定位照射が適応されるがんとしては、原発性肺がん、転移肺がん、原発性肝がん、転移肝がんなどがある。

陽子線治療法

　光に近い速度に加速した陽子を用いる**陽子線治療**の特徴は優れた線量分布特性にある。X線やγ線が照射された物質内では放射線が指数関数的に次第に減少していくため、深部のがんよりも皮膚表面に近い部位の放射線量が高くなる欠点がある。陽子などの粒子線は、運動エネルギーの大きさに反比例して電離を起こすので、深部に達した陽子線は徐々に運動エネルギーを失い、停止寸前の場所にブラッグピークと呼ばれる高い電離領域を形成する（図8.7a）。また、陽子線ビームの辺縁では数 mm の範囲内で 90% から 10% へと急峻な線量勾配を示し、X線やγ線よりもビーム辺縁の切れが良いのも特徴である。この優れた特性を用いて、マサチューセッツ総合病院で陽子線治療が開始されたのは 1961 年である。現在、我が国の国立がんセンター東病院を初めとして世界で 34 施設が稼働している。

陽子線は加速器からビームとして出されるので、治療に使うためには入射方向と直角に照射領域を拡大しなければならない。また、がん病巣の奥行きを含めて全体に照射するためにブラッグピークを平坦にする必要がある。このためビームは、鉛の散乱体と電磁石を用いて横方向に広げられ、くさび形のリッジフィルターを用いて照射方向にブラッグピークを平坦にする。そして最後にプラスチック性の吸収体ボーラスと多分割コリメーター（前出）を用いてがん病巣の奥行きと形状に沿った線量分布を作製し、照射を行う（図8.7b）。陽子線治療の対象となるのは、眼球のメラノーマ、前立腺がん、軟骨肉腫などである。軟骨肉腫では5年生存の治癒率が90％以上と高い成績がある一方で、前立腺がんでは通常のX線やγ線と変わらないとする報告もある。小児の放射線治療では、成長障害、発達障害と二次がんの発症予防のために特に慎重にならなければならないため、線量分布に優れた陽子線治療が好んで用いられる。

重粒子線治療法

ヘリウム原子核よりも原子番号が大きい原子核を重粒子と呼ぶ。加速した炭素イオンなどを用いる**重粒子線治療**は、陽子線治療以上に優れた線量分布特性を有する。例えば、ビーム辺縁部の線量の切れは陽子線の3倍以上である。また、滑らかにしたブラッグピーク領域での炭素イオンビームの生物効果がX線やγ線の2〜4倍と、陽子線の生物効果比1.1より高いのも魅力である。酸素増感比も1.0に近づいて低酸素の悪影響も見られなくなる。

重粒子線治療は1975年に米国ローレンス・バークリー研究所で開始したが、その後中断していた。我が国の放射線医学総合研究所は1994年に治療を開始して、外国人も含めて9000人以上（2015年3月現在）が治療を受けている。また、日本では他に3施設、世界でも3施設が運用されており、さらに世界中で9施設が建設・計画中である。当初、放射線医学総合研究所では従来の放射線治療では困難な症例を対象に重粒子線治療の臨床試験を開始した。現在では適応範囲が広がって、肺がん、前立腺がん、肝がん、悪性黒色腫、骨軟部腫瘍などでめざましい治療成績をあげている。

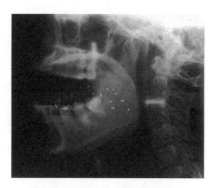

図 8.8 舌がんの組織内照射法

放射性の金 198（外径 0.8 mm、長さ 2.5 mm）を舌がん病巣部に挿入して組織内照射する。

渋谷 均「舌がん」『臨床放射線腫瘍学』（日本放射線腫瘍学会・日本放射線腫瘍学研究機構編、2012、南江堂）250 頁より許諾を得て転載

組織内照射法

発見された当初の X 線はエネルギーが低く、体の深部のがんの治療への応用は困難であった。そこで 1902 年にラジウムからの γ 線が治療に応用された。小さなラジウム線源をがん病巣に直接埋め込んだり、近接して照射したりすることから、**小線源治療**あるいは近接照射治療（Brachy therapy、ブラッキーとはギリシャ語で近接の意味）と呼ばれた。この方法の利点は次の通りである。

1) がん病巣に放射線源が直接挿入されるため集中的に放射線照射ができ、線源から離れた正常組織では「距離の逆二乗則」（第 15 章 310 頁参照）により放射線量が少なくなる。
2) 分割照射の極限として連続的に照射を続ける組織内照射は、正常組織の障害を低く抑えることができる。

例えば、前立腺がんでは通常の照射法で治療すると近くの重要な膀胱や直腸まで被ばくを受ける。そこで、ヨウ素 125（半減期 59 日、弱いエネルギーの γ 線放出）の入ったチタンカプセル 50～100 個を病巣部に刺入する治療が行われる。同様に、図 8.8 の舌がんの治療では白金で被ふくした金 198（半

減期 2.7 日、γ 線放出）を用いた組織内照射が行われている。金 198 は物理学的半減期が短いので永久刺入が可能である。

　高放射能線源（線量率で 12 Gy/時以上）が治療に用いられる場合には、手技者の被ばくを避けるため初めにアプリケーターを病巣部に設置して後で線源を導入する遠隔操作式充填法（remote afterloading system、RALS）が行われる。小線源治療は、口腔がん、前立腺がん、子宮がんを対象にした根治が可能な治療法である。

ホウ素中性子捕捉療法

　ホウ素元素は原子炉の制御棒に用いられることからわかるように中性子を容易に吸収する。中性子を吸収したホウ素は生物効果が大きい α 線を出す。これをがん治療に用いたのがホウ素中性子捕捉療法（BNCT: boron neutron capture therapy）である。がん病巣に取り込まれる化合物（例えばフェニルアラニン）をホウ素で標識し、それをがん細胞に取り込ませたうえで原子炉からの低速中性子を照射する。放出される α 線の飛程は細胞核の大きさとほぼ同じ長さの 9 μm と短いので、正常組織に被ばくを与えずにがん細胞を選択的に殺すことができる。皮膚の悪性黒色腫や脳腫瘍、再発頭頸部がん、多発性肝がんなどが対象となる。中性子源として原子炉の代わりに加速器を用いることも可能である。我が国では国立がんセンター病院などで計画中である。

Chapter 9

診断に使われる放射線

> 人体を透過するX線は発見当初から医療診断への利用が期待された。現在、世界では毎年36.5億件の放射線診断が行われている（UNSCEAR 2008年）。その内訳は、マンモグラフィやX線CTを含む医科用31.4億件、歯科用4.8億件、人工放射性核種を用いる核医学用0.3億件である。ここでは、各種の放射線診断法の原理と検査由来の放射線被ばくについて述べる。

9.1 X線を用いるさまざまな診断法

　レントゲンがX線を発見した翌年の1896年2月に、米国の医師ギルマン・フロスト（Gilman Frost）が、弟の物理学者エドウィンが自作したX線発生装置を用いて、骨折した少年の手首の診断に成功した。その後、X線は医療に利用されて世界中で急速に広がった。我が国では1899年の北清事変で骨銃創や体内に留まった銃弾の発見に威力を発揮するなど、当初は軍事医学への応用が盛んであった。当時の我が国の死因別死亡統計では結核感染の死亡率が高く、徴兵制度の下では軍隊入隊後に結核が広がる危険が高かった。このため、健康な兵隊を集める目的でX線撮影が必要であった。当時の高価なX線フィルムに代わって、蛍光板面に結像させたX線像を小型カメラで撮影する間接撮影法の開発がその普及を後押しした。その後、X線撮影は学

(a) X 線写真の原理 (b) マンモグラフィ

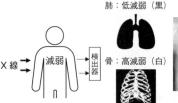

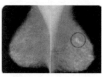

図 9.1 X 線撮影法

X 線撮影では、吸収の少ない空気を多く含む肺は黒く、吸収が多いリン酸カルシウムからなる骨は白く映る (a)。同様に、マンモグラフィでは、乳がん初期の石灰化を X 線撮影で検出できる (b)。

(a) X 線画像は『診療画像機器学』(岡部哲夫・小倉敏裕、医歯薬出版株式会社) 21 頁より転載、(b) マンモグラフィは認定 NPO 法人乳房健康研究会 <https://breastcare.jp/breast_about.html> より転載

校や職場の集団検診にも取り入れられ結核の早期発見に広く用いられるようになった。現在でも X 線写真検査法は、比較的低コストで明瞭な解剖像が容易に得られることから、胸部や筋骨格系など多くの疾患に対する画像検査の第一選択になっている。この節では胸部 X 線のような単純 X 線写真に加えて、マンモグラフィ、X 線 CT や陽電子断層法などの代表的な放射線診断法について述べる。

X 線写真撮影の原理

　X 線管から発生した X 線は、人体を通り抜ける時に一部は光電吸収を受け、一部はコンプトン散乱により減弱されて、人体の後ろに置かれた X 線フィルムなどの検出器にエネルギーを与えて画像を形成する。この X 線の減弱による陰影(コントラスト)で臓器が画像として観察できる。例えば、空気の割合が多い肺では X 線の吸収が少ないのでフィルムが黒化するが、X 線吸収の多い骨では白く見える (図 9.1a)。肺に病変があり空気量が減ると、X 線の吸収が増し、それに応じた陰影が出現する。原子番号が大きいカルシウムからなる骨・歯などを除けば人体組織を構成する炭素、酸素、窒素の原子番号やその組成には大差がなく、X 線の減弱は主に組織の密度により決ま

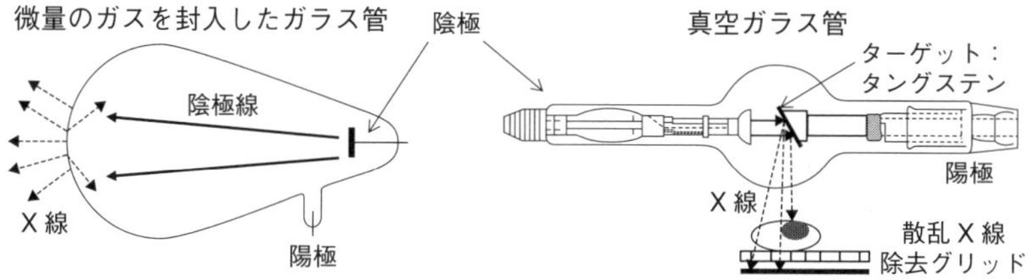

Chapter 9 診断に使われる放射線

(a) クルックス管 (b) クーリッジ管

図 9.2 X 線発生装置
レントゲンが用いたクルックス管は、放電で発生した電子をガラス壁に衝突させて制動 X 線を発生させる (a)。クーリッジ管では、陰極で発生した熱電子を真空状態でタングステンの陽極に衝突させて、透過力に優れた高エネルギー X 線を発生させる (b)。

る。撮影しようとする部位の組成や密度に差がなく、陰影を生じない場合、あるいは特にその部位を強調して撮影する場合には**造影剤**が用いられる。造影剤としては、観察したい組織の X 線の吸収を多くするために、原子番号の大きいバリウムやヨウ素が用いられる。胃のような消化器系の診断では硫酸バリウムを経口的に与え、胃腔を満たした後で胃の形状や胃壁の状態を観察する。ヨウ素系造影剤は血管造影剤として静脈内に投与して腎盂造影や胆管造影、あるいは腫瘍と周囲正常組織とのコントラストを強調した造影 CT に使われる。この血管造影剤はベンゼン環の 3 ヶ所にヨウ素原子を結合させ、残りの 3 ヶ所に水溶性の側鎖や官能基を結合させたイオン性化合物である。

X 線発生装置

レントゲンが X 線を発見した当時の**クルックス管**では、微量のガスを封入した容器内で放電させ、放電で生成した電子がガラス管壁に衝突して発生する制動 X 線が用いられた（図 9.2a）。当時の X 線（制動 X 線）エネルギーは低く、身体の比較的薄い部分の骨折や異物の位置判定などに利用が限られていた。その後、高度の真空状態の管内に熱陰極と陽極を組み込んで、陰極のフィラメントが放出した熱電子を高電圧の陽極にビームとして衝突させる**クーリッジ管**が開発された。クーリッジ管の X 線はエネルギーが高く透

過力に優れている（図9.2b）。

　制動X線は加速電子が物質を構成する原子と相互作用して発生するが、このとき発生するX線の発生効率は加速電子の電圧と原子の質量の積に比例する。一方、現在使用されているクーリッジ管を改良したX線発生装置での100 kVのX線の発生効率は0.8%で、残りのエネルギーは熱損失として陽極を加熱することになる。このためターゲット金属はできるだけ原子番号の大きいものが望ましいが、他方で陽極が高温になるため融点が高く、冷却しやすい熱伝導度に優れた金属が実用的である。市販のX線管では、質量が大きく融点が高いタングステンを銅板に埋め込んだ金属版が用いられる（図9.2b）。一方、陰極から発生する電子の量は高温ほど多いので、2500℃程度まで加熱したタングステン・フィラメントを陰極として用いる。また、陰極の電子を電圧の差を利用して加速させるには直流電源が必要である。このため、100～200 Vの商用交流電源を変圧器で（例えば胸部の撮影では120から140 kV程度に）昇圧して用いる。

　X線は被写体を透過する時に、その一部は被写体の中のさまざまな物質と衝突してコンプトン散乱により方向が変わる（第1章11頁参照）。散乱線は、管電圧が高いほど、照射が広いほど、被写体が厚いほど発生しやすい。散乱X線は二つの問題を起こす。一つは散乱により方向が変わったX線が引き起こす外部被ばくとして特に皮膚への被ばくの問題である。しかし、散乱X線のエネルギーは弱いので、これを防ぐには鉛厚0.25 mm程度の防護衣で充分である。もう1つの問題点は、X線撮影を行う際に散乱光が受像面に到達すると受光してはいけない部分が受光して、ぼけた画像や低コントラストの画像の原因になることである。この散乱線を除去するために、受像面の前面に鉛箔のグリッドを設ける（図9.2b）。グリッドは、X線の入射方向に水平、あるいは線源に合わせて若干の角度を持たせて、斜め方向からの散乱線が受像面に届かないようにするものである。

X線の検出

　X線の画像形成には、写真用乳剤の臭化銀を両面に塗布したX線フィルムをX線吸収に優れたタングステン酸カルシウム蛍光体からなる2枚の増

Chapter 9 診断に使われる放射線

表 9.1 さまざまな放射線画像形成法

画像形成方法	X 線検出（蛍光体）	二次センサー	読み取り処理	露光域	記録媒体
増感紙 - フィルム	タングステン酸カルシウム	感光性フィルム（臭化銀）	現像処理	50〜100 倍	フィルム
イメージングプレート（IP）	ハロゲン化フッ化バリウム（微量のユーロピウム）	光電子増倍管	励起レーザー光照射	10,000 倍	デジタル画像
フラットパネルディテクター（FPD）	ヨウ化セシウムあるいはアモルファスセレン	アモルファスシリコン	なし	10,000 倍	デジタル画像

感紙ではさんだ、**増感紙 - フィルム系**が長い間用いられてきた（表 9.1）。現在では**イメージングプレート**（IP）や**フラットパネルディテクター**（FPD）を用いたデジタル画像に置き換わっている。イメージングプレートはポリエステル板に塗布したハロゲン化フッ化バリウム結晶（BaFX）に微量のユーロピウム（Eu^{2+}）を加えた蛍光体である（表 9.1）。放射線エネルギーにより励起（一次励起）した準安定状態の蛍光体は、赤色レーザーを照射（二次励起）すると紫色の発光で準安定レベルのエネルギーを解き放つので、その発光強度を光電子増倍管により検出する。放射線ルミネッセンス（蛍光）を利用するのでガラス線量計に似ているが（第 1 章 19 頁参照）、イメージングアナライザーと呼ばれる装置で二次元の分布画像を得る点で大きく異なる。また、ガラス線量計では放射線照射から時間が経過しても発光量がほとんど減少しないが、イメージングプレートでは徐々に減少するので放射線照射から読み取りまで短時間に行う必要がある。

フラットパネルディテクターはヨウ化セシウム（CsI）の蛍光体板を用いて X 線シグナルを蛍光に一旦変換後に、ガラス基板にシリコンを塗布したアモルファスシシリコンを用いて蛍光強度を電気シグナルに変える。イメージングプレートと違って、二次励起用レーザーを用いた読み取り装置の必要がなく撮影から画像化までの時間が節約できる。イメージングプレートやフラットパネルディテクターなどのデジタル画像法は増感紙 - フィルム法に比

べて感度が良く、露光域が100倍以上大きく、撮影後の階調変更が可能なために、撮影条件の失敗による撮り直しの必要がない利点がある（表9.1）。また、画像検索やデジタル送信が可能で保管スペースも少ないなど、データの取り扱いが容易である。

マンモグラフィ

　日本人女性の乳がんは1999年に胃がんを抜いて大腸がんに次ぐ患者数となったが、今後も患者数の増加が予想される疾患である。欧米先進国では乳がん発生率が日本人女性よりも3～4倍高く患者数がいまだに増加しているが、逆に死亡率は減少し始めている。これには**マンモグラフィ**（mammography、乳房＋画像から作られた造語）による早期診断が貢献している。乳がんの進展に伴ってカルシウムが乳腺内に沈着して**石灰化**が起こる（図9.1b）。原子番号の大きいカルシウムは乳腺や脂肪に比べてX線を吸収しやすいので、X線検査でこの微細な石灰化を検出することにより初期の乳がんを容易に判定できる。

　マンモグラフィでは乳房を上下あるいは左右から圧迫して3.5～3.8 cmの厚さにして撮影する。軟部組織が対象なので、通常のX線の管電圧120～140 kVに対して、マンモグラフィではそれよりも低い管電圧が用いられなければならない。乳腺組織と病巣のコントラストを高めるためのX線のエネルギーは20 keV（管電圧が20 kV）以下が良いとされる。このため、特性X線エネルギー60 keVの通常のタングステン・ターゲットに代わって、特性X線エネルギー17.4 keVと19.6 keVのモリブデン・ターゲットが用いられる。その一方で、X線の12～15 keV以下のエネルギー成分は脂肪組織や乳腺組織などの乳房構成組織によってほとんど吸収されてしまい、乳房への無駄な被ばくを起こすことになる。このためモリブデン・ターゲットの低エネルギー成分はフィルターにより除去後に照射する。なお、現在では乳房圧迫厚の大きい受診者が増加したので、さらに高エネルギーの特性X線（23.2 keV）を発生するロジウム・ターゲットも使用されることがある。

X線CT

　通常の胸部写真はX線が通過したそれぞれの臓器のX線吸収の総和に応じた、入射方向に垂直な画像を作る。これに対して入射方向に水平にスライスした画像（断層図、tomographyトモグラフィーと呼ばれる）を作ることを断層撮影という。コンピューターを用いた商業的な **CT**（computed tomography）は英国EMI社のハンスフィールド（Goodfrey N. Hounsfield）が1972年に頭部用のX線CTとして完成させた（コラム10）。ハンスフィールドはその功績によりCTの研究理論を報告したコーマック（Allan M. Cormack）とともに1979年にノーベル生理医学賞を受賞した。

　画像再構成の原理：X線写真は臓器による吸収の違いを利用した撮影方法である。もし、被写体を入射方向に細分したときのそれぞれのX線吸収の程度がわかれば入射方向の画像（断層図）を再構成できるはずである。一方

Column 10 ── ビートルズとX線CT

　EMI社の中央研究所でパターン認識を研究する技術者であったハンスフィールドが、外部から測定したデータで物体の内部構造を解明するCT理論の土台となったコーマックの研究論文を知ったのが1963年とされている。ハンスフィールドはただちにCTの作製にとりかかり1968年に最初の試作機、1971年には患者の脳の撮影に成功した。まさに目覚ましい成果をあげたハンスフィールドの研究であったが、その過程では膨大な研究資金が費やされたはずである。英国最大のレコード会社でもあったEMI社がビートルズとレコーデング契約したのは1962年である。ビートルズはこの年から立て続きにナンバー1ヒットを連発して、1965年には外貨獲得の功により英国政府から勲章を授与されている。EMI社もまた経済的に潤い、ハンスフィールドによるX線CTの研究開発に莫大な資金を回す余裕ができたと言われている。X線CTはビートルズの最も偉大な遺産と言う人もいる。

　ちなみに、コンピューターを用いないX線回転断層撮影は1949年に高橋信次（名古屋大学）により我が国で最初に成功している。しかし、戦後の研究資金のない時代の開発で、それ以上に発展することはなかった。

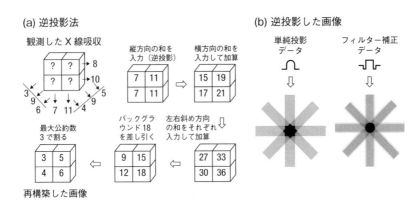

図 9.3 逆投影法の原理
人体内に X 線吸収の程度がわからない 4 個の画分（ボクセル）があると仮定する（図 a 左上）。縦方向、横方向、斜め方向（時計回り）から X 線が入射したときに観測される X 線吸収を各画分に当てはめて（逆投影して）、バックグランドを差し引き、最大公約数で割ると、初めの画分の X 線吸収が 3、4、5、6 であったことがわかる（図 a 左下）。実際の X 線 CT でそのまま逆投影すると、円がギザギザになるような不鮮明な画像になる（図 b 左側）。そこで逆投影の際に計算機上でフィルターをかけたデータを逆投影に用いる（図 b 右側）。

向からの照射では X 線吸収の程度は総和しか得られないが、細分化した画分（ボクセルと呼ばれる）のそれぞれの吸収値はいろいろな方向から照射することにより求まる。例えば、簡単のために画分数 4 個の吸収を想定してみよう（図 9.3a）。それぞれの画分に縦、横、左斜め、右斜めの 4 方向から入射し、縦方向の測定では吸収の総和 7 と 11 が得られたとする。そこで仮に 7 と 11 を画分に当てはめる（これを**逆投影**と呼ぶ）。次に横方向の総和 8 と 10 を同様に逆投影して 8 と 10 を置く。これを縦方向から得られた 7 と 11 に積算した 15、19、17、21 を各画分に当てはめる。同様に、左斜め方向の 5、9、4 ならびに右斜め方向の 3、9、6 も逆投影して 4 方向からの値をすべて積算すると 27、33、30、36 が得られる。次にバックグラウンドの値 18 （= 7 + 11、あるいは 8 + 10）を差し引き、最後に各画分の値の最大公約数 3 で割ると、画分の吸収値 3、5、4、6 が再構成できる。実際の CT では画分数が 1024 個四方にもなるので、患者と直角に 360 度方向からのいろいろな透

(a) 撮影装置　　(b) CT値

(c) CT画像

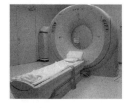
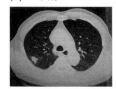
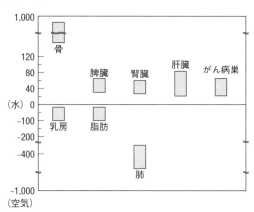

図 9.4　X 線 CT

X 線 CT 装置 (a) の放射線の吸収の程度は、水を 0 そして空気を −1,000 とした CT 値で表され (b)、画像として再構築される (c)。

(a) 富樫かおり博士より提供いただいた。(c) 大西　洋「Ⅰ期非小細胞肺がん（早期）」『臨床放射線腫瘍学』（日本放射線腫瘍学会・日本放射線腫瘍学研究機構編、2012、南江堂）290 頁より許諾を得て転載

過線量を測定することでそれぞれの画分の値をコンピューター上に再現する。

この方法を単純逆投影法と呼ぶが、このままでは画像がぼけて実用的でない。例えば、図 9.3b では実際の被写体は円であるが、単純逆投影法では自転車タイヤ軸のスポーク部分のようなギザギザの円ができる。そこで、投影データの両端に負の値になるように補正したデータを投影すると元図に近い状態で断層図が再構成できる。この投影データを補正して逆投影する方法は、放射線にフィルターをかけるのに似ているので、**フィルター補正逆投影法**（filtered back projection）と呼ばれる。

CT の構成と性能：CT 装置の外観を図に示す（図 9.4a）。寝台を中心に X 線源が連続回転する。X 線の管電圧には 90〜140 kV が使われ、シンチレーターとフォトダイオードを組み合わせた固体検出器などが対向して置かれる。診断速度を高速化するために、X 線管球を 2 個、あるいは、検出器を 256 列並べた方式もある。X 線源が一周する速度は、被写体の体動、呼吸による臓

器の移動や消化管の蠕動の影響を避けるために短いほど良いが、360度回転のフルスキャンに0.4〜0.5秒必要である。また、その他に画像の再構成にも0.5〜1.0秒要する。これにより大きさ1 mm未満の小さながん病巣も読影できる。その一方で、X線CTは良好な画像を得るために、単純X線写真と比べて数百倍の線量を照射し、患者の被ばく線量も多くなる（後述）。

人体臓器を通過したX線の吸収は次の式で表される。

$$I = I_0 \times e^{-\mu d}$$

放射線線量I_0のX線が物質を通過したときの放射線量Iは、物質の厚さdと物質の線吸収係数μ（184頁の吸収の数値に相当）により決まる。胸部単純X線写真では線吸収係数の大小がフィルムの黒化度として表現される。吸収係数が高い部分は白、吸収係数が低い部分は黒となり、黒化度の違いとして画像化される。CTでは人体各部の図9.3aのような線吸収係数（吸収の数値）をコンピューターによって求めている。画像として表示する場合、水の線吸収係数に対する相対的な比を表す**CT値**を計算し、これを画分（ボクセル）上に、白から黒までの256段階のグレースケールで表示している。組織のCT値は線吸収係数を用いて次のように定義される。

$$CT値 = 1000 \times (\mu_{組織} - \mu_{水})/\mu_{水}$$

この結果、水のCT値は0に、そして空気のCT値は-1000（線吸収係数0として）になる。CT値は提案者の名前にちなみ、ハンスフィールド・ユニット（HU）とも呼ばれる。人体臓器の各CT値を図9.4bに示した。X線CTはX線吸収係数の組織による違いをCT値として画像化しており、骨（CT値300〜800）、実質臓器（CT値30〜70）、液体（CT値10〜20）、脂肪（CT値-100）、肺（-300〜-600）を区別できる（図9.4c）。

肝がんや膵臓がんの画像診断で、周囲正常組織とのコントラストが不充分な場合、ヨウ素造影剤を静脈内に注入して造影CTを撮影することでコントラストの増強を行う。また、造影剤を急速に静脈注射して時間変化を追うことにより、がんの状態をよりはっきりと診断するダイナミックCTが追加検査されることもある。

Chapter 9 診断に使われる放射線

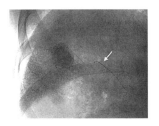

図 9.5　IVR 法
肝がんの治療のために肝動脈末梢まで挿入されたカテーテル（矢印）
『新・医用放射線科学講座 診療画像機器学 第 2 版』（岡部哲夫・小倉敏裕、医歯薬出版株式会社）55 頁より転載

インターベンショナル・ラジオロジー

インターベンショナル・ラジオロジー（interventional radiology、介入放射線医学）は適当な和訳がないために、英音表記か IVR と呼ばれることが多い。手術の代わりに、X 線透視や血管造影像、CT などを見ながらカテーテルや針などの細い管を血管や尿管などに入れて治療する低侵襲治療である（図 9.5）。治療法ではあるが、放射線の役割は放射線診断同様と見なせる。IVR は大きく分けて、血管系 IVR と非血管系 IVR に分類される。血管系 IVR の基本的手技は、大腿動脈に大きめの管を挿入留置後、目的の血管までガイドワイヤという柔らかめの針金を用いてカテーテルという細い管を誘導する。カテーテルを用いて抗がん剤をがんの栄養動脈まで誘導して局所注入すると、末梢血からの注入と比較して 5～10 倍濃度の薬剤分布が得られる。その他に肝臓がんの栄養血管を閉塞してがんを縮小したり、閉塞した血管に金属を編んで作ったステントと呼ばれる筒を挿入して血流を保ったりする。これらの操作は X 線透視下で行われ、必要に応じて水溶性ヨウ素造影剤が少量注入される。非血管系 IVR は局所麻酔下で、特殊な針を病巣まで誘導して生検（バイオプシー）を採取、あるいは肝がんに対してエタノールを注入して腫瘍壊死を起こしたりする場合に使われる。

一般的な胸部 X 線透視での撮影時間はわずか 5 ミリ秒であるが、IVR を実施する場合には手技によっては長時間の透視が必要となることが多い。こ

表 9.2　大学病院の IVR での医療業務スタッフの被ばく線量

年	職種	平均線量（m Sv/年）		最大線量（m Sv/年）	
		全身	肩	手（手首）	肩
1999	IVR 医師	0.1	2.7	2.9	5.8
	IVR 技師	0.1	0.4		
2000	IVR 医師	0.1	2.1	3.2	7.1
	IVR 技師	0.1	0.2		
2001	IVR 医師	0.1	2.1	3.6	3.5
	IVR 技師	0.1	0.4		

UNSCEAR 2008 年 第 1 巻 383 頁を参考に作成

のため冷却効率が高く、長時間の連続的な X 線照射に耐える大線量の X 線管が用いられる。例えば、通常の X 線管の管電流 200〜320 ミリアンペアに対して、IVR 用 X 線では 500〜1000 ミリアンペアの大容量の管電量が用いられる。これに伴って IVR 手技中に医師は、放射線照射野の近くにある手・肩を中心として、大きな放射線被ばくを受けることになる（表 9.2）。また、患者の被ばく線量も多く、時に皮膚潰瘍などの確定的影響を生じた例も報告されている。

9.2　放射性核種を用いる診断法

体内に投与された放射性医薬品の集積を、放射性物質から放出される γ 線を使用して画像化する診断法を核医学診断法と呼ぶ。ここでは代表的な例として、テクネシウム 99 を用いた単光子放射断層法とフッ素 18 の陽電子消滅放射線を利用した陽電子放射断層法について述べる。

単光子放射断層撮影法（SPECT）

X 線 CT はがん発生による臓器の形の異常を診断するが、放射性核種で標識した薬剤を用いる核医学診断でも臓器や組織を画像化することができる。病変部分に集積した放射性核種から放出される γ 線を体外で検出器を用いて

検出して平面画像あるいは断層画像を構築する画像診断方法である。検出器としてシンチレーションカメラを用いるので、シンチグラフィとも呼ばれる。シンチグラフィおよび次に述べる PET もともに解像度は X 線 CT に比べて劣るが、臓器・組織の代謝や機能についても診断ができることが大きな特徴である。

シンチグラフィに用いられる放射性核種は、検出されやすい 30〜300 keV の範囲のエネルギーγ線を放出すること、そして人体への被ばくが少なくなるように半減期が短いことが必要である。一方、半減期が短いと製造から利用までの時間が少なくなって扱いにくいのでジェネレータが用いられる。現在最も多く利用されている核種は ^{99m}Tc（テクネチウム 99m、半減期 6.0 時間、エネルギー140 keV）である。テクネチウム 99m は以下に示すモリブデン 99 とテクネチウム 99m の放射平衡を利用したジェネレータとして供給される。最近では 1 回分のテクネチウム 99m 標識薬剤を注射筒に詰めたシリンジタイプのジェネレータの使用が増加している。

^{99}Mo
　↓　β 線、半減期 66 時間
^{99m}Tc
　↓　γ 線、半減期 6 時間
^{99}Tc（安定核種）

テクネチウム 99m はモリブデン 99 の崩壊に伴い急速に生成するが、モリブデン 99 の半減期がテクネチウム 99m に比較して充分に長いので、生成したテクネチウム 99m はやがてモリブデン 99 の半減期に従って減少する放射平衡になる（図 9.6a）。放射平衡に達した 60 時間頃にテクネチウム 99m を分離採取すると、時間とともに再び放射平衡に達してテクネチウム 99m が生成される。このように娘核種（この場合にはテクネチウム 99m）を繰り返し採取できるので、雌牛から搾乳することになぞらえて、この方法は**ミルキング**（Milking）と呼ばれる。具体的には、モリブデン 99 を吸着させた充填剤を詰めたカラム（テクネチウム 99m ジェネレータ）に、必要な時に生食水などを通して溶出してくる酸化テクネシウム 99m をそのまま、あるいは化

(a) テクネチウム99mとモリブデン99の放射平衡

(b) シンチレーション
カメラによる画像

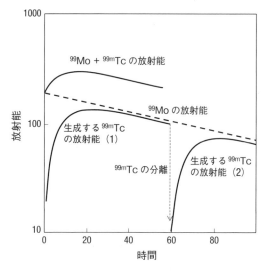
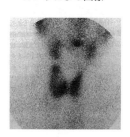

図9.6 シンチグラフィー撮影

テクネチウム99mの物理学的半減期に比べて親核種モリブデン99の物理学的半減期が長いので、テクネチウム99mを分離採取してもやがて親核種モリブデン99の自然崩壊で再び生成する(a)。蝶の形をした甲状腺に集積したテクネチウム99mからのγ線を画像として表示する。γ線の出ている部分が検出されることにより、甲状腺に特徴的な蝶の形が明瞭に見える(b)。

(b)『甲状線・上皮小体の画像診断』(原田種一監、金芳堂) より転載

合物に標識して患者に投与する。

　体内に集積した放射性核種からのγ線は、**シンチレーションカメラ**あるいはガンマカメラと呼ばれる平面検出装置により検出され、γ線のカウント分布として画像表示される(図9.6b)。シンチレーションカメラは非常に大きな直径を有する薄い平板状のNaI結晶(直径20〜50 cm、厚さ0.6〜0.9 cm)で、結晶上面には直径5〜7.6 cmの光電子増倍管が37〜91本等間隔に配置されている。結晶下面には、斜め方向から入射する散乱光をカットして結晶に入射するγ線の位置を同定するために、くし状の鉛製グリッド(180頁参照)が置かれる。コリメータを通過してNaI結晶に入射したγ線は、放射線量に応じた量のシンチレーション(蛍光)を発光する(第1章18頁参照)。発光

シンチレーションはそれぞれの部位の光電子増倍管により 10^5〜10^6 倍に増幅した電気シグナルに変換され、複数の光電子増倍管からの信号強度から位置を計算して画像化する。平板のガンマカメラを患者の回りに 360 度回転させて、X線CTと同じ原理で断層画像を得るのが**単光子放射断層撮影法**（SPECT: single photon emission computed tomography）である。単光子放射という言葉は、次に述べる PET の陽電子が 2 本の γ 線を発生させるのに対して、SPECT で用いる放射性テクネチウム 99m は 1 崩壊あたり 1 本の γ 線を放出することで名付けられた。

| **陽電子放射断層撮影法（PET）**

陰電子の反物質である陽電子は直ちに通常の陰電子と結合して消滅し、511 keV の 2 本の消滅放射線（γ 線）を 180 度反対方向に同時に放出する。患者の周囲に対向して配置された検出器に同時に入射した放射線だけを同時計数回路で計測すると、2 個の検出器の線上のどこかに標識化合物が存在することになる（図 9.7a）。このように陽電子を用いた標識化合物の位置情報から断層画像を再構成する診断法を**陽電子放射断層撮影法**（PET: Positron Emission Tomography）と呼ぶ。1975 年にフェルプス（Michael E. Phelps）により PET の実用的な装置が開発されたのが始まりである。2 本の消滅放射線を同時計数することで、発生位置の同定ができるのでコリメーターが不要で、SPECT に比べて感度が数倍から 10 倍高い。また、空間分解能が高く、γ 線の体内での減弱を定量的に補正できるので定量性にも優れている。同時計数のためには検出器の時間的分解能も必要で、発光減衰時間が短いルテニウム化合物（Lu_2SiO_5）やガドリニウム化合物（Gd_2SiO_5）がシンチレータとして用いられる。

陽電子放出核種として使われるフッ素 18（^{18}F）は半減期 110 分であるので、病院内の医用小型サイクロトロンを用いて、次の反応により酸素に陽子を照射して製造される。

$$^{18}O + p \rightarrow {}^{18}F + n$$

最近では製薬会社による ^{18}F-FDG（fluoro-deoxyglucose、**フルオロデオキシグ**

(a) 対向した検出器による
　　消滅ガンマ線の検出

(b) フッ素-18 で標識した
　　フルオロデオキシグルコース（¹⁸F-FDG）

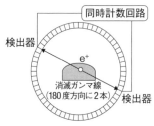
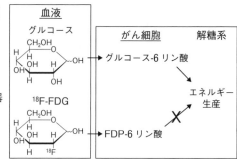

(c) がん細胞に取り込まれた
　　¹⁸F-FDG

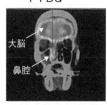

図 9.7　陽電子撮影法の原理

フッ素 18 から放出される陽電子は直ちに消滅して 180 度反対方向に 2 本の γ 線を出すので、検出した 2 個の検出器の線上にフッ素 18 を特定できる (a)。フッ素 18 と結合したグルコースはがん細胞内に取り込まれるが代謝できないので細胞内に多く留まる (b)。右鼻腔（矢印）のがん病巣とグルコース消費の多い大脳に ¹⁸F-FDG の集積が認められる (c)。

(c) 加賀美芳和「節外性リンパ腫（鼻）」『臨床放射線腫瘍学』（日本放射線腫瘍学会・日本放射線腫瘍学研究機構編、南江堂）438 頁より許諾を得て抜粋改変し転載

ルコース）の製造が承認されて、以前よりも PET の普及が進んでいる。グルコースの一つの OH 基を ^{18}F と置換した ^{18}F-FDG は糖代謝の亢進している組織に集積する。正常な細胞はグルコースをミトコンドリアで分解してエネルギーを得る TCA 経路を使うが、多くのがん細胞ではこのエネルギー経路が働かず、グルコースを直接分解する解糖系でエネルギーが作られる（ワールブルグ効果と呼ぶ）。しかし、この経路はエネルギー生産効率が悪いのでがん細胞のグルコース要求量は常時高くなっている。^{18}F-FDG は通常のグルコースと同様にがん細胞に多く取り込まれてヘキソキナーゼによりリン酸化を受けるが、デオキシ体であるため解糖系の次のステップの代謝を受けずが

ん病巣に蓄積する（図 9.7b、c）。図 9.7c では右鼻腔のがん病巣に加えて、糖代謝が活発な大脳にも集積がみられる。臨床的には肺がん、頭頸部がん、乳がん、悪性リンパ腫などの診断に利用されている。遠隔転移を含めたがんの検出、進行度の診断（病期診断）、がんの治療効果の判定、がん再発の診断に有効で、がんの診療には欠かせない診断法となりつつある。

9.3 放射線診断で受ける被ばく線量

　エジソン（Thomas A. Edison）が増感紙を用いた X 線写真用フィルムを開発したのは X 線発見直後の 1897 年であった。長らく、この増感紙 - フィルム系が使われたが、現代ではフィルムよりも感度が高いイメージングプレートやフラットパネルディテクターなどのデジタル画像に置き換わっている。感度が高いと鮮明な画像を得るための被ばく線量がわずかで済むはずであるが、実際には各種の診断機器利用の増加により放射線診断による被ばく線量は年々増えている。

　検査の種類や機器により被ばく線量は大きく異なる。表 9.3 では一般的な X 線透視である胸部撮影の 0.015 mSv から胸部 CT の 6.6 mSv まで 500 倍近くの違いがあることがわかる。X 線 CT は放射線を用いたすべての診断治療のわずか 11% を占めるにすぎないが、被ばく線量では全体の 54% を占めている。また、毎年 10% ずつ X 線 CT 使用の割合が増加しており、被ばく線量の増加をもたらす原因になっている。各国の事情により医療被ばく線量は異なるが、我が国の X 線 CT を用いた診断頻度は突出しており、平均被ばく線量も高い（図 9.8）。英国医学誌 LANCET に掲載された報告では、ICRP 勧告の放射線リスクに従って**医療放射線被ばく**による発がんリスクを計算すると、米国、英国、ドイツなど 15 ヶ国が 0.5% から 1.8% となっているのに対して、我が国では 3.2% と高く、医療被ばくが発がん頻度を上乗せしているとされる（Berrington de González A, Darby S. Risk of cancer from diagnostic X-rays: estimates for the UK and 14 other countries. Lancet. 363:345-51, 2004）。ただし、LNT 仮説に基づいた ICRP の放射線リスクをこのような目的に使用することには批判もある（第 6 章 128 頁参照）。

表 9.3　放射線診断別の患者の被ばく線量（実効線量）

診断手技	代表的な実効線量（mSv）	胸部 X 腺検査に相当する回数	自然バックグラウンド放射線に相当するおおよその期間*
放射線検査			
四肢および関節（股関節を除く）	< 0.01	< 1	< 2 日
胸部	0.015	1	2.5 日
頭蓋骨	0.07	5	12 日
骨盤	0.3	20	1.5 ヶ月
腹部	0.4	30	2 ヶ月
マンモグラフィー（2 方向）	0.5	35	3 ヶ月
頭部 CT	1.4	90	7.5 ヶ月
バリウム嚥下	1.5	100	8 ヶ月
静脈性尿路造影法（IVR）	2.1	140	11.5 ヶ月
バリウム注腸	2.2	150	1 年
腎臓・尿管・膀胱 CT（腎結石）	5.5	370	2.5 年
腹部 CT	5.6	370	2.5 年
胸部 CT	6.6	440	3 年
腹部・骨盤 CT	6.7	450	3 年
下腿動脈の血管形成（IVR）	5.1 − 10	340 − 600	2.3 − 4.5 年
CT コロノグラフィ	10	670	4.5 年
胸部・腹部・骨盤 CT	10	670	4.5 年
核医学検査			
腎（Tc-99m）	0.7	50	4 ヶ月
甲状腺（Tc-99m）	1	70	6 ヶ月
骨（Tc-99m）	3	200	1.4 年
心動態（Tc-99m）	6	400	2.7 年
頭部 PET-CT（F-18 FDG）	7	460	3.2 年
体幹部 PET-CT（F-18 FDG）	18	1200	8.1 年

*英国の平均バックグラウンド放射線 = 2.2 mSv/年

『臨床放射線の最適利用のために』（医療被ばく研究情報ネットワーク実態調査グループ、インナービジョン）19 頁をもとに作成

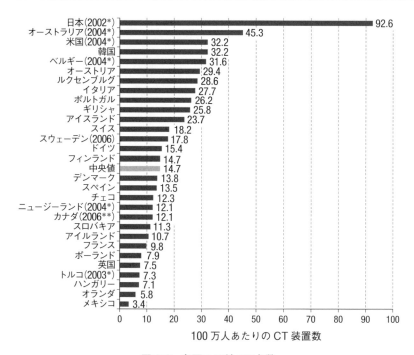

図 9.8　各国の X 線 CT 台数

各国の人口 100 万人あたりの X 線 CT 装置台数の中央値は 14 台であるが、日本はその 7 倍近くと突出して保有台数が多い。

UNSCEAR 2008 年 第 1 巻 63 頁をもとに作成

　X 線フィルムを用いた時代は、過剰な放射線は X 線フィルムの露出オーバーによる解像度低下の原因となることから放射線量が自ずと制限された。図 9.9 の X 線フィルム上の 2 点は小線量であれば区別がつくが、放射線量が多くなった露出オーバーの条件では 2 点の区別がつかなくなる。これに対し、X 線フィルムに代わって用いられるデジタル画像では露光域が 100 倍以上大きく、露出オーバー現象もないので（表 9.1）、用いる線量を多くして必要以上に鮮明な画像を撮る傾向にある。この対策として自動露出制御装置および低線量プロトコルを採用するなど、技術パラメーターを適切に選択し、画像の品質に注意を払うことで患者の被ばく線量を減らすことができる。我が国

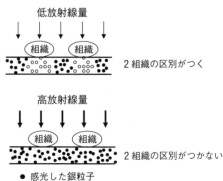

図 9.9　X 線撮影による露出オーバー
X 線フィルムは露光域が狭いために、低線量では区別がつく 2 点（上図では感光した銀粒子を黒丸、非感光の銀粒子を白で表した）が、露出オーバーの高線量ではすべてが感光して 2 点の区別ができない（下図）。

の放射線診断による被ばくは 2004 年当時よりもさらに増加していると思われる。その一方で、一般集団のがん死亡リスクは 3 人に 1 人であることを考慮すると、1 回の検査による放射線リスクは依然としてわずかであり、臨床的利益が上回っているのは明らかである。あくまでも医療の質の低下を招くことなく放射線診断に伴う被ばく線量を抑制する努力が重要である。

　病院などの医療施設間での被ばく線量の違いも知られている。表 9.3 での IVR による平均被ばく線量（実効線量）は 2.1〜10 mSv であるが、日本血管造影・IVR 学会放射線防護委員会の調査ではカテーテル挿入に時間がかかったことが原因で皮膚の等価線量 973 mSv の被ばくに至った例も報告されている。また、患者は再狭窄のために繰り返し処置されることもあって、UNSCAER 2008 年の調査でも脳神経血管塞栓術による患者皮膚の累積線量が 2.0〜10.5 Sv（平均 6.3 Sv）に達した例が報告されている。我が国でも血管撮影で約 10 倍、胸部撮影でも 6〜17 倍の施設による被ばく線量の格差があるとされている。

　過剰な医療被ばくをできるだけ避けるため、例えば放射線リスクの高い小

児や若年層の患者、必要に応じて X 線 CT の代替として放射線を使わない MRI（magnetic resonance imaging、核磁気共鳴イメージング）による検査も検討されるべきである。特に放射線感受性の高い胎児への放射線照射は可能な限り避けるべきである。英国のガイドラインによれば、患者が明らかに妊娠している場合や妊娠を否定できない場合には、その検査計画の緊急性を考慮して、10 mSv を超える胎児線量をもたらす放射線診断は分娩後あるいは次の月経まで延期できるかどうか再検討することを薦めている。しかし、これらの注意にもかかわらず胎児に予期せぬ被ばくがあった場合でも安易に羊水穿刺検査や妊娠中絶することを戒めている。

Q&A

Q10. 非常に早期の妊娠女性に不注意に注腸検査が行われました。胎児に放射線影響が残りませんか？

A10. 胎児は放射線感受性が高いことで知られています。注腸検査の患者の子宮への線量は、透視時間によっても異なりますが、30〜50 mSv とされています（表9.3ではこの数値に組織荷重係数をかけた実効線量が表示されています）。胎児への放射線影響はしきい値100 mSv以下では起こらない確定的影響に分類されているので、この場合の注腸検査がもし通常通りに行われたのであれば放射線影響が出ることはありません。しかし、検査を受けた医療機関で胎児の正確な被ばく線量を確認して下さい。注腸検査は妊娠を知らずに受けた場合に最も注意すべき放射線検査です。本書197頁の英国の放射線診断のガイドラインも参考にして下さい。

Q11. 良性腫瘍が疑われる52歳の女性に6ヶ月ごとにマンモグラフィ撮影したところ4回目の検査で別の所に悪性の乳がんがみつかり、患者は放射線検査が原因と訴えたとします。この裁判では何が論点になりますか？

A11. マンモグラフィの被ばく線量（実効線量）は1回につき0.5 mSvです（表9.3参照）。乳房だけの等価線量だと4 mSv程度（=0.5 mSv/組織荷重係数0.12）になりますので、これによりがんが誘発される可能性は圧倒的に少ないと言えるでしょう。また、最初の検査からわずか2年後にがんが誘発されたことも、通常の固形がんの潜伏期間から考えて短すぎることが指摘できます（第6章119頁参照）。裁判では、患者にとって最初の腫瘍が悪性かどうかを決定する利益が、乳がん発生のリスクよりもはるかに大きいことを指摘できるの

ではないでしょうか。

Q12. 妊娠中に歯の治療でパノラマ撮影をしました。歯科医院ではプロテクタもしなかったので胎児への影響が心配です。

A12. パノラマ撮影では装置が顔の周りを回って通り抜けたX線を反対側で検出して歯全体の写真を撮ります。被ばく線量が多くなると予想されますが、実際には通常の歯科X線写真と同程度です。子宮への被ばく線量は 0.0001 mSv 程度と見なされています。胎児の放射線影響が現れる被ばく線量は 100 mSv 以上なので、パノラマ撮影をしても影響がでる可能性はありません。歯科医院によってはプロテクタ（患者エプロン）を着用させるところもあるようですが、危険だからとの理由ではなく患者の不安を和らげるために使用しているようです。

Q13. 放射線診断の被ばく線量が福島原発事故周辺よりも多いことがたびたびあるようですが、問題として取り上げられないのはどうしてですか？

A13. 放射線診断で受ける患者1人あたりの被ばく線量は、世界の平均で年間約 0.6 mSv、日本では年間約 3.9 mSv と推定されています（表 14.1 参照）。放射線治療ではもっと高い線量に被ばくしますが、いずれも患者にとって病気を発見する、病気を治す、あるいは病気からの不安を和らげるなど有益な効果があります。福島第一原発事故での避難地域住民の被ばく線量は 1.1～13 mSv と推定されています（表 12.3 参照）。これらの地域の住民の被ばくは、有益でない（加えて、住居を追われ、職を失い、コミュニティを失うなど、社会的・文化的影響にも計り知れない損失を引き起こしている）点で医療被ばくと大きく違います。これに対して、患者は放射線利用によって直接的な便益を受けるので、医療被ばくは他の線源による被ばくとは法律上も区別されています。

第4部
生命とDNA修復

Chapter 10

DNA 塩基修復と生命

> 放射線は DNA 二重鎖切断以外に、さまざまな DNA 塩基損傷を誘発する。DNA 塩基損傷は多くの環境変異原や代謝過程で日常的に発生する DNA 損傷でもある。無数の DNA 塩基損傷の発生にもかかわらず、我々の細胞のほとんどが突然変異やがんを発生することなく機能しているのは 5 種類の DNA 塩基損傷の修復機構が働くおかげである。ここでは、放射線を含めたさまざまな変異原による DNA 塩基損傷とその修復機構について述べる。

10.1 太陽紫外線と喫煙からDNAを守る

太陽紫外線による DNA 塩基損傷

　DNA のアデニンとグアニン（それぞれプリン塩基と呼ばれる）およびチミンとシトシン（それぞれピリミジン塩基）の炭素間の化学結合には一重結合と二重結合がある。二重結合は 4 個の結合電子が関与するために、電子が豊富で反応力が高い。二重結合は紫外線領域の光を吸収して励起され、特に DNA 一重鎖上でピリミジンが隣り合った部位では基底状態に戻る時に隣のピリミジンと化学結合して**シクロブタン型ピリミジン二量体**（CPD: cyclobutane pyrimidine dimer）あるいは **6-4 光産物**と呼ばれる 2 種類の塩基損傷を発生する（図 10.1、図 10.2a）。シクロブタン型ピリミジン二量体および

第 4 部　生命と DNA 修復

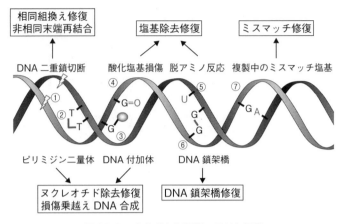

図 10.1　さまざまな種類の DNA 損傷

放射線による DNA 二重鎖切断は相同組換え修復と非相同末端再結合により修復される（第 4 章 71 頁参照）。一方、放射線および環境変異原により発生するさまざまな DNA 塩基損傷は 5 種類の DNA 修復機構で修復される。

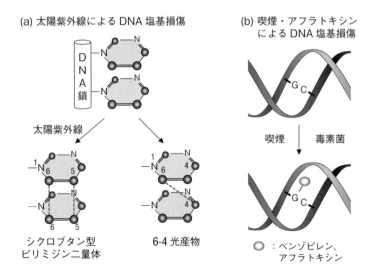

図 10.2　紫外線と喫煙による DNA 塩基損傷

太陽紫外線を浴びると DNA 鎖上の隣り合ったピリミジンが反応し、それぞれの 5 位と 6 位の炭素が結合したシクロブタン型ピリミジン二量体および 4 位と 6 位の炭素が結合した 6-4 光産物の DNA 塩基損傷が作られる (a)。タバコ成分のベンゾピレンおよび毒素菌のアフラトキシンが DNA 鎖のグアニンと結合して DNA 付加体を作る (b)。

表 10.1　DNA 塩基損傷の原因と発生量

	発生過程	DNA 塩基損傷	個/細胞/日
内在性	グアニンの酸化	8-オキソグアニン	400-1500
	シトシンの脱アミン	ウラシル	100-500
	メチル化	メチル化グアニン メチル化アデニン	4600
	脱プリン+ピリミジン	脱塩基部位	10,000
	複製ミス	塩基ミスマッチ	300 [a]
外来性	太陽紫外線	二量体塩基	100,000 [b]
	喫煙	DNA 付加体	45-1029 [c]
	飲酒	DNA 鎖架橋	不明

a) DNA ポリメラーゼが起こすミスマッチ頻度を $1/10^7$ として計算。
b) 日中ピーク時の紫外線量から計算した 1 日あたりの損傷量。
c) タバコ 1〜2 箱/日を 40 年間吸い続けた場合に肺の細胞 1 個に検出された損傷量。

Ciccia A, Elledge SJ. The DNA damage response: making it safe to play with knives. Mol Cell. 40:179-204, 2010. の表を改変

6-4 光産物ともに、DNA 複製ならびにタンパク質合成のための転写を阻害し、細胞死あるいは皮膚がんを引き起こす可能性がある。真夏の太陽の下では皮膚の細胞 1 個につき 1 日あたり約 10 万個の DNA 塩基損傷が発生する（表 10.1）。

喫煙による DNA 塩基損傷

環境物質によりヒトのがんが発生することは 1778 年に英国の外科医ポット（Percivall Pot）によって初めて報告された。当時、煙突掃除は狭い煙突に入る必要があることから子供に任せられることが多かったが、彼らの陰嚢の皮膚にたまった煙突の煤が原因で約 10 年の潜伏期を経て陰嚢がんが多発した。現在では煤のなかに発がん成分の**ベンゾピレン**が含まれていることがわかっている。細胞内に取り込まれたベンゾピレンは細胞質のミトコンドリアに存在するチトクローム P-450 という酵素の働きにより活性化を受け、DNA のグアニンに結合してかさ高い DNA 付加体を作る（図 10.2b）。これ

がDNA複製過程でのエラーを誘発し、発がんを引き起こすのである。強力な発がん剤のベンゾピレンは、煙突の煤同様に現代の喫煙でも発生する（表10.1）。欧米での調査によると、喫煙は自然発がんの原因の約30%とされ、組織別では肺がん発生の80.2%の原因になり、次いで喉頭がんの76.6%、口腔咽頭がん、食道がん、および膀胱がんのそれぞれ50%、肝がん23.6%、さらに大腸がんの9.7%と続く。なお、ヘビースモーカーでありながら長寿をまっとうする人もいるように、がんの発生には個人差があることが知られている。通常と異なるタイプのチトクローム P-450 を持っている人々ではベンゾピレンの活性化が起こらないので、発生するDNA塩基損傷もわずかである。

同様のDNA付加体は麹の仲間のアスペルギルス属のカビが作る毒素**アフラトキシン**（コラム11）を摂取した時にも発生する（図10.2b）。アフラトキシンはチトクローム P-450 による活性化を受けて、ベンゾピレン同様に

Column 11 — 日本人に飼い慣らされた毒素菌

　醤油や味噌、酒など日本料理に欠かせない麹はデンプンやタンパク質をグルコースやアミノ酸に分解する能力に優れた菌を繁殖させたものである。例えば、米のデンプンから日本酒を製造する場合に、アルコール発酵を行う酵母はデンプンをグルコースに分解できないので、日本酒の製造には米麹による前処理が必要である。この米麹に入っている麹菌がニホンコウジカビ（アスペルギルス・オリーゼ）である。

　2005年にニホンコウジカビの全DNA配列が報告された。その結果、ニホンコウジカビの親株は驚くべきことに、天然最強といわれる発がん物質アフラトキシンを産生するアスペルギルス・フラバスであることがわかった。アスペルギルス・フラバスは1974年にインドで106名が死亡した事件を初めとして欧米や東南アジア、中国で被害が出ている毒素菌である。このためニホンコウジカビからのアフラトキシン発生が疑われたこともあった。しかし、400年以上前から麹屋に受け継がれている我が国固有のニホンコウジカビはアフラトキシンの生成機能を完全に失い、細胞核の多核化により元の親株の性質に戻ることのない安定した変異体である。

DNAのグアニン塩基に結合する。動物実験では 15 μg/kg のアフラトキシンを含む飼料で飼育されたラットのすべてに肝臓がんの発生をみるなど、国際がん研究機関が指定する最も発がん性の高い危険物である。我が国でのアフラトキシン被害例はないが、中国・東南アジアから輸入された事故米にアフラトキシンが混入して食用として一般に流通したことがある。

ヌクレオチド除去修復

　紫外線によるシクロブタン型ピリミジン二量体や 6-4 光産物ならびにベンゾピレンやアフラトキシンの DNA 付加体は細胞が持つ**ヌクレオチド除去修復**により除去される。この修復は、損傷塩基や DNA 付加体の除去の際に、塩基に結合した五炭糖（ヌクレオチドと呼ばれる）ごと除去するのでヌクレオチド除去修復と呼ばれる。初めに DNA 構造の歪みを認識するタンパク質 XPE（Xeroderma pigmentsum E）や XPC（Xeroderma pigmentsum C）が DNA の損傷部位に結合し、これにさらに DNA 二重鎖を一重鎖にほぐす TFIIH（transcription factor for polymerase II）タンパク質複合体が結合する（図 10.3a）。続いて損傷部位の 3' 側（図では右側）に XPG（Xeroderma pigmentsum G）エンドヌクレアーゼと 5' 側（左側）に XPF（Xeroderma pigmentsum F）エンドヌクレアーゼが結合してそれぞれの DNA に切れ目を入れて損傷塩基を含む 30 ヌクレオチド程度の DNA 一重鎖を削り取り、その後に削り取った DNA 部分を再合成して修復が完了する。

　厳密には損傷を認識する機構の違いによりヌクレオチド除去修復はさらに 2 種類に分けられる。上記の XPE と XPC により構造異常を感知して修復が開始する修復機構は「ゲノム全体で働くヌクレオチド除去修復」と呼ばれる。これに対して、タンパク質合成のための転写の進行中に構造異常を検知する「転写と共役したヌクレオチド除去修復」も知られている。「ゲノム全体で働くヌクレオチド除去修復」も「転写と共役したヌクレオチド除去修復」も TFIIH 複合体が結合した以降の経路は共通である。実験動物の線虫では「転写と共役したヌクレオチド除去修復」は初期胚発生では二次的な修復経路にすぎないが、発生後期の幼虫の段階では主要なヌクレオチド除去修復経路であるとされる。

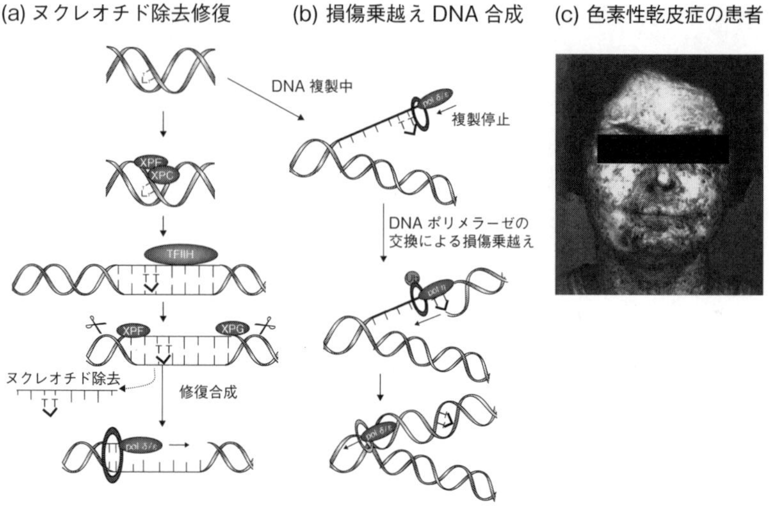

図 10.3　紫外線・喫煙による DNA 塩基損傷の修復

ピリミジン二量体やグアニン付加体は修復タンパク質 XPC/XPE で検出され、TFIIH により DNA 鎖が緩んだ後、XPF と XPG ヌクレアーゼで損傷ヌクレオチドが切り取られ、その後、修復合成されてヌクレオチド除去修復が完了する (a)。また、DNA 複製装置が損傷部位で立ち往生すると、初めに PCNA がユビキチン（Ub）化して通常の複製ポリメラーゼ Pol δ/ε から損傷乗越えポリメラーゼ Pol η に代わり DNA 合成を続ける。図の場合にはピリミジン二量体が鋳型鎖（帯線部分）に残ることになる (b)。太陽紫外線に過敏な疾患の色素性乾皮症はヌクレオチド除去修復の能力が欠けている遺伝病である。患者は健常人の 2000〜1 万倍の高い頻度で皮膚がんを発生する。フリードバーグらが示したこの患者では色素の沈着が顕著である (c)。

(c) E.C. Friedberg, et al., DNA Repair and Mutagenesis (color plate 10) 2nd edit, ASM Press, 2006、867 頁より転載

損傷乗越え DNA 合成

　紫外線照射により生じる 6-4 光産物は DNA 構造の歪みが大きいので速やかにヌクレオチド除去修復により取り除かれるが、歪みの少ないシクロブタン型ピリミジン二量体は XPE や XPC による検出が難しく修復されるまで 12 時間以上も細胞に放置されることになる。DNA 複製では、DNA 二重鎖が分離してそれぞれの一重鎖を鋳型として、アデニンとチミン、グアニンとシトシンの対合を利用して新生鎖を合成する。この合成速度は 1 分間に

1000塩基もの早いスピードで行われるが、それと同時に読み間違いを最小限にする正確さが求められる。この正確さの故に、DNA 複製を行うポリメラーゼ Polδ および ε はシクロブタン型ピリミジン二量体のような損傷塩基を読み込むことができず、DNA 塩基損傷に遭遇すると DNA 複製を中断、立ち往生して動けなくなる。長期間の DNA 複製装置の停止は細胞死につながるので、これを回避するため通常の DNA 複製ポリメラーゼに代わって別の**損傷乗越え DNA ポリメラーゼ**（Polη）が働くことになる。

　いずれの DNA ポリメラーゼも単独で DNA と長時間結合することができないので、DNA 複製装置は DNA を取り巻くドーナツ状の構造をしたタンパク質 PCNA（Proliferating Cell Nuclear Antigen）を介して DNA ポリメラーゼと強固に結合して DNA から離れないようになっている。このため PCNA は DNA クランプ（留め金）と呼ばれるタンパク質の一種である。損傷部位でこの DNA 複製装置が停止すると、PCNA にユビキチンと呼ばれる小分子が付加される（図 10.3b）。この小分子の付加がきっかけで、DNA 複製ポリメラーゼ Polδ および Polε が PCNA から離れ、代わりに損傷乗越え DNA ポリメラーゼ Polη が結合する（DNA ポリメラーゼ・スイッチと呼ばれる）。損傷乗越え DNA ポリメラーゼ Polη は塩基損傷で歪んだ DNA 構造を正しい構造に直す副え木の役割も果たし、また多少の異常塩基も読み込むことができるルーズな構造になっている。このようにして DNA 複製装置が損傷部位を乗越えた後に、再び正規の DNA 複製ポリメラーゼ Polδ および ε が戻ってきて通常の DNA 複製が再開する。

　ヒトの損傷乗越え DNA ポリメラーゼは現在までに 5 種類知られている。上記の DNA ポリメラーゼ Polη はシクロブタン型ピリミジン二量体の TT（チミン・チミン）に対して正しい AA（アデニン・アデニン）を常に合成できるので、ルーズな構造をしているが結果として誤りの少ない損傷乗越え DNA ポリメラーゼである。ただし、Polη が欠損すると他の誤りの多い損傷乗越え DNA ポリメラーゼが代用されるようで紫外線を照射した後の突然変異が増加する。喫煙やアフラトキシンによるグアニン付加体の損傷乗越え DNA 合成には別の損傷乗越え DNA ポリメラーゼ Polκ なども使われる。このように、塩基損傷の種類により DNA ポリメラーゼは使い分けられている。

なお、損傷乗越え DNA 合成により細胞死から逃れられたとしても、元々の DNA 損傷は取り除かれないで DNA 上に残っている。そのため厳密な意味では DNA 修復でなく損傷トレランス（耐性）と呼ばれる。

皮膚がんと色素性乾皮症

ヌクレオチド除去修復および損傷乗越え DNA 合成経路を欠如したヒト遺伝病は、それぞれ**色素性乾皮症**（Xeroderma pigmentosum）および色素性乾皮症バリアント（variant）として知られている。色素性乾皮症は日本人の出生 2 万 2000 人に 1 人という稀な遺伝病である。これらの患者では短時間の太陽光の照射により強い日焼けを起こし、その後に病名が示すような紅斑と色素沈着（図 10.3c）、ついで乾燥がみられ、最終的には太陽光にさらされた皮膚にがんの発生をみる。20 歳以下の患者では悪性の皮膚がん「メラノーマ」が健常人の 2,000 倍、非メラノーマの皮膚がんが 10,000 倍発生しやすい。患者における高頻度の皮膚がん発生から逆に、健常人の皮膚はヌクレオチド除去修復ならびに損傷乗越え DNA 合成経路により太陽紫外線から守られていることがわかる。

10.2 酸素毒性からDNAを守る

酸化による DNA 塩基損傷

生体エネルギーは細胞内のミトコンドリアで生成する、3 個のリン酸がアデニンに結合した、アデノシン三リン酸（ATP）分子として蓄えられる。この ATP 分子がリン酸 1 個と結合したアデノシン一リン酸（AMP）に分解するときのエネルギーを利用して生命活動が行われている。呼吸で取り込んだ酸素の 90% 以上がミトコンドリアでの ATP 分子の産生に使われるが、この時に酸素の 0.1〜0.2% が有害な**スーパーオキシドアニオン** O_2^- に変わる。酸素原子 2 個が結合した通常の O_2 は安定であるが、一方の酸素原子にある電子が 1 つ欠けたスーパーオキシドアニオンでは電子が軌道上に 1 個だけ存在して反応性が高くラジカルと呼ばれる（コラム 3）。酸素ラジカルはタンパク質を酸化して老化を促進するので、一般に体重あたりの酸素消費量が大き

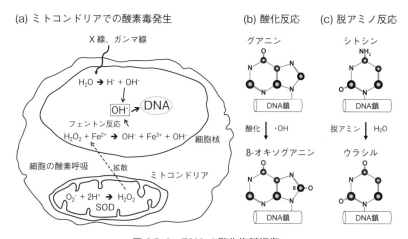

図 10.4　DNA の酸化塩基損傷
ミトコンドリアで発生した過酸化水素 H_2O_2 は細胞核に移動してフェントン反応で $OH^\cdot$ ラジカルを生成する (a)。$OH^\cdot$ ラジカルによる DNA 塩基損傷の中ではグアニンが酸化された 8-オキソグアニンがもっとも深刻な塩基損傷である (b)。シトシンの脱アミン反応で DNA 中にウラシルが発生する (c)。

い動物ほど寿命が短くなる。従って、体重あたりの酸素消費量の多いハエは短寿命である。しかし、酸素ラジカルを無毒化する酵素を導入するとハエの寿命が長くなる。このように、空気中の酸素は我々の成長や生存に伴うエネルギー産生に必須であるが、同時に生体内物質に障害を及ぼすので「酸素パラドックス」と呼ばれる。

通常、ラジカルは反応性が高く $10^{-12} \sim 10^{-6}$ 秒程度と短寿命であるので、ミトコンドリアで産生したラジカルがそこから離れた位置にある細胞核 DNA に直接届くことはない。それでも細胞核 DNA が酸素ラジカルから攻撃を受けるのは、ミトコンドリアで発生したスーパーオキシドアニオンがその分解酵素スーパーオキシドジスムターゼ（SOD）により安定な過酸化水素 H_2O_2 になるからである（図 10.4a）。この過酸化水素の大部分はさらにカタラーゼにより水と酸素に変換されて無毒化するが、一部はミトコンドリアから離れた細胞核 DNA に達する。細胞核に達した過酸化水素は金属イオン（Fe^{2+} など）とのフェントン反応により DNA 近傍で新たに $OH^\cdot$ ラジカルを発生さ

せる（図 10.4a）。

$$Fe^{2+} + H_2O_2 \rightarrow Fe^{3+} + OH^{\cdot} + OH^-$$

この OH˙ ラジカルにより、いくつかの DNA 塩基が酸化されて変異塩基に変わる。中でもグアニンの 8 位の炭素が酸化された **8-オキソグアニン**（8-Oxoguanine）は本来の対合相手であるシトシン（C）と同頻度にアデニン（A）とも結合できるので C → A への突然変異を高頻度に誘発する危険な DNA 塩基損傷である（図 10.1、図 10.4b）。8-オキソグアニンは細胞あたり 1 日に 400〜1500 個も自然発生する（表 10.1）。

塩基除去修復

DNA 中に発生した異常塩基は、**塩基除去修復**により除去される。初めに異常塩基と DNA 鎖の五炭糖との間の結合（N-グリコシド結合と呼ばれる）がグリコシラーゼにより切断される（図 10.5a）。続いてその上流（5' 側）と下流（3' 側）の DNA に切れ目が入り（それぞれの切断酵素は 5'AP エンドヌクレアーゼと dR ホスホジエステラーゼと呼ばれる）、五炭糖そのものが切除される。尚、8-オキソグアニン DNA グリコシラーゼのように 3' 側を切断する AP リアーゼ活性を有することもある。塩基除去修復がヌクレオチド除去修復と異なるのは、1）ヌクレオチド除去修復では 30 個程度のヌクレオチドが除去されるのに対して、塩基除去修復では損傷したヌクレオチドが 1〜2 個除去されるだけであり、2）ヌクレオチド除去修復では DNA 構造の歪みを認識するので 6-4 光産物もベンゾピレン付加体も同じ修復酵素を使うが、塩基除去修復ではそれぞれ異なる種類の塩基損傷に対して 11 種類もの固有のグリコシラーゼが働く点である。

例えば 8-オキソグアニンと糖の間の N-グリコシド結合の切断には 2 種類の修復酵素が働いている。OH˙ ラジカルの攻撃で発生した DNA 中の 8-オキソグアニンは 8-オキソグアニン DNA グリコシラーゼ（OGG1: 8-Oxoguanine DNA glycosylase）により除去される（図 10.5a）。また、既に 8-オキソグアニンと誤結合してしまったアデニンはアデニン DNA グリコシラーゼ（MUTYH: MutY Homolog）により除去される（図 10.5b）。OH˙ ラジカルは DNA に取り

Chapter 10 DNA塩基修復と生命

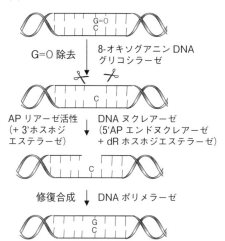
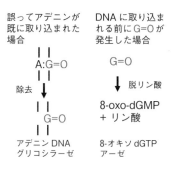

図 10.5　酸化塩基損傷の修復

塩基除去修復では初めに損傷塩基（8-オキソグアニン）が DNA 鎖から 8-オキソグアニン DNA グリコシラーゼにより切り取られ、次に DNA 鎖切断を経て DNA ポリメラーゼで 1～数塩基が修復合成される (a)。8-オキソグアニンと誤結合したアデニン、あるいは細胞質中の 8-オキソグアニンはそれぞれアデニン DNA グリコシラーゼと 8-オキソ dGTP アーゼにより除去される (b)。

「がん生物学イラストレイテッド、羊土社、2011」第 3 章 - 2（DNA 修復とゲノム不安定性、小松賢志）を参考に作成

込まれる前の細胞質中のグアニンも酸化するので、このままでは細胞質 8-オキソグアニンが本来のシトシンと結合するのに加えて、アデニンの結合相手として誤って DNA に取り込まれる恐れがある。そこで、加水分解酵素 8-オキソ dGTP アーゼ（MTH1: MutT Homologue 1）の働きで 8-オキソグアニンのリン酸 2 個を取り除くことにより、DNA への取り込みを未然に防ぐことができる（図 10.5b）。このように、8-オキソグアニンの変異性のために、3 種類もの酵素が細胞内で防御的に働くのは、それだけ酸素毒による突然変異が細胞にとって深刻な脅威であることを物語っている。

他方、DNA 塩基には化学反応を起こしやすいアミノ基（NH_3）やカルボニル基（$C=O$）などの官能基が結合しており、酸素ラジカルがなくてもその一部は自然に DNA 塩基損傷に発展する。例えば、シトシン（C）のアミノ

基は脱アミノ反応で容易にウラシルに変わる（図10.4c）。シトシンの脱アミノ反応によるウラシルの発生は1日に細胞あたり100〜500個にも達する（表10.1）。この脱アミノ反応は発生頻度が高いだけでなく、変異性も高い塩基損傷である。発生したウラシル（U）の化学構造はチミン（T）と似ているため、アデニン（A）との対合 U:A を許し、次の複製では T:A となり、初めの C:G から U:G および U:A を経て T:A へと変異していくことになる。そこで DNA 中に発生したウラシルはまずウラシル DNA グリコシラーゼ（UNG: Uracil DNA glycosylase）により N-グリコシド結合が切断され、続いてエンドヌクレアーゼと dR ホスホジエステラーゼにより 5' 側と 3' 側に切れ目が入れられ五炭糖が除去される。なお、ウラシルが RNA では用いられるが DNA で使われないのは、タンパク情報をコードするウラシルとシトシン脱アミノ反応で発生した損傷ウラシルとの区別を細胞ができなくなるためとされる。

発がんと塩基除去修復

　塩基除去修復は生存に必須であるので、この修復機構が欠損した遺伝病は報告されていない。しかし、OGG1 の遺伝子型が健常人と異なるヒトは肺がんや腎臓がんになる割合が高くなる。これは OGG1 の遺伝子操作で 8-オキソグアニン量が 5 倍に増加したマウスでは、正常のマウスの 5 倍の頻度で肺がんが発生することとよく一致する。同様に、MUTYH 遺伝子の操作マウスで消化管のがん、また MTH1 遺伝子操作マウスで肝臓がんや肺がんの増加がそれぞれ報告されている。

10.3　飲酒からDNAを守る

飲酒による DNA 塩基損傷

　我が国における大量飲酒者の多くはアルコール依存症としての所見の他に、肝がんや食道がんの高いリスクを背負っている。飲酒の量が1日平均1合以上2合未満のグループでは、がん全体の発生率が1.2倍に、1日平均2合以上のグループでは1.4倍に増加する。特に、食道がんの発生が高く、食道がんの大部分を占める粘膜上皮がんの 90% は飲酒が原因である。アルコール

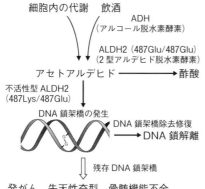

図 10.6 飲酒による DNA 鎖架橋
飲酒や細胞内代謝で発生したアセトアルデヒドの大部分は ALDH2 の働きにより酢酸に変わるが、一部のアセトアルデヒドは DNA 鎖間が架橋した DNA 塩基損傷を発生する (a)。このタイプの損傷は DNA 鎖架橋除去修復により除去されるが、遺伝的にこの修復経路が欠けた疾患として高発がん性のファンコニ貧血が知られている。フリードバーグらが示した患者の図では左手親指が欠損した先天性奇型症状が見られる (b)。

(b) E.C. Friedberg, et al., DNA Repair and Mutagenesis 2nd edit, ASM Press, 2006、867 頁 (color plate 10) より転載

は摂取されると、体内のアルコール脱水素酵素（ADH: alcohol dehydrogenase）の働きで有害なアセトアルデヒドに変わる。健常人の体内ではアセトアルデヒドはさらに **2 型アルデヒド脱水素酵素**（ALDH2: aldehyde dehydrogenase 2）により分解されて無害の酢酸になる（図 10.6a）。

日本人の 45% は ALDH2 活性が 1/100 に低下したアルコールに弱い体質を持っている。この体質は両親から受け継いだ 2 コピーの ALDH2 の 487 番目のアミノ酸が通常のグルタミン酸（Glu）「487Glu/487Glu」からその 1 つがリジン（Lys）に変化「487Lys/487Glu」していることに原因がある。この変異はヨーロッパ人には見られず、日本人や中国人、東南アジアの人々に特有である。この人達が週に 1 合以上酒を飲むと食道がんの発生が健常人の 5 倍に増加する。なお、両コピーのグルタミン酸がリジンに変わった人「487Lys/487Lys」は飲酒ができないために、むしろアルコール由来の食道がんになる

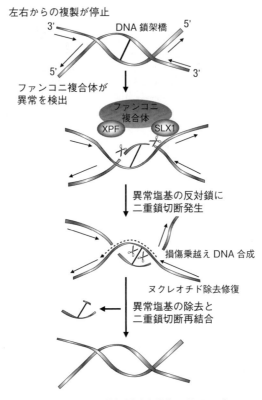

図 10.7　DNA 鎖架橋除去修復の分子モデル

DNA 鎖架橋除去修復では、初めにファンコニ複合体タンパク質が DNA 損傷を検出して、XPF/SLX4 複合体と SLX1 エンドヌクレアーゼが架橋された片方の DNA 鎖を切断して、架橋したままの DNA 鎖と DNA 二重鎖切断をつくる。架橋された DNA 鎖は一旦、損傷乗越え DNA 合成で修復合成され、やがてこの DNA 鎖架橋もヌクレオチド除去修復により取り除かれて修復合成が完了する。片方の DNA 鎖に発生した二重鎖切断も BRCA1 タンパク質などにより再結合する。

「がん生物学イラストレイテッド、羊土社、2011」第 3 章 - 2（DNA 修復とゲノム不安定性、小松賢志）を参考に作成

ことはない。

　アルコール飲酒により生ずるアルデヒドは、弱い水素結合で結ばれている DNA 二重鎖間を強固な共有結合で結びつける（図 10.1、図 10.6a）。この DNA 鎖架橋がある限り DNA 二重鎖は離れることができず、従って DNA 複

製ならびにタンパク質合成のための転写も行われない。そのためDNA鎖架橋が細胞内に修復されずに1個でも残存すると細胞死に至り重篤なDNA塩基損傷を引き起こす。アセトアルデヒドがもたらすDNA塩基損傷の修復機構は最近までよくわかっていなかったが、DNA鎖架橋除去修復で修復されることが明らかとなってきた。

DNA鎖架橋除去修復は、相同組換え修復と損傷乗越えDNA合成、そしてヌクレオチド除去修復の組み合わせでDNA鎖架橋を除去する（図10.7）。架橋部位の左側および右側の両側から進行してきたDNA複製はいずれもDNA鎖架橋部位で停止する。これをファンコニ（FANC: Fanconi anemia）タンパク質の複合体が認識して、架橋部位の片側のDNA鎖に3'側はXPF/SLX4エンドヌクレアーゼ複合体、5'側はSLX1エンドヌクレアーゼでそれぞれ切れ目を入れる（あるいは5'側にもXPFが働くとされる）。この時に複製中のDNA鎖の片側にDNA二重鎖切断が発生するので、放射線のDNA二重鎖切断と同じBRCA2（breast cancer susceptibility gene 2）タンパク質を中心とした相同組換え修復で再結合する（第4章69頁参照）。また、DNA鎖架橋が残っている反対側のDNA鎖は架橋が結合した状態で、損傷乗越え合成型のDNAポリメラーゼによるDNAの修復合成を行う。従って、この時点でまだ架橋結合が残っているので、このDNA鎖は次にヌクレオチド除去修復により切断除去し、続いて上記の損傷乗越え合成でできた新生鎖を鋳型にした修復DNA合成、最後に連結酵素のリガーゼがDNA鎖を結合してDNA鎖架橋除去修復が完了する。

DNA鎖架橋とファンコニ貧血

DNA鎖架橋除去修復のFANCタンパク質を欠如した遺伝病は**ファンコニ貧血**（Fanconi anemia）として知られている（図10.6b）。患者では骨髄機能不全により血球数全般が少なくなる汎血球減少や親指を中心とする奇形が見られる。平均8.3歳で診断が下されるために小児科で発見されることが多い。患者の発生率は出生35万人に1人である。ファンコニ貧血の患者細胞では制がん剤のマイトマイシンCが作るDNA二重鎖間の架橋を除去できずに致死になる。佐々木正夫（京都大学）が1975年にこの現象を報告したことが、

DNA 鎖架橋除去修復機構の発見につながった。

　しかし、DNA 鎖架橋除去修復が健常人の体内でどのような役割を果たしているのかについては長い間不明であった。近年、アルコール依存症の患児の症状がファンコニ貧血の患児の所見と臨床的に類似していることから、アルコール飲酒により体内に発生したアセトアルデヒドの一部が致死的な架橋を生じ、その除去に DNA 鎖架橋除去修復が働くことが明らかになった。また、アルコールを飲酒しない場合でも生体中に生じたアセトアルデヒドが致命的な DNA 鎖架橋を発生し、DNA 鎖架橋除去修復はそのために発達してきたと考えられる。ファンコニ貧血患者での発がん率は、飲酒をしなくても、健常人の 15,000 倍も高いことが知られている。このことは自然発生の DNA 鎖架橋が我々の体内で常に発生していることを示している。

10.4 DNAの複製ミスを正す

誤った DNA 塩基の取り込み

　DNA 複製ポリメラーゼはアデニンに対してチミン、そしてシトシンに対してグアニンと対合する塩基を正確に取り込む必要がある。しかし、複製の際に DNA ポリメラーゼ Polδ および ε が間違いを起こしてマッチしていない不対合（**ミスマッチ**）塩基を取り込むことがある（図 10.1）。このため、多くの DNA ポリメラーゼ（損傷乗越え DNA ポリメラーゼを除く）には、DNA を合成する能力に加えて、間違った合成をやり直す校正機能が付属している。この校正機能のおかげで、DNA 合成の精度は、この機能がない場合に比べて 1000 倍ほど高くなる。それでも 10^7 塩基の合成のうち 1 回ほどの確率で誤った合成が行われるので、このままでは細胞あたり 3×10^9 個の塩基からなるヒトゲノムの DNA 複製で 300 個ほどの突然変異が発生する計算になる。ミスマッチは点突然変異を起こしてがん化を引き起こす原因になる。このような DNA ポリメラーゼの校正機能でも取り残されたミスマッチ塩基を正しく修復するのがミスマッチ修復である。この機能によって細胞は DNA 複製の際の突然変異を $10^9 \sim 10^{10}$ 個に 1 個の割合まで減少させることができる。

Chapter 10 DNA 塩基修復と生命

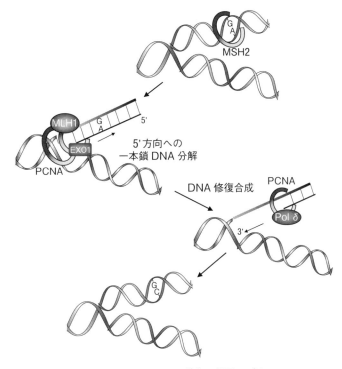

図 10.8　ミスマッチ修復の分子モデル
DNA 複製過程でできたグアニン(G) - アデニン(A)のような誤対合（ミスマッチ）は MSH2 タンパク質で検出され、続いて MLH1 タンパク質が呼び寄せられる。MLH1 は誤った結合がグアニンかアデニンかを見極めるために DNA 複製装置の PCNA まで戻り、新生鎖（図の細線部分）を認識する。続いて、誤ったアデニンを含む新生鎖を EXO1 エキソヌクレアーゼで分解、その後に再合成を行ってミスマッチ修復が完了する。

　　Jiricny, J. The multifaced mismatch-repair system. Nat. Rev. Mol. Cell Biol. 7:335-346, 2006. を
　　参考に作成

ミスマッチ修復

ミスマッチ修復は塩基のミスマッチによる DNA 構造の歪みを認識して修復を開始する（図 10.8）。初めに、DNA を挟む構造をしたクランプ（留め金）様タンパク質 MSH2（MutS homolog 2）がミスマッチ（図ではシトシンの代わりに誤ってアデニンが G/A の誤対合）を認識して、DNA に切れ目を入れ

るエンドヌクレアーゼ活性を有する MLH1（MutL homolog 1）タンパク質をミスマッチ部位に呼び寄せる。しかし、この状況ではミスマッチを起こした新生鎖がアデニンとグアニンが結合した2本のDNA鎖のどちらかは不明である。そこで MSH2 と結合した MLH1 複合体は DNA 複製中の PCNA まで移動して、そこで新生鎖を認識してエンドヌクレアーゼ活性（コラム 4）を有する MLH1 がアデニンと結合した新生鎖に切れ目を入れ、さらに EXO1（Exonuclease I）エキソヌクレアーゼがこの切れ目を起点として、ミスマッチが起こった DNA 新生鎖をミスマッチ部位まで 5'→3' 方向に分解する（図10.8）。この時、MSH2/MLH1/PCNA 複合体に EXO1 エキソヌクレアーゼが結合して不対合塩基 G/A まで一緒移動する。続いて DNA 複製ポリメラーゼと再度結合した PCNA による DNA 再合成で修復が完了する。

家族性大腸がんとミスマッチ修復

　ミスマッチ修復に異常をきたすと突然変異が起こりやすくなり、がん化が促進される。遺伝的にミスマッチ修復タンパク質 MSH2 と MLH1 に異常のある**遺伝性非ポリポーシス大腸がん**（HNPCC: Hereditary non-polyposis colorectal cancer）患者の 80% が大腸がんに、また女性では 30〜50% が子宮内膜がんを発症する。それぞれの平均発症年齢は大腸がんが 44 歳、子宮内膜がんが 46 歳になる。これは健常人の平均がん発症年齢 64 歳と比べて非常に早い発症である。HNPCC に起因する遺伝性の大腸がんは我が国の大腸がん発生の 0.15% から 2% と推定される。

10.5 放射線によるクラスターDNA損傷

酸素ラジカルにより DNA 塩基損傷が作られる

　第 1 章で述べたように、X 線や γ 線のような低 LET 放射線は OH・ラジカルを介した間接効果で DNA 二重鎖切断を誘発する（図 10.4a）。OH・ラジカルは DNA 鎖切断以外にも、DNA 塩基を攻撃してさまざまな塩基損傷を生成する。例えば、チミン水酸化物の生成、塩基そのものの欠失（脱塩基部位）、10.2 節で示した突然変異誘発能の大きい 8-オキソグアニン生成などの塩基

Chapter 10　DNA 塩基修復と生命

表 10.2　1 Gy の放射線照射により発生する細胞内のさまざまな DNA 損傷

DNA 損傷の種類	発生数
塩基損傷	1,000
脱塩基部位	500
DNA 一重鎖切断	1,000
DNA 二重鎖切断	40
DNA 鎖架橋	150

Ward JF. The yield of DNA double-strand breaks produced intracellularly by ionizing radiation: a review.Int J Radiat Biol. 1990 Jun;57(6):1141-50 を参考に作成

損傷も引き起こす。また、10.3 節で触れた DNA 架橋や DNA-タンパク質の架橋も生ずる。1 Gy の放射線照射で 1 個の細胞に、チミン損傷や 8-オキソグアニンなどの塩基損傷、塩基が欠失した脱塩基部位、DNA 一重鎖切断、それに DNA 鎖架橋がそれぞれ 1000 個、500 個、1000 個、150 個生ずる（表 10.2）。これらの DNA 塩基損傷の発生頻度は DNA 二重鎖切断の 50 個に比較して非常に多いことがわかる。しかし、放射線照射後に発生する突然変異は、これらの塩基損傷に由来する点突然変異ではなく、DNA 二重鎖切断に由来する欠失突然変異である（解説 1 参照）。また、DNA 塩基損傷の修復機構を欠いた細胞はマイトマイシン C などに高い感受性を示しても、放射線高感受性になる証拠は今までにない。これらのことから塩基損傷の発生が確定的影響や確率的影響などの放射線障害に直接影響することはないと見なされる。もちろん DNA 塩基損傷は細胞に有害であるが、放射線被ばくでは、DNA 二重鎖切断という深刻な DNA 損傷に覆い隠されてしまうようである。

放射線に特有なクラスター DNA 損傷

放射線で発生した DNA 塩基損傷の多くは、それぞれの修復タンパク質の働きにより速やかに除去される。しかし、放射線で作られた DNA 塩基損傷の一部は、環境変異原で作られた損傷よりも除去されにくい性質がある。低 LET 放射線の γ 線（第 1 章 15 頁参照）で発生した 8-オキソグアニンの 80% は塩基除去修復により取り除かれるが、残りの約 20% が 24 時間経過しても除去されずにそのまま残っている（図 10.9）。これら除去されない 8-オキソ

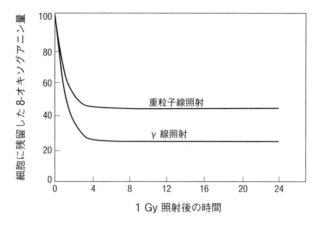

図 10.9　修復されにくいクラスター DNA 損傷

グアニンの酸化は放射線照射により発生した OH・ラジカルでも起こる。放射線照射による 8-オキソグアニンは局所的に複数発生してクラスター DNA 損傷を形成する。クラスター DNA 損傷は重粒子線照射でより多く発生する。

Rahmanian S. et al., Radiation induced base excision repair (BER): a mechanistic mathematical approach. DNA Repair (Amst). 22:89-103, 2014. を参考に作成

グアニンの近くには DNA 二重鎖切断が存在することもわかっている。

放射線は局所的に電離を起こして狭い空間に DNA 塩基損傷と DNA 鎖切断を同時に発生することが、修復されにくい DNA 塩基損傷を生み出す原因である。狭い範囲に高密度に電離を起こす高 LET 放射線の重粒子線ではもっと顕著で、除去されない 8-オキソグアニン量が 40% までに増加する（図 10.9）。このように局所的に複数の DNA 塩基損傷と DNA 二重鎖切断が混在する損傷を**クラスター DNA 損傷**（clustered DNA damage）と呼ぶ。局所的の具体的な範囲についての定義はないが、大まかにはらせん状の DNA 鎖が 1 回転（10 塩基対）する距離 3.4 nm あるいは 2 回転（20 塩基対）の距離 6.8 nm 程度である。これに対して、環境変異原による DNA 塩基損傷は 6×10^9 塩基のヒト DNA 全体に広範囲にわたってほぼ均一に起こるのでクラスター損傷に発達することはない。クラスター DNA 損傷は局所的に電離を起こす放射線に特有な現象であり、また、その発生が放射線の DNA 二重鎖切断の修復を複雑で一層有害なものにしている可能性がある。

Chapter 11

放射線DNA修復と生命

> レントゲンが人類最初の放射線を発見したとき既に、我々の体内に放射線DNA修復経路が存在していたことは驚きである。ここでは放射線DNA修復機構の本来の役割を紫外線損傷と比較しながら考え、その生物進化に果たした役割および近年明らかになった健康維持システムに組み込まれた放射線DNA修復タンパク質について述べる。

11.1 DNA二重鎖切断修復の起源

　1869年にミーシャが発見したDNA（コラム12）は、ダーウィンが予想した"粒子"の形状ではなく、五炭糖がリン酸結合を介して数十億回繰り返された糸状の長い構造であった（図4.5）。ヒト細胞のように総延長2mにも達する糸状DNAを守るためにDNA二重鎖切断修復を獲得したのは必然的な出来事だっただろう。この放射線DNA修復の起源は、太陽由来の紫外線がヌクレオチド除去修復を進化させたのと違って、細胞が作り出す内在性のDNA二重鎖切断に対する防御であったと思われる。

地球生物と太陽紫外線

　地上に降り注ぐ太陽光中の有害な紫外線は今でこそわずかであるが地球が誕生した約46億年前にはもっと多く、生命が生きる地球環境ではなかった

と推測される（図11.1）。このため生命は有害な太陽紫外線をブロックできる太古の海（現在の海水とは組成が異なる）の中で誕生したとされる。有害な太陽紫外線はその後も生命の地上進出に立ちはだかったが、35億年前にシアノバクテリアが誕生したことで状況は一変した。シアノバクテリアが海中で酸素合成を始めると、地球上の酸素濃度が数億年の歳月を経て徐々に増加した。やがて成層圏に達した酸素の一部は太陽紫外線により原子状酸素に解離して、$O + O_2 \rightarrow O_3$ の化学反応で**オゾン**の発生を見るようになった（図11.1）。オゾンは生命に有害な紫外線を効率良く吸収するので、この偶然に

Column 12 — 同時代の先駆者ダーウィン、メンデル、ミーシャ

　我々の住む世界は陸にも海にも多種多様な生物が生息し、空にも色とりどりの鳥や昆虫が飛んでいる。これは多様な生命が数十億年の歴史で徐々に進化してきた結果であることを、1859年にダーウィン（Charles Darwin）は『種の起源』を著して明らかにした。しかし、多様性がどのように後の世代に広がっていくのかの説明はなされなかった。その後10年以内にこれらの問いの答えにつながる遺伝の法則やDNAの発見があったが、ダーウィンがそれを知ることはなかった。遺伝の原理は、同時代に生きたメンデル（Gregor J. Mendel）による優性と劣性の二つの遺伝因子（Mendelは指標"Merkmal"と呼んだ）を想定するメンデルの法則（1865年）によって初めて説明可能となったが、遺伝因子の実体は依然として不明であった。ミーシャ（Friedlich Miescher）は、ダーウィンやメンデルと違って顕微鏡を用いて細胞を研究する細胞生物学者であった。細胞核の成分を明らかにしようとしていた彼は、負傷した兵隊の傷口を覆う包帯に付着している膿を材料に研究した。膿に含まれる白血球の残骸から細胞核を取り出し、その中にDNAが存在することを1869年に報告した（当時はヌクレインと命名）。その後、1934年にDNAが生体高分子であることがわかった。また、1944年にはアベリー（Oswald T. Avery）によりDNAが遺伝物質であることの実験的証明がなされた。さらに、1953年にワトソン（James D. Watson）とクリック（Francis Crick）によりDNAの二重らせん構造が明らかになり、DNAに刻まれた遺伝子が現代の分子生物学の中心的研究課題として受け継がれていった。

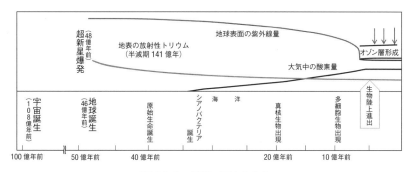

図 11.1　地球の歴史と生命
原始地球では有害な太陽紫外線を避けるために生物は海水中に生息していた。やがて、シアノバクテリアが作り出す酸素からオゾン層が形成されると陸上への進出が可能になった。

より生命が紫外線量の低下した陸上に進出することができたとされる。この結果、陸上には 5 億年前頃にシダ植物が水際に沿って進出、そして 3 億 6000 万年前には両生類が誕生して、爬虫類、鳥類、ほ乳類へと陸上で進化を遂げることができた。

　紫外線は有害であるが、他方でヒトの骨格形成にも有用である。ヒトの皮膚に存在する 7-デヒドロコレステロールは紫外線を吸収してプレビタミン D に分解し、それがさらに肝臓・腎臓での代謝を経て腸におけるカルシウム吸収を促し尿へのカルシウム排出を抑えるビタミン D へと変わる。従って、日光（太陽紫外線）が不足するとくる病など骨の形成に異常をきたす。図 11.2a は 2008 年に京都で生まれた新生児 1120 人の頭蓋ろうの調査報告である。頭蓋ろうは骨形成が遅れることによって起こる症状であり、患者の頭骨を軽く押すとへこむという特徴がある。発生には季節変動があり、最も発生頻度が高い 5 月ではその月に生まれた新生児の 3 割にこの症状が見られた。12 月生まれの 2 倍の頻度である。5 月に生まれた子供は胎児の期間の大部分を日照時間の少ない冬季間に過ごすために、母親の日光浴不足によるビタミン D 欠乏が起こりやすいのが原因である。

　太陽紫外線量は地球の緯度が高くなれば少なくなるので、北欧に住む人々

第4部 生命とDNA修復

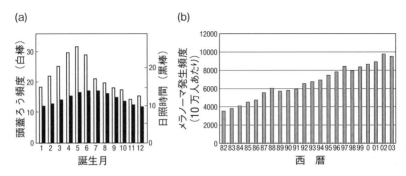

図11.2 頭蓋ろうの季節変動とオーストラリアでの皮膚がん発生頻度

京都の4月〜6月に生まれた子供の頭蓋ろう（頭骨形成の遅れ）の発生頻度が高いのは、冬期間に母親の胎内で育つと母親の紫外線不足でビタミンDが不足してカルシウム吸収が低下するからである(a)。色素の少ない白人は太陽紫外線の影響を受けやすい。オーストラリアに移住した白人のメラノーマ皮膚がんは、南極のオゾン層が破壊され始めた1982年頃から顕著に増加した(b)。

(a) Yorifuji J. et al., Craniotabes in normal newborns: the earliest sign of subclinical vitamin D deficiency. J Clin Endocrinol Metab. 93:1784-8, 2008. を参考に作成、(b) Skin cancer in Australia, Australian Institute of Health and Welfair, 2007. <http://www.aihw.gov.au/WorkArea/DownloadAsset.aspx?id=60129555783> を参考に作成

はビタミンD_3生産のために皮膚の色素が抜けて太陽紫外線を多く浴びられるように変化したと考えられている。ヨーロッパ人では1万2000年前〜6000年前に色素細胞に変異が生じてメラニン色素産生機能が失われた。この白い肌のヨーロッパ人がオーストラリアに移住を始めたのは1787年以降である。南極大陸上空のオゾン層の破壊が始まった1980年代前半から、移住先のオーストラリアで紫外線量の増加とともに皮膚がんが増加していることがわかる（図11.2b）。

このように、太陽紫外線は太古から現代にいたるまでDNA障害の原因になるが、その一方でビタミンD_3産生などの有益効果もある。太陽紫外線の恩恵を受けながら、有害効果を最小限にするために生命が選択した解決策が、ヌクレオチド除去修復および損傷乗越えDNA合成の修復機構の獲得だったのである（第10章207頁参照）。

地球生物と放射線

　DNA 鎖の切断には、一重鎖切断に 20 eV、二重鎖切断に 200〜400 eV のエネルギーが必要である（第 3 章 51 頁参照）。紫外線の光子エネルギーは 3.1〜4.4 eV にしかならないので、紫外線が DNA 二重鎖を直接切断することはない。しかし、紫外線よりもさらにエネルギーの高い（波長の短い）電磁波である X 線および γ 線は、DNA 二重鎖切断を起こすのに充分なエネルギー 2000〜5000 eV/μm を生体に与える。とくに、X 線や γ 線の飛跡末端で生成するエネルギー 5000 eV 以下の電子は高い効率で DNA 二重鎖切断を引き起こす。実際に、X 線や γ 線の 1 Gy の被ばくにより 40〜50 個の DNA 二重鎖切断が発生する（表 10.2）。X 線や γ 線による DNA 鎖の切断は染色体の切断につながるため DNA 二重鎖切断が 1 個でも存在すると染色体欠失や細胞分裂の失敗による細胞死を招くことになる（第 7 章 136 頁参照）。また、細胞分裂の失敗で余分な染色体が取り残された状態で生き残っても、染色体数が通常よりも多い染色体異数性は発がんの原因になることが知られている。一般に DNA は安定な分子と見なされているが、このように DNA が糸状構造をしていることが生命を電離放射線に対して極めて脆弱なものにしている。

　太陽からの紫外線にみられるように、太陽では現在でも原子核反応が継続しているし、遠く離れた宇宙での超新星爆発により発生した銀河宇宙線が地球にも到達する。しかしながら、現在の太陽粒子線を含む宇宙放射線による地表での被ばくは 1 日あたりわずか 0.001 mSv（年間 0.35 mSv）である。これは宇宙放射線の一部が地球磁場によりコースを曲げて地球への突入を逸らされ、また地球へ突入してきた宇宙放射線も地球大気と衝突して拡散・吸収されるため、地表に到達する量が大幅に減少するからである。地球上で生活している限り、このような地球磁場や 10 m の水層に匹敵する分厚いシェルターとしての地球の大気により今も昔も生命は放射線から守られているのである（第 14 章 301 頁参照）。

　ヒトの細胞 1 個に DNA 二重鎖切断を 1 個引き起こすには平均 20 mSv の放射線量が必要であるので（表 10.2）、大地放射線など他の自然放射線を合計しても 10 年間にわずか 1 個の DNA 二重鎖切断が起こるにすぎない。生命が単細胞から進化したとしたら、この程度の DNA 二重鎖切断で死ぬ細胞

数は単細胞の増殖により容易に補うことができるはずであり、DNA 修復を必要とする理由にはならない。1 個の細胞に 1 日あたり 10 万個の DNA 塩基障害を引き起こして細胞死を招く太陽紫外線と 10 年かけても 1 個の損傷を与えるにすぎない電離放射線では、それぞれの修復機構の成り立ちに与える影響が大きく異なっても不思議でない。

DNA 二重鎖切断修復タンパク質の起源

相同組換え修復や非相同末端再結合といった放射線 DNA 修復機構は、生命進化のどの段階で獲得されたのだろうか。同じタンパク質ファミリーに属するヒト DNA 修復因子の ATM、ATR、DNA-PKcs の中で、ATR と ATM は相同組換えに、そして DNA-PKcs は非相同末端再結合に働く（第 4 章 71 頁参照）。ATM や ATR に相当するタンパク質は酵母に TEL1 や MEC1 として存在するが、非相同末端再結合に関わる DNA-PKcs に相当するタンパク質は酵母に存在しない。それでも、同じく非相同末端再結合に関わるタンパク質 Ku（Ku70/80）や連結酵素リガーゼⅣは酵母に存在するので、ヒトの非相同末端再結合経路の起源は、少なくとも酵母との共通祖先の単細胞時代に始まったと思われる。また、DNA 二重鎖切断修復の主要因子である NBS1 複合体（第 4 章 69 頁参照）の起源をたどっても結果は同じである。ヒト MRE11/RAD50/NBS1 タンパク質複合体の成分 RAD50 は、特徴的な V 字型構造をとって MRE11 ヌクレアーゼと結合する（図 11.3）。枯草菌の修復タンパク質 SbcC も、MRE11 に相当する SbcD と結合して SbcC/D 複合体を作る。ただし、NBS1 に相当するタンパク質はこの枯草菌 SbcC/D 複合体には存在せず、酵母で XRS2 として初めて出現する。このような違いはあっても、MRE11/RAD50/NBS1 タンパク質複合体の起源は枯草菌（細菌）との共通祖先までその起源を遡ることができると言えるだろう。このようにいずれの放射線 DNA 修復機構も単細胞時代に既に存在していたと思われる。

放射線以外の原因による DNA 二重鎖切断

それでは宇宙放射線など環境放射線以外に、DNA 二重鎖切断修復を必要とした理由があるのだろうか。電離放射線と紫外線の大きな違いとして、前

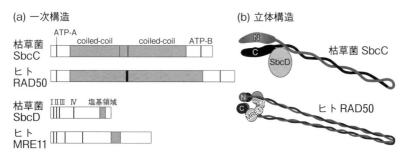

図 11.3　MRE11 および RAD50 タンパクの進化

枯草菌の SbcC/D タンパク質はタンパク質の一次構造 (a) および立体構造 (b) ともに RAD50/MRE11 と良く似ていることから、RAD50/MRE11 の DNA 二重鎖切断の基本的な修復機能は既に枯草菌との共通祖先に存在したと考えられる。

(a) は Mascarenhas J. et al., Bacillus subtilis SbcC protein plays an important role in DNA interstrand cross-link repair. BMC Mol Biol. 16:20, 2006. と Hopfner KP. et al., Structural biochemistry and interaction architecture of the DNA double-strand break repair Mre11 nuclease and Rad50-ATPase. Cell. 105:473-85, 2001. を参考に作成

者は容易に DNA 鎖を切断できるが、エネルギーの低い紫外線は DNA 二重鎖切断を直接生成できないことを既に述べた。しかし、紫外線でできたシクロブタン型ピリミジン二量体は、ヌクレオチド除去修復で取り除かれる過程で DNA ヌクレアーゼ（XPF や XPG）により容易に DNA 一重鎖の切断を受ける（図 10.3）。もし、シクロブタン型ピリミジン二量体 2 個がごく近傍に発生したなら 2 個の一重鎖切断から DNA 二重鎖切断が生成するはずである（図 11.4a）。また、このような DNA 一重鎖切断がたとえ 1 個でも、もし DNA 複製中に起こればやはり DNA 二重鎖切断へと導かれる（図 11.4b）。前者の経路では紫外線量が多いほど DNA 二重鎖切断が多くなり、後者の経路では少量の紫外線被ばくでも二重鎖切断が起こる可能性がある。このことは、DNA 複製期（図では S 期）での DNA 二重鎖切断は紫外線量 10 J/m^2 で高頻度に起こるが、DNA 複製期以外（図では G1 期）では紫外線量とともに増加することと一致している（図 11.4c）。もし、太陽紫外線による塩基損傷のヌクレオチド除去修復が原因であれば、DNA 二重鎖切断の生成は皮膚細胞に限定されるはずである。このような細胞内 DNA ヌクレアーゼによる DNA 二重鎖切断は、身体のあらゆる細胞中で、酸素毒による塩基損傷の修復や細

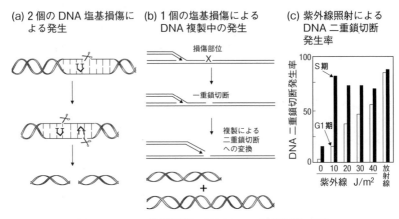

図 11.4 DNA 塩基損傷による DNA 二重鎖切断の発生

DNA 修復過程で発生する 2 個の DNA 一重鎖が近傍に発生した場合は二重鎖切断に発展する (a)、また DNA 複製中に起こった DNA 一重鎖切断は単独でも二重鎖切断に発展する (b)。DNA 複製中（S 期）はわずかな紫外線量でも DNA 二重鎖切断が起こるが、G1 期の紫外線損傷から DNA 二重鎖切断に発展するにはより多くの紫外線損傷が必要である (c)。

(c) 柳原啓見、小松賢志の未発表データ

胞内アルデヒドに起因する塩基損傷の修復（第 10 章参照）の際にも発生する。このような内在性要因による二重鎖切断をここでは**内在性 DNA 二重鎖切断**と呼ぶことにする。

　内在性 DNA 二重鎖切断はいったいどのぐらい発生するのだろうか。これについてクヌードソン（Alfred G. Knudson、第 6 章 110 頁も参照）らは姉妹染色分体交換頻度から発生数を推定している。体細胞では、二倍体の親細胞が有糸分裂により二つの娘細胞となり、この分裂を繰り返すことにより細胞が増殖する。この時、DNA 合成期に複製された染色体は、2 個の姉妹染色分体の間で組換えを起こすことがある（姉妹染色分体交換と呼ばれる）。この場合、新しく合成された姉妹染色分体に DNA 二重鎖切断が起こって、姉妹染色分体交換が開始される。姉妹染色分体交換は 1 個の正常な細胞で全染色体を通じて 5 回程度起こっているとされる。クヌードソンらは相同組換え修復に関連する BLM 遺伝子が変異したブルーム症候群（Bloom syndrome）

患者細胞では姉妹染色分体交換が50回程度起こることに着目して、主に相同組換え修復で再結合するので正常細胞では検出できないが、細胞が1回増殖するたびに50個の内在性DNA二重鎖切断が発生していると見積もっている。これは自然放射線によるDNA二重鎖切断の頻度、10年に一度よりもはるかに高い。したがって、このような内在性DNA二重鎖切断が生命にDNA二重鎖切断修復経路を必要とさせた可能性が高い。

11.2 進化を促進したDNA修復機構

ダーウィンの自然選択説は生物進化を見事に説明したが、生物の特徴的な性質がどのようにして発生して、選択されたかについての具体的な説明はなされなかった。ここでは生物の性質の起源となるDNA突然変異の発生、および自然選択を促進する遺伝的組換えと、DNA修復機構との関連を述べる。

突然変異の起源としての損傷乗越えDNA合成

通常のDNA複製ポリメラーゼPolδおよびPolεは異常塩基があると読込みができず細胞死につながる。そこでこれらに代わって働くのが誤りの多い損傷乗越えDNAポリメラーゼPolηである（第10章209頁参照）。Polηの仲間は生物種を通じて保存されており（YファミリーDNAポリメラーゼと呼ばれる）、大腸菌ではumuCを成分とするポリメラーゼ（umuCポリメラーゼ）が相当する。大腸菌のumuCポリメラーゼには二つの役割があり、その一つはDNA塩基損傷が発生した時にDNA修復合成により細胞の生存率を上げることである。もう一つの役割は、umuCポリメラーゼの誤りの多い性質を利用して突然変異（特に配列中の一つのアミノ酸が他のアミノ酸に変わる点突然変異）の発生率を一時的に上昇させることである。通常の状態では突然変異の発生は避けなければならないので、リプレッサー（LexA）がumuC遺伝子の上流に働いてタンパク質が発現しないように抑えている。しかし、DNA塩基損傷が発生するとリプレッサーが破壊され、umuCポリメラーゼの発現量が増加する。この大腸菌の反応は非常事態の信号SOSになぞらえて**SOS修復**と呼ばれる。

第 4 部　生命と DNA 修復

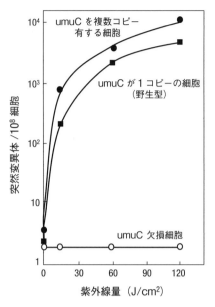

図 11.5　SOS 修復による突然変異発生

ヒトの損傷乗越えポリメラーゼ Polη に相当する大腸菌 SOS 修復の umuC ポリメラーゼを欠損すると紫外線による突然変異が大幅に減少する。逆に umuC ポリメラーゼを増やすと突然変異が増加することから、突然変異が umuC ポリメラーゼにより作り出されていることがわかる。

Elledge SJ, Walker GC, Proteins required for ultraviolet light and chemical mutagenesis. Identification of the products of the umuC locus of Escherichia coli. Journal of Molecular Biology 164:175-192, 1983. を参考に作成

　umuC ポリメラーゼの発現が突然変異の原因になることは、umuC 遺伝子の破壊により SOS 修復が起こらなくなり、その結果として紫外線による突然変異が非照射細胞のレベルまで低下することからわかる（図 11.5）。逆に umuC ポリメラーゼを過剰に発現させた大腸菌では突然変異発生率が野生型大腸菌よりも高くなる。このような SOS 修復による突然変異の増加は、個々の細胞にとっては有害になるが、遺伝的多様性を上昇させることで、集団が環境変化に適応してうまく生き残れる可能性を高めるので長期的に見れば有利になると考えられる。損傷乗越え DNA ポリメラーゼによるこのような点突然変異の発生は、環境への適者生存を経て生物進化に貢献してきたのである。

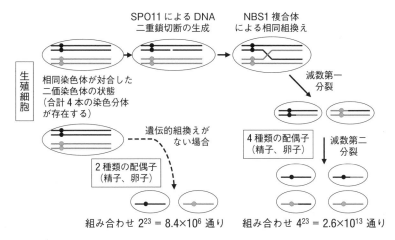

図 11.6 相同組換えによる遺伝的多様性
減数分裂の際に起こる相同染色体間での遺伝的組換え（乗り換えや交叉とも呼ばれる）は、組換えのない場合と比較して遺伝的多様性を約 1000 万倍増加する。この組換えは、DNA 二重鎖切断と同じように NBS1 タンパク質複合体により行われる。

相同組換えと遺伝的多様性

　生物進化を促進したと思われる点突然変異は放射線ではほとんど発生しない（解説 1 参照）。このため放射線 DNA 修復が突然変異誘発を介して生物進化に貢献したとは考えにくく、むしろ自然選択を有利に進めるための遺伝的多様性の獲得を促進したであろうと思われる根拠がある。高等生物の遺伝的多様性は有性生殖によって行われる。卵や精子をつくる生殖細胞では、二倍体の親細胞が減数分裂をして一倍体の配偶子（精子や卵）を形成する。減数分裂では、有糸分裂と同様に相同染色体の複製が一旦行われ、4 本の姉妹染色分体ができる。減数分裂に先立って、4 本の姉妹染色分体が対合（二価染色体と呼ばれる）した後に、減数第一分裂そして減数第二分裂と続き、染色体が 4 個の娘細胞（配偶子）に分配される（図 11.6）。このとき染色体が 1 種類で雄と雌由来の 2 本の相同染色体しかないとすると配偶子の染色体の組み合わせは雄の染色体か雌の染色体のいずれかで $2^1 = 2$ 通りしかない。しかし、ヒトの染色体は 23 種類（対）あるので、配偶子での染色体の組み合

わせは全体で $2^{23} = 8.4 \times 10^6$ 種類できることになる。

　実際の減数分裂では、姉妹染色分体が対合（二価染色体）した時に組換えが起こる。この姉妹染色分体の**遺伝的組換え**は乗換えあるいは交叉とも呼ばれる。もし、減数分裂中に1個の染色体につき1回の組換えを起こすとすると、配偶子の染色体は2種類でなく4種類となり、その組み合わせは $4^{23} = 2.6 \times 10^{13}$ 種類になる（図11.6）。これは組換えが起こらない場合の1000万倍（$2.6 \times 10^{13} / 8.4 \times 10^6 \cong 10^7$）の種類の配偶子ができる計算である。このように遺伝的組換えにより、一卵性胎児以外には遺伝的に同じ個体が生じえないほどの遺伝的多様性が確保される。雄と雌のゲノムが混じり合ってできる遺伝的に多様な子孫が、予測不能な環境変化に適応することを可能にするのである。

　減数分裂の遺伝的組換えはSPO11（Sporulation-specific protein 11）と呼ばれるエンドヌクレアーゼがDNA二重鎖切断を作ることから始まる。図11.6では二価染色体の形成時に、1本の染色分体にSPO11ヌクレアーゼによるDNA二重鎖切断が起こり、これがNBS1複合体により一本鎖に削られ、切断端の一本鎖が姉妹染色分体の同じ配列のDNAに侵入、それを鋳型にしてDNA合成が行われる。このように、最初のDNA二重鎖切断の発生方法こそ異なるが、放射線で起こる相同組換え修復と同じ機構で遺伝的組換えが進行する。実際、NBS1を欠損したナイミーヘン症候群患者は、遺伝的組換えを介した減数分裂の異常が原因の不妊を示す。相同組換えタンパク質は減数分裂を行わない細菌にも存在することから、有性生殖を行う高等生物が相同組換え経路を遺伝的組換えに転用したと考えられる。

11.3　健康維持に働く修復タンパク質

免疫多様性と非相同末端再結合

　ウイルスや細菌に感染すると病気になるが、多くは数日のうちに終息する。これは外来抗原のウイルスや細菌などに対して我々の身体の免疫系が抗体を産生するからである。抗体の種類は恐ろしく多様で、一説によると1億（10^8）種類の抗原に対応できると言われる。我々の細胞にある遺伝子は2万個程度

(a) VDJ 組換え

第14番染色体に存在する
抗体H鎖を産生するDNA領域

(b) 抗体構造

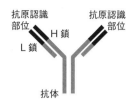

(c) 組み合わせの種類

ヒトVDJ遺伝子数

	V	D	J
V_H	51	27	6
V_L	40	0	5

組み合わせの種類
51×27×5×6×5×40×5×5＝2億

図11.7 修復タンパク質による免疫多様性

多数の抗原に対応できる抗体産生は、ヒトでは7番および14番染色体に存在するV、D、J領域のDNAを切断そして再結合で組み換えるVDJ組換えで行われる。VDJ組換えの再結合にはDNA二重鎖切断の非相同末端再結合と同じタンパク質が使われる(a)。抗体にはH鎖とL鎖があるので(b)、理論上はVDJ組換えの結果、2億種類もの抗体産生が可能である(c)。

と言われているので、どのようにして多様な抗体を産生するか長い間不明であった。この問題を解決したのが、利根川進による**VDJ組換え**モデルである。例えば、第14染色体に存在する抗体H鎖の産生領域は、約51個のV領域断片、27個のD領域断片、6個のJ領域断片から構成されている（図11.7a）。それらV、D、J領域から1個ずつ連結するときの組み合わせは51×27×6通りである。また、連結する時に連結部位に変異が起こることが知られているので、その変異が5通りとすると51×27×5×6×5通りとなる。抗体はH鎖とL鎖からできており、L鎖でも多様性が生じる（図11.7b）。L鎖では約40個のV領域断片、0個のD領域断片、5個のJ領域断片から構成されているので、H鎖とL鎖からなる抗体全体では51×27×5×6×5×40×5×5=2億種類の抗体を準備できる計算になる（図11.7c）。

この免疫組換えで注目すべきは、ゲノムDNA二重鎖自体が切断され、そ

れが再結合して組換えが起こることである。この DNA 二重鎖切断は RAG1/2 というヌクレアーゼにより誘導されるが、再結合には放射線誘発の DNA 二重鎖切断の修復時と同じ非相同末端再結合が使われる。すなわち、最初に Ku70/80 複合体が DNA 二重鎖切断に集合して、DNA-PKcs キナーゼを活性化、そして他のタンパク質を切断部位に呼び寄せて最後に DNA 連結酵素のリガーゼⅣで再結合する（図 11.7a）。実際、DNA-PKcs に変異を起こした重症複合型免疫不全（SCID: Severe combined immunodeficiency）マウスは免疫 T 細胞と B 細胞が欠損するだけでなく、放射線にも高い感受性を示す。非相同末端再結合は免疫機構を持たない酵母にもみられることから（228 頁参照）、DNA 修復機構として元々あった非相同末端再結合が高等生物の免疫組換えに転用されたと考えるべきである。

発がんバリアーと放射線損傷シグナル

我々の身体は 60 兆個とも言われる細胞数で構成されている。それらの細胞の 1 個ががん関連遺伝子の変化で異常増殖を始めると個体全体の死につながりかねない。このため、がん病巣が大きくなると酸素供給が途切れる（第 8 章 157 頁参照）、染色体末端のテロメア短縮で増殖が停止する（次頁参照）、免疫系が異常細胞を見つけて排除するなど、我々の身体には幾重ものがん化を抑制する機構（**発がんバリアー**と呼ばれる）が存在する。2005 年に放射線応答シグナルが発がんバリアー機構としてがん化の初期に働くことが報告された。がん化段階が異なるヒト膀胱がんの観察から、がん遺伝子の活性化の初期には、ATM および CHK2、p53 といった放射線損傷シグナルのタンパク質が活性化することがわかった（図 11.8）。これは、がん遺伝子の活性化により起こった異常な DNA 複製が、DNA 二重鎖切断の誘発を介して放射線シグナル関連タンパク質を活性化するためと考えられている。この活性化はがん化初期の細胞を増殖停止あるいはアポトーシス（第 4 章 79 頁参照）により排除する。ところが、がん化段階の進んだ細胞では、ATM、CHK2 および p53 が欠失もしくは不活性化しており、その結果として遺伝的不安定性が増加し、突然変異頻度がますます上昇して、細胞の悪性化が進むことになる。このように、放射線被ばく者でない健常人の自然発がんでも、放射線

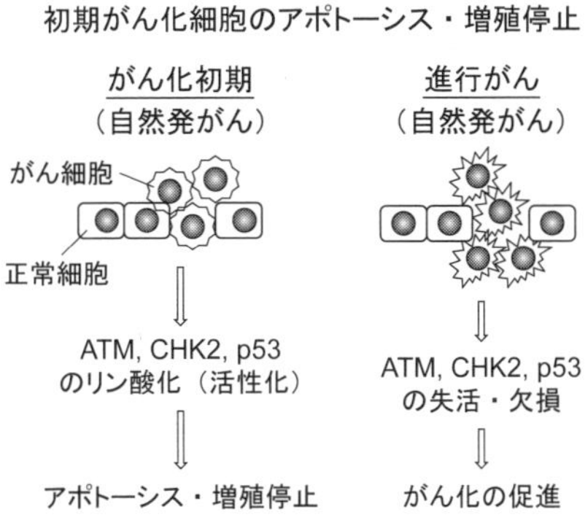

図 11.8 修復タンパク質による発がんバリアーモデル
がん細胞の活発な細胞分裂に自然発生する DNA 二重鎖切断が放射線関連タンパク質を活性化して、発がんバリアーとしてアポトーシスや増殖停止を起こす (左図)。しかし、放射線関連タンパク質が欠損すると発がんバリアー機能がなくなりがん化が促進される (右図)。

Bartkova J, et al. DNA damage response as a candidate anti-cancer barrier in early human tumorigenesis. Nature. 434:864-70, 2005. を参考に作成

DNA 修復タンパク質が発がん防止に役立っているのである。

テロメア維持と ATM

　老化は年齢に伴い身体のさまざまな生理的な機能が後退して、老化疾患に罹り、死に至る過程である。このような老化は細胞レベルでも起こることが知られている。ヘイフリック（Leonard Hayflick）は 1965 年にヒト胎児肺の繊維芽細胞を培養皿に移して、細胞が増殖して皿が満たされたらその一部を新しい培養皿に移して再び培養することを繰り返した結果、50 ± 10 回細胞分裂をするとそれ以上は分裂できなくなることを報告した。この原因として注目されたのが染色体末端に存在する**テロメア**（Telomere、末端を意味する telo と部分を意味する mere から作られた造語）の短縮である。ヒトテロメアは TTAGGG（T: チミン、A: アデニン、G: グアニン）の反復配列と特有な構造を持ち、その生まれた時点での長さは 8000〜12000 塩基ほどである。年齢が高くなるにつれ短くなり、5000 塩基ほどになるとヘイフリックが観測

第 4 部　生命と DNA 修復

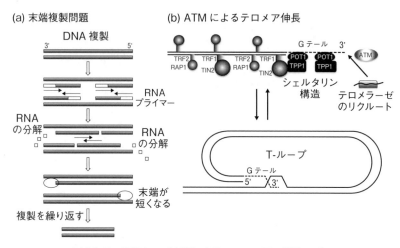

図 11.9　修復タンパク質によるテロメア長の維持モデル

DNA 合成は RNA を起点として開始するので、DNA の末端部分が複製のたび毎に RNA分だけ短くなる末端複製問題を生じる (a)。DNA 末端は DNA 二重鎖と末端一重鎖（G テール）が結合した堅いシェルタリン構造をとっているが、DNA が規定以上に短くなるとシェルタリン構造が壊れて ATM が活性化し、DNA 末端のテロメアを合成する酵素テロメラーゼが呼び寄せられる (b)。

山崎他、DNA 損傷認識機構を巧みに利用したテロメア維持戦略、生化学、86、812-816、2014. を参考に作成

した細胞分裂の限界に達することがわかった。この細胞分裂によりテロメアが短くなる現象は**末端複製問題**と呼ばれる（図 11.9a）。細胞分裂の際には必ず DNA の複製が行われるが、この時の DNA 合成開始点には RNA 断片が必要である。この断片は合成後に除去され DNA に置き換えられるが、染色体の末端ではこの置き換えが行われないので、細胞分裂を繰り返すたびにテロメアは RNA 断片の長さの分だけ次第に短くなり、やがて末端を維持できなくなり増殖停止する。

　テロメアが抱える末端複製問題に加えて、テロメア DNA の末端は基本的に DNA 二重鎖切断の末端と同じ構造を持つので細胞内ヌクレアーゼの攻撃により切断されて短縮する可能性がある。これを避けるため、テロメアの先端は、DNA 二重鎖に結合する TRF1/TIN2 複合体や TRF2/RAP1 複合体、そ

れに DNA 一重鎖（TTAGGG 配列にはグアニンが多いので G テールと呼ばれる）に結合する POT1/TPP1 複合体から構成されるシェルタリン構造をとって安定化している。さらにテロメア末端は G テールが内側のテロメア二重鎖に入り込んで投げ縄状のループ（T ループと呼ばれる）を造って安定化する（図 11.9b）。

　末端複製問題に加えて、細胞内ヌクレアーゼの攻撃によりテロメア DNA の長さは染色体ごとに大きく違う。もしテロメア DNA が極端に短くなると T ループが形成されないばかりか、TRF2/RAP1 と POT1/TPP1 の結合を介した架橋で安定化しているシュルタリン構造も維持できなくなる。この時に酵母では、テロメアに局在する Tel1（ヒト ATM に相当）がテロメアに近づいてシェルタリン複合体の一部をリン酸化、これによりテロメア DNA だけを特別に延長する合成酵素テロメラーゼを呼び寄せてテロメアを一定の長さに延長する。つまり、何らかの原因でテロメアが特別に短くなった場合には、テロメア長を測定して Tel1（ヒト ATM）を介してテロメラーゼを制御するフィードバック機構が存在する。実際、ATM が欠損した毛細血管拡張性運動失調症の患者は放射線高感受性と同時に、テロメアの短縮と早期老化の症状（**早老症**）を呈する。

ATM による抗酸化ストレスと糖尿病抑制

　NBS1 はゲノム DNA が収納される細胞核に局在するが、不思議なことに同じ DNA 修復タンパク質の ATM は細胞核と細胞質の両方に存在する。細胞は細胞質のミトコンドリアで代謝エネルギー源である ATP を産生するが、この時に副産物として O_2^- スーパーオキシドアニオンのような活性酸素種も発生する（第 10 章 210 頁参照）。ミトコンドリアで発生する活性酸素種が多くなると、細胞質に存在する ATM タンパク質の C 末側アミノ酸のシステインが活性酸素種で酸化され -S-S- 結合（ジスルフィド結合）ができ、活性化する。活性化された ATM は、SH 化合物のグルタチオン濃度を上昇させて活性酸素種を不活性化する**抗酸化**を促進する（図 11.10）。このジスルフィド結合による ATM 活性化のフィードバック機構は放射線照射時の DNA 二重鎖切断の修復とは全く異なるものであり、NBS1 複合体の助けがなくても

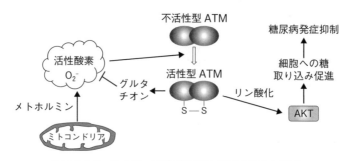

図 11.10　ATM による活性酸素と糖尿病発症の抑制

ATM は細胞内の O_2^- が増えるとグルタチオンを介して、活性酸素量を減少させる働きがある。また、ATM は AKT をリン酸化して血液中の糖の細胞への取り込みを促進する。

Ambrose M, Gatti RA. Pathogenesis of ataxia-telangiectasia: the next generation of ATM functions. Blood 121:4036-45, 2013. の図を参考に作成

ATM だけで活性化できる。

　一方、細胞質での ATM 機能と生活習慣病の糖尿病との関係が最近明らかになった。糖尿病には何らかの理由で膵臓の β 細胞が壊れてしまい全くインスリンを分泌しなくなる I 型糖尿病と、肥満や運動不足、ストレスなどが原因でインスリンが出にくくなる II 型糖尿病の 2 種類がある。また、II 型糖尿病にはインスリンが正常に出ているにもかかわらず血糖値が下がらないインスリン抵抗性患者も含まれる。II 型糖尿病患者 1024 人および 2896 人を対象にした二つの疫学調査で、患者の ATM 遺伝子内に通常と異なる 1 塩基変異（多型）があることがわかった。これは ATM が欠損した毛細血管拡張性運動失調症の長命な患者に II 型糖尿病が発症することとよく一致している。ATM は AKT タンパク質をリン酸化して血液から筋肉細胞への糖取り込みを増加させて血糖値を下げる働きがある（図 11.10）。このリン酸化はインスリンの下流で働くので、ATM が機能しないとインスリンがあっても糖取り込みが増加しない、いわゆるインスリン抵抗性を引き起こすことになる。

Q&A

Q14. 放射線による突然変異と自然突然変異を、損傷 DNA の塩基配列から見分けることはできますか?

A14. 紫外線の DNA 損傷で働く損傷乗越え DNA 合成では DNA 塩基の 1～2 個が他の塩基に置き換わった置換型の突然変異を誘発します。同様に DNA 複製のミスマッチや酸化損傷による突然変異も置換型突然変異を誘発します。これに対して、放射線による DNA 二重鎖切断の再結合では DNA 塩基が欠失した欠失型突然変異を誘発する点が上記の突然変異と大きく異なります。単純な DNA 二重鎖切断の場合には数個の DNA 塩基欠失で済みますが、放射線による DNA 二重鎖切断では数千個の DNA 塩基が欠失することも珍しくありません（第 4 章 83 頁参照）。

Q15. 放射線にも太陽紫外線と同じように有害効果と有益効果があるのでしょうか?

A15. 太陽紫外線は DNA に作用して隣り合った DNA 塩基が結合するピリミジン二量体を発生させ皮膚がんの原因になります。その一方で、太陽紫外線はビタミン D の前駆体の生成に必須です。そのため日光不足になるとビタミン D 不足とそれによる骨格形成異常が起こります（225 頁参照）。放射線も DNA 損傷を起こしてさまざまながんを誘発します。しかし、紫外線によるビタミン D 合成のような放射線の明らかな有益効果は認められていません。ごく微量の放射線が生物活性を刺激するという説（ホルミーシス効果）はいくつかの実験系で報告されていますが、これはごく微量な放射線でも有害とした LNT 仮説とは相反します。ホルミーシス現象が実験室で観測されたとしても、それが本当に人体に有益かどうかについてはさらに検証する必要があります。

Q16. 放射線 DNA 修復タンパク質は生体機能の維持にとても重要なことはわかったのですが、これはどうやってでてきたのでしょうか？

A16. DNA 修復タンパク質の NBS1 は遺伝的多様性の獲得に重要な遺伝的組換え（交叉）に、DNA-PKcs は免疫多様性に重要な B 細胞の VDJ 組換えに、ATM は染色体テロメアの伸長に必要です。これら放射線 DNA 修復タンパク質は、その欠失によって不妊や免疫機能不全、老化促進を引き起こすので、高等真核生物の生存に必須と言えるでしょう。放射線 DNA 修復タンパク質の多くは免疫システムやテロメアのない原核生物や酵母のような初期の真核生物にも存在することから、ゲノム DNA を守るための DNA 修復タンパク質がこれらの生命維持機能に転用されたと考えられています。

Q17. 放射線が作りだす DNA 二重鎖切断と、細胞内ヌクレアーゼによる内在性の DNA 二重鎖切断とは違うものですか？

A17. DNA 鎖の切断には高エネルギーが必要ですが、生体中では DNA ヌクレアーゼが酵素反応で容易に DNA 鎖を切断します。紫外線や酸化による DNA 損傷を修復するために DNA 一重鎖切断が近傍に 2 個続けて起こったり、あるいは DNA 一重鎖切断中に DNA 複製が進んだりすれば DNA 二重鎖切断に導かれます。これらの DNA 二重鎖切断の多くは誤りのない修復として知られる相同組換え修復により再結合するので突然変異が起こることはありません。これに対して放射線、特に高線量放射線、による DNA 二重鎖切断には誤りの多い修復として知られる非相同末端再結合が主に使われますので、欠失突然変異として残ることになります。同じ DNA 二重鎖切断でも相同組換え修復と非相同末端再結合のどちらが多く使われるかで細胞に残る障害の程度が顕著に違ってきます。

第5部
原子力災害と放射線防護

Chapter 12

福島第一原子力発電所の事故

放射線による障害は過去の話ではなく、現代でも人類は新たな危険にさらされている。東日本大地震に伴う津波被害を受けて原子炉の冷却機能を失った東京電力福島第一原子力発電所の1号機から3号機は、原子炉燃料が溶融するメルトダウンなどにより放射性物質の隔離能力を失い大量の放射性ヨウ素やセシウムを環境中に放出した。ここでは、複数の原子炉が冷却能力を連続的に失った未曾有の事故の経緯とともに、放射性物質の汚染状況と住民の健康影響について述べる。

12.1 事故の概要と安全神話

緊急冷却装置とベントの構造

発電用原子炉の基本構造は既に第2章で述べたが、ここでは特に2011年に起こった福島第一原子力発電所の事故を理解するために必要な構造について述べる。事故を起こした沸騰水型原子炉では、水を約70気圧で沸騰させた約285℃の高温水から発生した蒸気により発電用タービンを回転させる。タービンを通過した蒸気は海水などにより冷却機能を持つ復水器で凝縮されて水に戻り、ポンプで原子炉に戻される（第2章図2.5参照）。原子炉に戻った水は、冷却の役割を果たすと同時に、再び蒸気となって発電に寄与することになる。なお、原子炉停止後も核分裂生成物による発熱（崩壊熱）が続

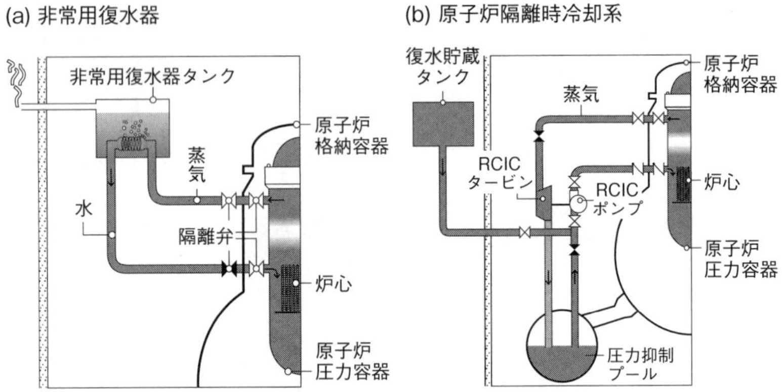

図 12.1　原子炉の緊急冷却装置

事故を起こした福島第一原子力発電所の1号機に設けられた緊急冷却装置（非常用復水器）では、復水器タンクに外部から冷却水を補給する必要がある(a)。2号機から4号機の緊急冷却装置（原子炉隔離時冷却系）では、電力がなくてもタービン駆動のポンプを使って冷却水を補給、それが途絶えると圧力抑制プールの水が使える(b)。

『福島第一原子力発電所事故』（IAEA、2015年）22頁より転載 <http://www.pub.iaea.org/MTCD/Publications/PDF/SupplementaryMaterials/P1710/Languages/Japanese.pdf>

くので、原子炉を冷却し続けなければならない。

　通常の原子炉停止時はバイパス弁を開いて、タービンを迂回させて復水器で冷却できる。しかし、原子炉が発電用タービン建屋と遮断された時にはこの経路は使えないので、非常用の冷却装置が設計されている。1971年稼働の1号機と1974〜1978年稼働の2号機から3号機では緊急冷却装置の構造が異なり、前者では**非常用復水器**（IC: Isolation Condenser）、後者では**原子炉隔離時冷却系**（RCIC: reactor core isolation cooling system）が設置されている。非常用復水器では、非常用復水器に沈められた伝熱管を加熱蒸気が通る間に冷却され、凝縮した水は重力により原子炉に戻される（図 12.1a）。非常用復水器タンクの冷却水は外部から補給されるが、その補給が途絶えると8時間程度しか冷却機能が続かない。原子炉隔離時冷却系では、電力がなくても原子炉蒸気を用いるタービン駆動のポンプを作動させることで、原子炉に水を注入して冷却する（図 12.1b）。貯蔵タンク水の補給がなくなると圧力抑制プールの水を利用するが、これも補給がないと4時間程度しか続かない。

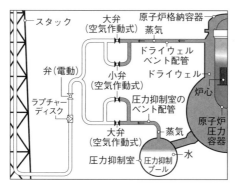

図 12.2　原子炉格納容器のベント

冷却不充分などの理由で、原子炉格納容器内の圧力が増加した時に、減圧のための排出口（ベント）として圧力抑制プールの水を経由する系と水を通さないで直接スタックに排出される系（ドライウェルベント）の2系路が設けられていた。

『福島第一原子力発電所事故』（IAEA、2015 年）34 頁より転載 <http://www.pub.iaea.org/MTCD/Publications/PDF/SupplementaryMaterials/P1710/Languages/Japanese.pdf>

一方、冷却が不充分で原子炉格納容器の圧力が上昇したときのために**ベント**（排出口）が2系統設置されている（図 12.2）。経路の一つは圧力抑制プールを経由するもので、プールの水を通すことにより放射性物質を除去できる。もう一つは、水を通さないで外部に放出する経路である（ドライウェルベントと呼ばれる）。また、過圧防止のために、格納容器圧力が一定以上を超えると、破裂して自動的に外部に放出するラプチャーディスクも組み込まれている（図 12.2）。

外部電源を喪失したときのために各原子炉は一対の非常用ディーゼル発電機を備えており、このうち2号機の一台は空冷式であった。また、全交流電源（外部電源およびディーゼル発電機）の喪失に8時間耐えるようにバッテリ（直流電源）が設置されていた。これだけの対策がされていたのに、なぜ放射性物質の放出事故は起こったのだろうか。

事故の経緯

地震発生により外部電源を失った原子炉が、放射性物質を環境に放出する

事故に至った過程を時間を追って述べることにする。

【地震発生】

2011年3月11日午後2時46分にマグニチュード9.0の**東日本大震災**が三陸沖で発生した（図12.3）。この地震は観測された最大の地震の一つに数えられ、1960年にチリで起きた地震（マグニチュード9.5）、1964年と2004年にアラスカとスマトラで起きた地震（ともにマグニチュード9.2）に並ぶ規模である。地震が起きたとき、福島県太平洋岸に位置する東京電力福島第一原子力発電所の発電プラント6機のうち、4～6号機は燃料交換と保守のために停止していた。地震発生と同時に、1号機（46万kW）、2号機（78.4万kW）、3号機（78.4万kW）が地震の揺れを検知して自動停止した。この時点で、発電所内1～4号機の受電装置の鉄塔が倒壊し全機受電不能になり、外部電源を喪失した。**外部電源喪失**に伴い、非常用交流電源のディーゼル発電機6基が起動して1号機が非常用復水器、2～3号炉で原子炉隔離時冷却系により原子炉の冷却が行われた。この時点では、設計者の意図、かつ操作手順の規定通りに対応できていたといえる。

地震発生から約40分後に最大高さ4.4mの第一波の津波が施設を襲ったが、この時は5.5mの津波から防護する津波障壁堤防によって防護できた。しかし、続いてその10分後に襲った高さ10～14mの第二波により（図12.3）、海沿いの構造物だけでなく、原子炉建屋やタービン建屋が浸水する事態となった。この時、地下に設置された非常用ディーゼル発電機と関連した配電盤が損傷して、15時42分に**全交流電源を喪失**した。さらに1、2、4号機ではバッテリ、電源盤および接続部が浸水して10～15分後に直流電源が徐々に失われた。この結果、3号機を除く、1号機と2号機の水温と水位、および保守のために原子炉の中の燃料が移されていた4号機の燃料プールの水温と水位を監視することができなくなった。3号機の運転員は、直流電源で制御監視しながら、原子炉隔離時冷却系を手動で再起動した。

【3km以内の公衆の避難】

全電源喪失に陥った1号機と2号機を注水冷却するために、低圧（0.8気圧以下）で注水が可能な移動式消防車および固定式ディーゼル駆動消火ポンプなど代替機器による注水が準備された。しかし、非常用復水器の隔離弁が

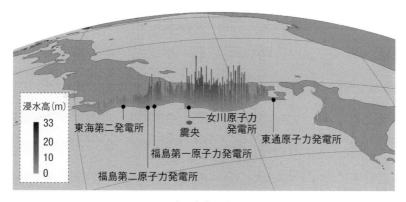

図 12.3　東日本大震災による津波
2011 年 3 月 11 日午後 2 時 46 分に発生したマグニチュード 9.0 の東日本大震災により、東日本の太平洋側に設置された原子力発電所に津波が襲った。福島第一原子力発電所では地震発生から約 50 分後に襲った 10～14 メートルの津波で原子炉建屋が浸水して、非常用発電機と配電盤が損傷した。

『福島第一原子力発電所事故』（IAEA、2015 年）26 頁より転載 <http://www-pub.iaea.org/MTCD/Publications/PDF/SupplementaryMaterials/P1710/Languages/Japanese.pdf>

　閉じられたまま加熱していた 1 号機は（図 12.1a）、現場測定の結果、原子炉内圧力が注水可能な圧力より高いために注水が困難であることがわかった。東京電力からこの情報を受け取った政府は 3 月 11 日 19 時 03 分に原子力緊急事態を宣言した。21 時 51 分に原子炉建屋内で異常に高い放射線が検出されたことから、この時点で 1 号機は炉心損傷を起こしていたと思われる。
　一方、温度・圧力のモニター指示計を喪失した 2 号機については、原子炉隔離時冷却系の未作動が疑われ、まもなく炉心が露出状態になる予想が通知された（実際には 2 号機の原子炉隔離時冷却系はこの時点で作動していた）。これを受けて、政府は 3 月 11 日 21 時 23 分に、施設から半径 3 km 以内の公衆の避難と 3～10 km 以内の屋内退避に関する命令を出した。なお、これより早く 11 日 20 時 50 分に福島県知事は東京電力社員から 1 号機の非常用冷却装置注水不能の報告を受けて発電所の半径 2 km の住民に対して避難命令を出した。

【避難地域を 10 km に拡大】

翌 12 日に 1 号機の格納容器内圧力の測定が可能になり、午前 02 時 30 分と 45 分には格納容器圧力が異常に上昇し、設計値を超えたことがわかった。ベントの準備を進めていた午前 04 時 19 分に運転員の操作および動作なしに圧力低下が見られ、まもなく 04 時 23 分に正門近くで放射線レベルが 10 倍近く上昇した。1 号機の格納容器の閉じ込め機能に異常を来したと判断して、政府は 3 月 12 日 05 時 44 分に避難区域を半径 10 km に拡大した。

一方で、原子炉格納容器の破損を防ぐために 1 号機のベントの準備が進められ、大熊町の避難完了の確認後に実行に移され、14 時 00 分にベントに成功した。これに伴い、格納容器内圧力減少と施設境界付近での高い放射線量が記録された。

【避難地域を 20 km に拡大】

全交流電源喪失から約 6 時間後には東北電力から、24 時間後には東京電力や自衛隊を含む他の地域から全部で 23 台の電源車両が到着した。3 月 12 日 15 時 30 分にはこれらの電源と 1 号機の接続が完了、一方で淡水が枯渇した防火水槽に代えて海水から直接取水する準備が整った。交流電源の海水注水が使用できる状態になったが、作動を開始する直前 12 日 15 時 36 分に水素爆発が起こった。1 号機の炉心から放出された水素が原子炉建屋内で爆発、上部建屋構造が損傷、また作業者が負傷した。1 号機の爆発から約 3 時間後（ベントから 4 時間後）の 3 月 12 日 18 時 25 分に政府は避難区域を半径 20 km に拡大した。

一方 3 号機では、3 月 12 日 11 時 36 分、原子炉隔離時冷却系が約 20.5 時間の連続運転の後に停止した。その後、非常用炉心冷却のための高圧炉心注入系が自動起動したが、原子炉圧力が下がっていたので固定式ディーゼル駆動消火ポンプを使用できると判断して意図的に停止させた。しかし、停止後に急速に炉内圧力が高くなり、消化ポンプを使用できるレベルを超えた。また、高圧炉心注入系に戻す試みも失敗した。このため、1 号機と 3 号機は消防車による注水（初めは淡水、後に海水）による冷却が行われることになった。

3 月 13 日 09 時 20 分に 3 号機の格納容器圧力は設計圧力を超え、ラプチャーディスクの破裂の結果としてベントが起こった。また、3 月 13 日 14 時

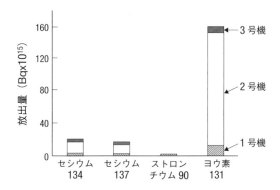

図 12.4　福島第一原子力発電所 1〜3 号機から放出されたと推定される放射性物質量
1〜3 号機からの放射性ヨウ素およびセシウムの放出量を比較すると 2 号機に由来するものが多い。2 号機は冷却機能の喪失により炉心熔融を起こし、さらにベントの失敗により圧力抑制プールが損傷して放射能の閉じ込めに失敗したと考えられている。

『東日本大震災後の放射性物質汚染対策』（斎藤勝裕他、エヌ・ティー・エス）107 頁を参考に作成

15 分に 3 号機建屋入り口で放射性ガスの漏出が確認され、1 号機と同様な水素漏出の可能性が出てきた。そのため作業者の一時的な避難、続いて炉心露出の恐れによる避難が断続的に行われたが、3 月 14 日 11 時 01 分に 3 号機建屋上部で水素爆発が起き、作業者が負傷した。また、この爆発で隣の 2 号機の格納容器ベント機能が喪失した。

【20〜30 km に屋内退避の指示】

　3 月 14 日 13 時 00 分頃に 2 号機の原子炉隔離時冷却系が故障して原子炉水位の低下と圧力上昇が見られた。環境への放射性物質の放出も覚悟でドライウェルからの直接ベントも試みられたが達成できなかった。また、2 号機では 3 号機のようなラプチャーディスクの破裂も起こらなかったために圧力の上昇は続き、3 月 15 日 06 時 14 分に施設内で爆発音が聞こえ、2 号機の圧力は大気圧近くまで低下した。これは格納容器の破損および 2 号機からの制御不能な放射性物質の放出を意味している。

　これを受けて、発電所長を含めた緊急時対応のスタッフを除く、すべての人員が約 12 km 離れた第二原子力発電所に避難した。09 時 00 分には正門で

事故開始以来最も高い放射線量 12 mSv/時間が記録された。このため 2 時間後の 11 時 00 分に、半径 20〜30 km 以内に居住するすべての住民の屋内退避が政府から指示された。福島第一原子力発電所事故で環境に放出された放射性物質のほとんどは 2 号機からのものである（図 12.4）。このように 2 号機では津波から約 76 時間後に冷却機能の喪失により炉心の溶融を開始、さらにベントの失敗もあり、89 時間後には放射性物質の大量放出の原因となった圧力抑制室の破損を起こした。

事故で明らかになったいくつかの問題点

発電所立地と津波対策：東日本大震災とそれに伴う津波は 1000 年に一度の災害と言われるが、スイス原子力学会長らは、福島第一原子力発電所の安全施設は IAEA（国際原子力機関）の安全基準「想定起因事象」（1 万年に一度以上起こる可能性のある事象）に従うべきだったと指摘している。福島第一原子力発電所の原子炉が設置許可を得たのは 1966〜1972 年であるが、当時は津波についての明確な基準がなかった。このため、東京電力は近傍の小名浜港で観測された既往最大とされる 1960 年チリ地震津波の潮位 3.1 m を元に設計を行った。

2006 年に原子炉の耐震設計審査指針の改定があり、津波によっても安全機能が影響を受ける恐れがないことの記述が加えられ、既存施設についても再確認を行うように指示が出された。この評価は 2 段階で行われ、2011 年 3 月時点では福島第一原子力発電所の 3 号機の地質調査や耐震安全性などの中間報告の評価が実施され、津波に関しては最終報告にむけて東京電力内で評価が進められているところであった（福島原発事故独立検証委員会報告書）。

IAEA は 2015 年の事故報告書の中で、「原子力発電所の安全は、知見の進歩を考慮して定期的に再評価し、その結果、必要な是正処置を速やかに実施する必要がある」と述べている。

電源喪失への対策：原子力発電所は発電を行う施設であるが、冷却を含めたすべての制御が電気で行われるので、電源の喪失は原子力発電所で最も避けなければならないことである。福島第一原子力発電所では、地震により送電塔や変電所が損傷し、外部電源をすべて喪失した。その直後、発電所内の

非常用ディーゼル発電機の起動により交流電源は一時的に確保できたが、地震から約50分後に襲来した津波により配電盤やディーゼル発電機が浸水し全交流電源喪失の事態となった。

　原子炉の安全設計審査指針（1990年8月30日策定）には「短時間の**全交流電源喪失**に対して、原子炉を安全に停止し、かつ、停止後の冷却を確保できる設計であること」と定められている。長時間の全交流電源喪失に対しては、送電線の復旧および非常用交流電源の回復が期待できるので考慮する必要はない（同指針解説）とされている。「短時間」の具体的な時間は、我が国の送電系統の停電が30分以内であること、非常用ディーゼル発電機の起動に失敗する可能性が充分低いことなどを根拠として、30分以下と慣行的に解釈されてきた（福島原発事故独立検証委員会報告書）。実際の福島第一発電所は数時間の全交流電源喪失に対処できる能力を持っていたので（247頁参照）、上記の審査指針に対しては充分な余裕があった。

　しかし、自然災害は同時あるいは連続的に組み合わされて発生する可能性がある。今回の複合的な災害である地震・津波に対して、全交流電源喪失の対策を「短時間」、たとえ数時間、に耐えられるように設計したとしても充分でなかったといえる。

　ベントの設計：今回の事故で放射性物質の環境中への初期の放出は、原子炉から発生する蒸気による格納容器内圧力上昇がまねく破損を防ぐための1号機と3号機のベント操作の遅れ、そして2号機のベント操作の失敗による圧力抑制室の破損に起因している。欧米の原子炉では、ベント弁をシャフトで接続し、電気を用いないでかなり離れた場所から操作できるように工夫された施設がある。また、ドライウェルベントの出口に巨大なフィルターを取り付けることで放出される放射性物質の量を1/100～1/1000に減少させる仕組がとられている施設もある。これらが福島第一原子力発電所に採用されていれば地域住民およびベント作業に携わった作業員の被ばくを最小限に低減できたはずである。

　住民避難：今回の事故により避難した福島県の住民は、自主避難を含めて、11万人以上に達する。また、福島県が出した避難指示を含めると、住民に対して62時間以内に4回の異なる避難指示が出された。このため、住民は

安全圏に移ったはずが、再度移動を余儀なくされ混乱が生じた。また、3月15日の夕方には、原子力施設から環境に放出された放射性物質の予測を行う **SPEEDI**（我が国で開発された緊急時迅速放射能影響予測ネットワークシステム）が北西の飯舘村方向への2号機の放射能の流出を示していたにもかかわらず、同心円状に地域住民に避難指示を出したために、避難住民の被ばく線量が増加した。この時、市町村および住民は事故の状況をテレビやラジオで知るのみで、政府からの説明は一切なかったとされる。また、20 km の避難区域にある病院と介護施設からの入院患者の 44 人が、避難中および避難直後に低体温や脱水、基礎疾患の悪化により死亡した。

　事故当時の我が国の緊急事体制は、SPEEDI から計算される予測線量に基づいて、屋内退避、避難およびヨウ素剤を用いた甲状腺の放射線防護（第15章313頁参照）が行われる手順になっていた。しかし、電源喪失した原子力発電所が SPEEDI に入力するパラメーターを提供できなかったために正確な線量予測はされず、避難に活用されることはなかった。これに対して、国際原子力機関 IAEA の安全基準では「避難など初期の決定は（放射線量でなく）発電所の状態に基づく必要がある」とされていた。実際の福島の事故では、予測線量ではなく、格納容器の閉じ込め機能の異常や水素爆発など発電所の状態に基づいて避難命令が断続的に出された。

　上記の問題以外にも安全上の課題が明らかになったが、事故が起こる以前には総じて原子力発電所は充分に安全であると信じられていた。これは、原子力発電を推進する側と対峙する側が補償問題などを議論する中で「事故はないという精神状態」に陥ってしまい、「**安全神話**」を信じ込んでいくようになったためとされる。2015年の IAEA 事故報告書では「利害関係者で強化された基本的想定（安全神話を指す）は、安全上の改善が迅速に導入されない状況をもたらした」と安全神話の悪影響が述べられている。

12.2 周辺地域の汚染状況と食品規制

放出された放射性物質

　ウラン 235 の核分裂は大きい核種（セシウム 137 やヨウ素 131 など）と小

表 12.1　放射性核種の沸点

核種	沸点（ガス状になる温度）
水（参考）	100 ℃
Cs（セシウム）	671 ℃
I（ヨウ素）	184 ℃
Sr（ストロンチウム）	1,382 ℃

さい核種（ストロンチウム 90 など）の二つの集団に分裂する確率が高い（第 2 章 30 頁参照）。原子炉が爆発したチェルノブィリ事故や広島・長崎の原爆ではストロンチウム 90 が大量に放出されたが、福島第一原子力発電所事故では漏洩ストロンチウム 90 は放射性セシウムの 1/1000 程度しか観測されてない。これは福島第一原子力発電所事故では核反応停止から環境への放出まで少なくとも 11 時間（1 号炉）以上が経過していたために、炉内温度が低下して、ガス状になる温度（沸点）が 1382℃ と高いストロンチウム 90 が揮発することなく炉内に留まったことによる（表 12.1）。このため、事故当初に環境中に放出された放射性核種は沸点が比較的低いセシウム 134、セシウム 137、ヨウ素 131 などに限られている。事故後まもなく半減期の短い核種は消失して、主な放射性物質はセシウム 134 とセシウム 137 になる。両者の化学的性質は同じなので、土壌などの除染基準や食品中の規制値はセシウム 134 とセシウム 137 の合算値で規定されることが多い。

　福島第一原子力発電所事故では環境中に放出されたセシウム 134 と 137 の量比は 1 対 1 であるが、チェルノブィリ事故では 0.5～0.6 対 1、そして原爆ではセシウム 134 は全く見られない。この違いはセシウム 134 とセシウム 137 の生成過程が異なるためである。セシウム 137 はウラン 235 の核分裂生成物（正確には短半減期のテルル 137 やキセノン 137 の壊変生成物として）であるが、セシウム 134 は核分裂生成物のセシウム 133（安定核種）が核分裂反応により発生した中性子を捕獲して生成する。原子力発電所と違い一瞬のうちに反応が進む原爆では熱中性子照射を受けることがないのでセシウム 134 は発生しない。福島第一原子力発電所事故では 1 対 1 で放出されたセシウム 134 とセシウム 137 であるが、両者の半減期が 2.06 年と 30 年と大幅に

(a) 空気中　(b) 海洋中

2011年3月16日

2011年4月14日

図 12.5　福島第一原子力発電所事故から北太平洋への放射性物質の放出
福島第一原子力発電所事故で放出された気体状の放射性物質の大半は、偏西風にのって北太平洋地域に(a)、また海洋への直接放出では黒潮により東の方向へ流された(b)。

『福島第一原子力発電所事故』（IAEA、2015年）98頁より転載 <http://www-pub.iaea.org/MTCD/Publications/PDF/SupplementaryMaterials/P1710/Languages/Japanese.pdf>

異なるため数年後には汚染の大部分がセシウム 137 に偏ることになる。また、原子炉ごとのセシウム 134 とセシウム 133 およびヨウ素 131 の放出推定量を図 12.4 に示した。ほとんどの放射性物質が、圧力抑制室が破損したと思われる 2 号機に由来することがわかる。

外部放射線量と環境内での動き

　福島原発事故で環境中に放出されたヨウ素 131 およびセシウム 137（セシウム 134 との合算）はそれぞれ 100〜400 × 10^{15} Bq と 7〜20 × 10^{15} Bq であり、これは**チェルノブィリ原子力発電所事故**の約 1/10 である。放出量の大半は偏西風にのって北太平洋に拡散した（図 12.5a）。また、極めて低レベルであるが、欧州および北米でも検出された。さらに、海洋への直接放出が、ヨウ素 131 で 10〜20 × 10^{15} Bq、セシウム 137（セシウム 134 と合算）で 1〜6 × 10^{15} Bq であり、これらは黒潮によって東の方向に流された（図 12.5b）。陸上では、3月12日、14日および15日放出のセシウム 137 が合計 2〜3 × 10^{15} Bq 沈着したと推定される（図 12.6a）。ほとんどが原子力発電所の北西方向で、

(a) セシウム 137 の汚染地域   (b) 土壌中のセシウム 137 の減少

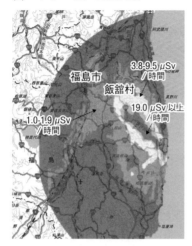
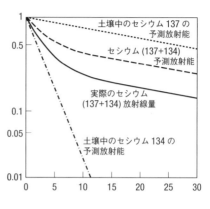

図 12.6　内陸部へ放出された放射性核種

福島第一原子力発電所事故から大気中に放出された放射性物質の陸上への沈着のほとんどが発電所から北西方向に起こった (a)。沈着したセシウム 134 および 137 の減少はそれぞれの物理学的半減期に従うので、両者の合計放射能は下に凸の曲線で減少すると予想される。実際には、ウェザリング効果で予測よりも早い速度で減少が起こったとみなされる (b)。

(a) 文部科学省放射線量等分布マップ <http://ramap.jmc.or.jp/map/map.html> より転載、(b) 文部科学省平成 23 年度科学技術戦略推進費「放射性物質による環境影響への対策基盤の確立」<http://www8.cao.go.jp/cstp/gaiyo/yusikisha/20111027/siryobun-01.pdf> を参考に作成

最も高い所ではヨウ素 131 で 3000 kBq/m^2、セシウム 137 で 10000 kBq/m^2 に達したが、日数とともに減少している（図 12.6b）。

汚染レベル 600 kBq/m^2 の面積をチェルノブィリ原子力発電所事故と比較すると約 250 分の 1 の汚染になる。チェルノブィリ周辺の土地利用状況は、農地 43%、森林 39%、河川・湖沼 2% であるが、福島第一原子力発電所周辺の陸地部分では田と農用地が 20% 以下、森林・山林が 75% 以上である。また、福島第一原子力発電所周辺では住民が密集する市街地が約 5% を占めるのが特徴である。

環境中に I_2 のような無機ヨウ素や CH_3I のような有機形で放出された放射性ヨウ素は降雨により I^{-1} イオンとして水道水に入るほか、樹木・草などに

(a) 土壌表層に留まるセシウム137　　(b) 土壌中セシウム137の化学構造

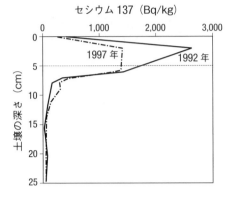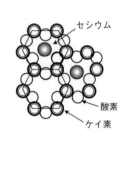

図12.7　セシウム137の土壌中での移動

チェルノブィリ原子力発電所事故で土壌中に放出されたセシウム137の大部分は、表層5cm以内に留まり、数年後も土壌深くへの移行はみられなかった(a)。これは、セシウム137が土壌粘土のケイ素六員環の化学構造の中心に安定的に収まるからである(b)。

(a)『東日本大震災後の放射性物質汚染対策』(斎藤勝裕他、エヌ・ティー・エス) 71頁より転載

沈着する。同様にセシウム137は降雨により地表や樹木・草などに沈着する。松林に沈着したセシウム137の80%が深さ5cm以内の表層鉱質土壌に分布し、残りが林床の有機物質と樹木に沈着する。また、表層5cmに沈着したセシウム137は深い土壌に移行することなく数年後もそのまま留まり、また植物の根から吸収されることも少ない(図12.7a)。これは粘土質の**ケイ素六員環**の化学構造にセシウムの陽荷電とイオン半径がぴったりはまるために安定的に取り込まれるからである(図12.7b)。このため、ケイ素六員環を多く含む鉱質土壌(粘土質)への結合力が強く、植物への移行率が低くなる。

セシウム137の物理学的半減期から考えられた当初の予想に比べて、現地での放射線量が2倍近く早いペースで減少している(図12.6b)。これは我が国が進めている人為的な除染の効果ではなく、むしろ**ウェザリング効果**(Weathering effect、風雨などの自然要因によって農作物や土壌に沈着した放射性物質が除去される効果)で土砂ごとセシウム137が流されたためと見ら

れる。

食品の規制

環境中に放出された放射性物質は食物を介してやがて人体内に取り込まれる。食物による放射性物質の取り込みは内部被ばくの原因になるが、その一方でごくわずかな量にもかかわらず農作物の風評被害をもたらすこともある。その実態を理解することが大事である。

規制値と食料品：福島第一原子力発電所事故で環境中に放射性物質が放出されたことから、政府は3月17日に食品衛生法に基づき規制値を超えた食品の出荷制限や摂取制限を指示した。規制値には原子力安全委員会が示した「飲食物摂取制限に関する指標」(いわゆる**暫定規制値**) が用いられた (表12.2)。この数値は、汚染された飲食物を人が摂取した時に、国際放射線防護委員会 ICRP の緊急事態における介入レベルの実効線量 5 mSv/年（放射性ヨウ素による甲状腺の等価線量は 50 mSv/年）以下になるように計算したものである。

3月21日には福島県産の原乳と福島、茨城、栃木、群馬産のほうれん草とカキ菜などに出荷制限が出された（図12.8）。また、当初設定されていなかった魚介類についても、放射性ヨウ素が検出されたことから摂取制限が指示された。事故直後には多くの農産物から規定値を上回る放射性物質が測定されたが、数ヶ月後には汚染が検出されず、従って出荷制限や摂取制限が次々と解除された。しかし、7月8日に南相馬市内から搬出された牛から異常に高いセシウム値 2300 Bq/kg（暫定規制値は 500 Bq/kg）が検出された。これはセシウムで汚染された稲わら 75000 Bq/kg が飼料として与えられたことによる。同様の汚染された稲わらを給餌され既に出荷された肉牛はその後の調べで554頭であることがわかった。(セシウム 137 の食物による生物濃縮は解説3を参照)

飲料水：水道水は食料品のように強制力のある処置をとることができないので、飲用は個人の判断に委ねられる。東京都水道局は3月22日に金町浄水場から飲用に関する暫定規制値 200 Bq/kg を超える 210 Bq/kg のヨウ素 131 の検出を報告した。しかし、2日後の24日には 79 Bq/kg に下がり、乳児も含めて摂取に問題ないことを発表した。この間、多くの地域でミネラル

表 12.2　食品の規制値

	暫定規制値	2012.4.1 からの規制値
飲料水	200 Bq/kg	10 Bq/kg
牛乳	200 Bq/kg	50 Bq/kg
乳児用食品	500 Bq/kg	50 Bq/kg
一般食品	500 Bq/kg	100 Bq/kg

図 12.8　食品の販売自粛
福島第一原子力発電所事故後の 3 月 22 日には、ほうれん草など地元産野菜の出荷制限が行われた。

『M9.0 東日本大震災　ふくしまの 30 日』（福島民報社）61 頁より転載

ウォーターが入手困難となったために、水道水の摂取を控えるように通達した地域には 24 万本のペットボトルが支給された。同時に医学関連学会は幼児や妊婦が水分摂取を控えることの危険性についての啓蒙活動を行った。一方、福島県飯舘村では 3 月 21 日に暫定規制値 200 Bq/kg を上回る 965 Bq/kg のヨウ素 131 が検出された（図 12.9）。これを受けて直ちに摂取を控えるように通達が出され、数値が規制値を下回った 4 月 1 日に解除された。しかし、乳児に対しての解除は、4 月 11 日以降には既に検出限界以下であったにもかかわらず、1 ヶ月半後の 5 月 9 日にようやく通達された。

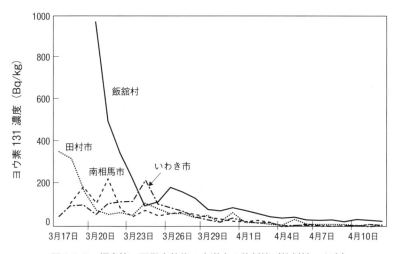

図 12.9　福島第一原発事故後の水道水の放射能（放射性ヨウ素）

原子力施設の北西に位置する飯舘村では、3 月 21 日に暫定規制値 200 Bq/kg を上回る 965 Bq/kg のヨウ素 131 が水道水に検出された。東京都水道局では 3 月 22 日に規制値を超える 210 Bq/kg が検出されたが、2 日後には 79 Bq/kg に低下した。

『福島第一原子力発電所事故』（IAEA、2015 年）105 頁 <http://www-pub.iaea.org/MTCD/Publications/PDF/SupplementaryMaterials/P1710/Languages/Japanese.pdf> を参考に作成

新規制値：事故から約 1 年後の 2012 年 4 月 1 日に暫定規制値に代わって**新規制値**が施行された。ICRP の考え方の「緊急被ばく状況」から「現存被ばく状況」への移行によるものである（第 15 章 321 頁参照）。新基準値では**コーデックス委員会**（第 2 章 37 頁参照）の指針の 1 mSv/年を採用したために、暫定規制値よりもはるかに低い数値となった（表 12.2）。特に、飲料水が 10 kBq/kg と低い値になったのは、水がすべての食品に含まれ、そして調理に使われるからである。また、乳児用品の項目が新たに設けられて、一般食品の半分の放射能になった。

食品放射能のモニタリング結果は、時間の経過とともに放射能が相当程度に低下しており、新規制値が施行された時点で農作物や果樹で新規制値を超えるものは皆無であった。しかし、海産物についてはヒラメやカレイなど低底魚を中心に新規制値を超えているものもあったため、出荷制限の解除は、

2016 年 9 月まで延びた。

食品中セシウム 137 の規制値の計算例

体内に取り込まれた放射性物質の放射能は物理学的半減期と生物学的半減期により決まる一定の有効半減期で減少する（第 2 章 24 頁参照）。従って、放射性物質が取り込まれた時点で、その後の被ばく線量を予想できる。そこで、人体に取り込まれた放射性核種から一生の間に（成人では 50 年、小児で 70 年）被ばくする積算線量を**預託線量**と定義する。ただし、放射線の線量限度は 1 年間あたりで制限されているので、50 年間（あるいは 70 年間）の預託線量は摂取時の 1 年間で被ばくしたとみなす（図 12.10）。

また、1 Bq の放射性物質を摂取したときの預託線量は**実効線量係数**（Sv/Bq）と呼ばれる。例えば、飲料水、米、果菜類のセシウム 137 の線量係数はそれぞれ 1.63×10^{-8} Sv/Bq、1.58×10^{-8} mSv/Bq、1.78×10^{-8} mSv/Bq になる。摂取時の年齢ごとの食品の実効線量係数は ICRP（1994、1996 年）から報告されているので、次にこれらの実効線量係数を用いて、年間 1 mSv 以下にする食品中セシウム放射能について計算してみる。初めに、飲料水はほとんどの食品に含まれるので、10 Bq/kg の厳しい制限値を用いるとして、年間 1 mSv を飲料水からの寄与と食品摂取の二つに振り分ける。

飲料水からの被ばく線量 = 10 Bq/kg × 1 日の摂取量 2 kg × 365 日 × 1.63 × 10^{-8} Sv/Bq（実効線量係数） = 0.119 mSv

そうすると、一般食品に割り当てられる線量は 1 mSv の残りの

1 mSv − 0.119 mSv = 0.881 mSv

になる。規制値は食品から取り込まれる放射能量と実効線量係数から次の式により求まる。

規制値 Bq/kg = 0.881 mSv ÷ 全食品の合計 Σ（食品ごとの実効線量係数 mSv/Bq）×（当該食品の年間摂取量 kg/年）×（流通する当該食品の汚染割合）

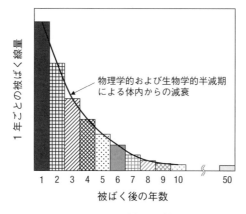

図 12.10 預託線量の考え方

内部被ばくでは、外部被ばくと違って、取り込まれた時点から 50 年間（小児では 70 年間）の被ばく線量（預託線量と呼ばれる）を積算する。体内の放射性物質は物理学的半減期と生物学的半減期に従って減少するので、50 年後までの指数関数（図の太い黒線）の積分値になる。

『放射線の科学』（小澤俊彦他、東京化学同人）82 頁の図を参考に作成

例えば、米での分母は

（食品ごとの実効線量係数 1.58×10^{-5} mSv/Bq）×（当該食品の年間摂取量 182.3 kg/年）×（流通する食品の汚染割合 0.5）＝ 1.44×10^{-3} mSv・kg/Bq

また、果菜類では

（食品ごとの実効線量係数 1.78×10^{-5} mSv/Bq）×（当該食品の年間摂取量 54.5 kg/年）×（流通する食品の汚染割合 0.5）＝ 4.85×10^{-4} mSv・kg/Bq

となり、同様にすべての食品を合算すると合計は 6.79×10^{-3} mSv・kg/Bq になる。そこで、規制値 ＝ 0.881 mSv ÷ 6.79×10^{-3} ＝ 129 Bq/kg となり、一般食品については 129 Bq/kg の数字を小さい方に丸めた 100 Bq/kg の放射能が規制値となる。

なお、ここで食品の汚染割合を 0.5（50%）としているが、コンビニやスーパーで購入する国内外の流通食品を摂取する住民の実測値はこれよりかな

り低いことがわかっている（次頁参照）。一方、子供の摂取量が多い牛乳や乳児用食品については、幼児の放射線感受性が高いことを考慮してすべての食品が汚染される（100％）と仮定して計算した 100 Bq/kg の半分の 50 Bq/kg を規制値としている。このように規制値が 2 倍厳しいことは、小児の放射線発がん頻度が成人の 2 倍ほど高いことと一致するが（第 6 章 123 頁参照）、小児の食品だけが大人と違って 100％汚染されているとする根拠があるわけではない。

12.3 被ばく線量と健康調査

環境中に放出された放射性核種とその放射能量がわかれば、住民の被ばく線量が推定できる。ここでは、住民および原子炉作業者の被ばく線量と、途中経過ではあるが、それによる健康影響について述べる。

住民の被ばく状況

福島県内の避難区域および区域以外の成人の実効線量は数 mSv から 9.3 mSv の範囲内であり、1 歳児および 10 歳児の実効線量はその 2 倍程度高いと推定されている（表 12.3）。隣県および日本の他の地域の今回の事故による成人の実効線量は 0.1〜1.4 mSv になる。なお、日本での自然放射線（第 14 章 292 頁参照）による実効線量は年間 2.1 mSv であるので、合計線量は 2.2〜3.5 mSv になる。臓器ごとでは、避難地域の成人の甲状腺吸収線量は最大で 35 mGy、1 歳児で最大 83 mGy であった。我が国での自然放射線による甲状腺の吸収線量は年間 1 mGy である。骨髄の吸収線量は、避難地域の 1 歳児で最大 10 mGy、避難区域以外で最大 6 mGy と見積もられている。

福島県下では、子供への放射線の影響を心配して、2011 年 4 月 19 日に放射線量 3.8 μSv/時以上の校庭・園庭の利用を制限していた。放射線量率 3.8 μSv/時は児童生徒が年間に受けると予想される積算線量 20 mSv に相当するが、2011 年 4 月 14 日時点で福島市の 52 の幼稚園・小中学校のうち 13 校がこの制限対象に該当した。

上記の実効線量には食品経由の内部被ばくの推定線量も含んでいるが、福

表12.3 福島第一原子力発電所地域住民の被ばく線量

居住地	実効線量 mSv		甲状腺吸収線量 mGy	
	成人	1歳児	成人	1歳児
避難した区域				
予防的避難区域（双葉町、大熊町、富岡町、楢葉町、広野町、および南相馬市、田村市、などの一部）	1.1〜5.7	1.6〜9.3	7.2〜34	15〜82
計画的避難区域（飯舘村、および南相馬市、浪江町、川俣町、葛尾村の一部）	4.8〜9.3	7.1〜13	16〜35	47〜83
避難していない区域				
福島県の避難区域外	1.0〜4.3	2.0〜2.5	7.8〜17	33〜52
宮城県、群馬県、茨城県、千葉県、岩手県	0.2〜1.4	0.3〜2.5	0.6〜5.1	2.7〜15
日本のその他の県	0.1〜0.3	0.2〜0.5	0.5〜0.9	2.6〜3.3

UNSCEAR 2013年報告書第Ⅰ巻57頁を参考に作成

島県内の住民が実際に摂取した食品の一部を用いて食物の放射性セシウム濃度の測定（陰膳方式と呼ばれる）を行ったコープふくしまの調査結果は、100家庭中、食品1 kgあたり1 Bq以上のセシウムが検出されたのは10家庭であった（2012年調査では2家庭に減少）。放射性セシウムが検出された家庭で、仮に同じ食事を1年間続けた場合の放射性セシウムの預託実効線量（内部被ばく線量）は年間合計0.02 mSv〜0.14 mSv以下（2012年では0.037 mSv）と計算された。成人男性の体内にはセシウム137と化学的性質が似た天然の放射性元素カリウム40が平均4000 Bqくらいあるので、摂取した放射性セシウムよりも天然のカリウム40からの被ばくのほうが圧倒的に多くなる。

なお、山菜などの野生植物やイノシシなど野生動物を摂取した一部の住民で高い放射能が検出されている（コラム13）。しかし、山菜は季節が限られており、また、野生動物を食べることは我が国で一般的ではないので、上記

の住民の高い放射能は稀な例といえる。最後に、20 km 圏内の住民の避難によって回避された実効線量は成人で最大 50 mSv、1 歳児の回避された甲状腺吸収線量は最大で 750 mGy と推定されている。

住民の健康調査

　福島県下の 18 歳以下の子どもたち約 36 万人に対して小児甲状腺の超音波検査を行った結果、事故から 3 年経過した 2014 年 6 月 30 日時点で甲状腺結節の細胞診検査を受けた中の 104 名が「悪性ないし悪性疑い」と診断され、このうち実際に手術によって**小児甲状腺がん**と確定診断されたのは 57 名であった。10 万人あたりの甲状腺がんの頻度は、避難区域 13 市町村で 33.5 人、浜通りの 3 市町で 35.3 人、中通り 26 市町で 36.4 人、会津地方 17 市町村で 27.7 人であった。これら地域・地区別の発症や発症時期、外部被ばく線量の関係について検討した結果、検査で発見されたのは、原発事故とは直接的な

Column 13 ──────────── 我が国での内部被ばくの最高値

　内部被ばく通信（apital、2012 年 10 月）によると、福島県在住の男性（66 歳）は釣り好きでイワナ（124 Bq/kg）、ヤマメ（160 Bq/kg）、ニジマス（692 Bq/kg）を 1 週間に 1 度ぐらい、また、イノシシの肉（834 Bq/kg）や、たらの芽、ワラビを好んで食べていた。その結果、2012 年 10 月時点でホールボディカウンター（セシウム 137 など放射性核種の γ 線を体外で計測して、体内の存在量を測定する機器）による測定でセシウム 134、137 併せて 25000 Bq/全身（体重あたりにすると約 340 Bq/kg）の内部被ばくが記録されている。この値はチェルノブィリ事故の汚染地区住民の値に匹敵する。この被ばくが事故直後から続いたとして、将来の被ばくも含めての被ばく線量（預託実効線量）を計算すると合計 1 mSv の内部被ばくになる。野生食品を好んで食べる他の 2 名の住民（70 歳代男性）でも 20000 Bq/全身と 12000 Bq/全身が記録された。医師の指導による食生活の改善で、いずれも 1 ヶ月後の再検査ではそれぞれ 17000 Bq/全身および 9000 Bq/全身に低下した。

関係が薄い「自然発症の小児甲状腺がん」であると結論づけられた。チェルノブィリ原子力発電所事故では小児甲状腺がんが事故後 10 年でも検出されたことから、今後も検査が続けられる予定である。

チェルノブィリ原子力発電所事故での避難地域の成人甲状腺への平均被ばく線量は 490 mGy と見なされている（第 13 章、表 13.4）。UNSCEAR 2013 年報告書によると、福島第一原子力発電所事故後の甲状腺吸収線量がチェルノブィリでの事故後の線量よりも大幅に低いために、チェルノブィリ原子力発電所事故時のように放射線被ばくが原因の多数の甲状腺がんが発生するとは考えられていない。同様に、骨髄の推定された吸収線量から白血病発生率が識別可能なレベル（第 6 章 118 頁参照）まで上昇するとは予測されていない。

放射線作業者の被ばく状況と健康調査

事故発生以前にも数千人の作業者が現場で雇用されていたが、事故後に著しく増加しておよそ 2 万 5000 人の作業者が 2012 年 10 月まで復旧および関連作業に従事した。そのほとんど（約 2 万 1000 人）は東電の元請業者による雇用で、主に設備の復旧と建設作業に従事していた。2011 年 3 月には 1 ヶ月の累積実効線量が 100 mSv を超える作業者もいたが、5 月以降には 1 ヶ月あたり 50 mSv を超える作業者はいなくなった。2012 年 10 月までの約 2 万 1000 人の東電元請業者の平均実効線量は約 10 mSv で、10 mSv を超える作業者は 34%、100 mSv を超える作業者は 0.7%（173 人）であった（図 12.11）。報告された最大の実効線量は 679 mSv で、これは活性炭マスクの誤った使用による内部被ばく線量 590 mSv の寄与が大きい。

100 mSv を超える作業者 173 人は特に入念な医学検査を受けている。放射線健康障害が後日発生する可能性を考慮して、甲状腺、胃、大腸、肺の検診を毎年受けているが、2014 年現在これらの被ばくによる放射線障害は医学的に確認されていない。LNT 仮説に基づいた放射線リスク 5%/Sv から計算上は、173 人に将来 2〜3 症例のがんが過剰に発生する可能性がある（第 6 章 125 頁参照）。我が国での自然発がん頻度を 40% とすれば 173 人に約 70 症例の自然がんが発生するので、もしあっても放射線による 2〜3 人のがん

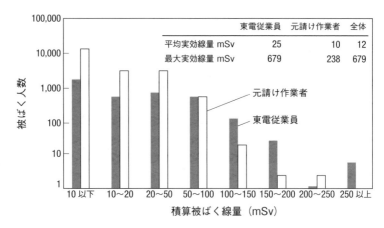

図 12.11　福島第一原子力発電所事故における作業者の被ばく線量

事故後に作業に従事した 2 万 5000 人のうち東京電力の元請け業者は 2 万 1000 人だった。2012 年 10 月までの作業者の平均実効線量は 12 mSv で、100 mSv を超える作業者は 173 人（全体の 0.7%）であった。

UNSCEAR 2013 年報告書第 I 巻 41 頁を参考に作成

発生の上昇を統計的に識別することは不可能と予測されている。

解説3 ── セシウム137の生物濃縮

　飼料生物（餌）とそれを捕食する生物が順次つながる食物連鎖により、汚染物質が生物濃縮する場合がある。米国の例では、ブヨ退治に湖に散布された農薬DDTが、プランクトン体内で湖水の250倍に、それを餌とする魚で2000～1万5000倍、この魚を餌とする水鳥で8万～12万5000倍に順次濃縮された。セシウム137の例では、1960年代に行われた核実験フォールアウトで北極に近い地域の地衣類（苔に似た生物）にセシウム137が蓄積されて、それを常食とするトナカイを現地住民が食べた結果、人体内のセシウム137濃度が他地域の住民の100倍にも達したことがあった。我が国では多種多様な海産物を食べる習慣があり、また、福島第一原子力発電所の事故によるセシウム137の大部分が海洋に放出されたので、海産物を中心とした生物濃縮について述べる。

　食物を介したセシウム137の生物濃縮：水中にある放射性核種が一定濃度にあるとき、その中で長期間生息する魚などに蓄積された量が、水中の何倍になるかを表したのが濃縮係数である。単位は通常（セシウム137のBq/海産物kg）/（セシウム137のBq/海水kg）で表される。解説表1に示したように海産物の濃縮係数はイカやタコを除くと（イカ・タコは食用部分だけの測定値）40～100倍の範囲である[1,2]。参考に示したヨウ素が藻類で1万倍にも達するのは、単純に海水よりも藻類にヨウ素含有量が多いためである。同様に、海産生物中のセシウム137量が海水中よりも高いのもセシウムという元素が、水中よりも生体中で高いことが原因である。ここでの濃縮とは、濃縮ウランのようにセシウム137が濃縮されたわけでなく、（安定セシウム＋セシウム137）の取り込みの合計量が単に増加したことを意味している。このことは天然に存在する安定同位体セシウムあたりで計算したセシウム137の濃縮係数が0.7～1.5とほとんど1.0に近いことから確認できる[3]。

　次に、餌を介した生物濃縮について述べる。実験室では、汚染した餌をコイに投与するとセシウム137は餌から多く取り込まれやすいことがわかっている。自然界でも魚体中のセシウム137濃度は餌の濃度に強く影響を受け、餌のセシウム137量が多くなると捕食者（魚）の放射能もほぼ直線的に増加する（解説図3a）。この勾配から、餌を介した魚の生物濃縮はおよそ2倍とされている[5]。このようにセシウム137の生物濃縮ではDDTのような極端な生物濃縮は起きないようである。図では、深層魚類のホッケなどではこの2倍濃縮から外れて高濃度となるが、これは深層の低海水温などが関係している。つまり、生体内のセシウム137蓄積量は体内への取り込み量と体外に排出される量の差であるが、低水温では体外への排出速度が遅くなるので水温が低い深海に生息すると濃縮係数が高くなる傾向がある。

解説表1　水中セシウム137濃度と比較したときの海水および淡水生物中のセシウム137濃度（濃縮係数）

	元素	プランクトン	藻類	カニ・エビ	貝類	イカ・タコ	魚類
海水	I	3,000	10,000	3	10	-	9
海水	Cs	40	50	50	60	9	100
淡水	Cs	-	200	1000	-	-	3000

文献1）と2）のデータを用いて作成

淡水魚と海水魚の比較：淡水魚でも同様の生物濃縮により、植物プランクトン食の小魚よりも、小魚を餌とするイワナやカマスのセシウム137濃度が高くなる。その一方で、特に淡水生物のセシウム137の濃縮係数が海産物の4～30倍ほど高くなることが注目される（表）。これは単純に淡水と海水で安定セシウム（あるいは安定カリウム）濃度が大きく違うことが原因である。つまり、淡水生物でも海水生物でも体内のセシウム濃度はほぼ一定であるが、淡水のセシウム濃度が海水に比較して大幅に低いので濃縮係数が見かけ上高くなるのである。それでは、淡水魚の体内セシウム濃度が水中セシウム濃度に比例して低下せずに、一定に保たれるのはなぜだろうか。これはエラ表面の細胞膜に存在するカリウム・チャンネルが、セシウムを淡水から積極的に生体内に取り込んで高濃度を維持しているからである。セシウムはカリウムと違って成体内の必須元素でないので、セシウム・チャンネルは生物に存在せず、カリウム・チャンネルを通じて生体濃度が一緒にコントロールされている。このため、コイが生息する淡水にカリウムを添加すると、カリウム・チャンネルでカリウムを吐き出そうとしてセシウム137も吐き出して、結果として体内セシウム137量が減少する（解説図3b）[2]。逆に、海水産のスズキを淡水で飼育すると、カリウムの排出を抑えようとして体内セシウム137量が増える。一方、魚類と違って、人間では血液中カリウム濃度は一定しているので、カリウムを摂取してもセシウム137の排出速度を早めることはできない。

原子力発電所事故の場合：総じて事故後の福島県沖の魚類のセシウム137汚染は順調に減少に転じている。セシウム137の海水放射能が減少するにともない、植物プランクトンを餌とするシラスの放射能も速やかに減少している。しかし、汚染された魚を餌とするアイナメやヒラメではこの減少が緩やかである。また、青森沖でとれたマダラにセシウム137が検出されたことがあるが、これは深海で生息する魚類で見られたような海水温度との関係が疑われる。海水魚に対して、淡水魚では相変わらず高放射能のセシウム137が検出されているのは、上述のカリウム・チャン

(a) セシウム 137 の海水魚による生物濃縮   (b) カリウム添加によるセシウム 137 取り込み量の減少

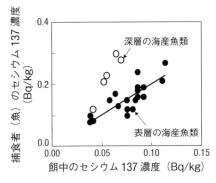
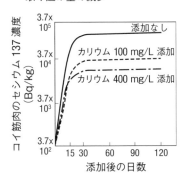

解説図 3　セシウム 137 の魚類への取り込み

餌中のセシウム 137 放射能が高くなれば捕食者の魚（表層魚類）のセシウム 137 濃度は、餌の約 2 倍の割合（生物濃縮）で取り込まれる (a)。水中にカリウムを添加するとカリウム・チャンネルの作用によりカリウムが体外に排出される。このとき、セシウム 137 も同時に排出されるのでセシウム 137 の魚類への取り込み量が減少する (b)。

(a) 文献 3）の図を参考に作成、(b) 文献 2）の 264 頁の図を参考に作成

ネルが原因である（コラム 13 も参照）。一方、チェルノブィリ原発事故後の牧牛に、一貫して穀物セシウ中 137（10～30 Bq/kg）よりも高い放射能（100～220 Bq/牛肉 kg）が報告されている[5]。穀物中セシウム 137 が牧牛セシウム 137 よりも環境中で速やかに減少することが関係すると思われるが、餌として取り込まれた穀物中セシウム 137 が牧牛からのセシウム 137 の排出を遅らせている可能性もある。

[1] IAEA Technical reports series No422, Sediment distribution coefficients and concentration factors for biota in the marine environment, 2010 and Technical reports series No472, Handbook of parameter values for the prediction of radionuclide transfer in terrestrial and freshwater environments, 2010.　[2] 放射能と魚類、江上信雄編、恒星社厚生閣版、1972.
[3] 笠松不二男、海産生物と放射能、Radioisotopes, 48:266-282, 1999.　[4] 海生研リーフレット No11, 海産生物中の放射性セシウム濃度とその変動, 1999.　[5] UNSCEAR 2008 年、科学的付属書 D, チェルノブィリ事故からの放射線による健康影響.

Chapter 13
世界の原子力災害と関連事故

第二次世界大戦中に広島・長崎に投下された原子爆弾は両市民に甚大な被害をもたらした。また、第二次世界大戦後にも原子爆弾および水素爆弾の開発に伴う核実験および核処理施設で多くの人々が被ばくしてきた。一方、原子力発電所の事故も住民および作業者に多大な被ばくをもたらした。ここでは福島第一原子力発電所事故以外の、世界で起こった代表的な原子力関連の放射線被ばくについて述べる。

13.1 原子爆弾と核実験による被ばく

広島・長崎の原爆被爆

　第二次世界大戦は1939年9月1日のドイツ軍によるポーランド侵攻で開始したとされるが、この年の夏は既に戦争色が濃くなっており、アメリカもいずれは対独戦線に巻き込まれる状況であった。アインシュタイン（Albert Einstein）は1939年8月2日にルーズベルト大統領宛の書簡で、シカゴ大学の物理研究者フェルミ（Enrico Fermi）の研究によりウランの核連鎖反応が明らかになり、この原理を利用した極めて強力な新型爆弾を製造することができることを伝えている。また、ドイツが既に新型爆弾の開発に着手した可能性についても触れている。アインシュタインの手紙より3年後、1942年10月に開始した新型爆弾を開発するマンハッタン計画でアメリカは4個の

図13.1 世界の代表的な原子力災害
福島第一原子力発電所の事故以前に、原子爆弾被爆、原子力発電所事故および核燃料製造施設の事故が世界各地で起こった。

原子爆弾を製造した。そのうちの一つを用いたトリニティ実験と呼ばれる爆発実験に成功したのは1945年7月16日であるが、同年の5月8日にはドイツは既に無条件降伏していた。このため、ドイツに代わって日本が標的となり、**リトルボーイ**（図2.5a）と呼ばれるウラン型原子爆弾が8月6日に広島に、そしてプルトニウム型原子爆弾の**ファットマン**（図2.5b）が8月9日に長崎に、それぞれ投下された（図13.1）。

　被ばく者数：1945年8月6日午前8時15分に広島の現在の原爆ドームに近い上空600 mで炸裂したウラン型原子爆弾の威力は通常火薬（TNT）16 kt（キロトン）に相当し、そのエネルギーの放出割合は爆風50%、熱線35%、放射線15%とされる。爆発により数十万気圧の超高圧と衝撃波が外側に走り、その1分後には内側へ弱い爆風が流れ込みキノコ雲を形成した。爆発の瞬間に発生した火球は数百万度に達し、ここからの熱線は爆心地域で99.6 cal/cm^2、3.5 km地点でも1.8 cal/cm^2となり、人体に熱線熱傷を及ぼした（図13.2a）。特に爆心から1.2 km以内にいた人々は致命的な熱傷を受けた。また、同時に発生した（初期）放射線はおよそ1.0 km地点で屋内にいた人の約50%に急性障害による死亡をもたらした。この結果、爆心地から2 km以内にいた市民を中心に11.4万人の命が奪われ（この他に軍人・軍属が約2万

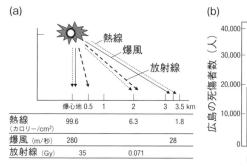
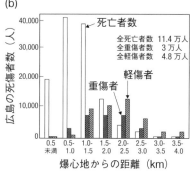

図 13.2 広島の原爆投下

1945年8月6日に広島に投下されたウラン235原子爆弾は放射線だけでなく、強力な熱線と爆風を伴った(a)。爆心地から1.2 km以内にいた人々への熱線は致命的であったが、屋内にいて熱線を免れた1.5 km以内の人々の10～50%が急性放射線障害で亡くなった(b)。

(a)(b)『原爆放射線の人体影響』（放射線被曝者医療国際協力推進協議会、文光堂）要約版2頁、5頁を参考に作成

人死亡したと推定されている）、その内訳は全死亡の60%が熱線ならびに二次的な火災、20%が純粋な爆風による外傷、20%（2.3万人）が放射線障害によるものであった（図13.2b）。

また、同年8月9日午前11時02分に長崎市浦上地区の上空503 mで炸裂したプルトニウム型原子爆弾は通常火薬21 ktに相当し、広島の原爆同様に爆風50%、熱線35%、放射線15%として放出された。これらによる死者は7.3万人と推定される。

放射線影響と被ばく線量：原爆被爆者には、1) 急性放射線障害と白内障（第5章）、2) 発がん（第6章）、3) 胎内被爆者の小頭症（第7章）などの放射線影響が報告されている。さらにこれ以外の放射線被ばくによる過剰死亡数として150～300人（血液疾患を除く）が報告されている。その死因には消化器疾患、呼吸器疾患、循環器疾患が含まれる。これらの発生率は発がんに比較して低く、放射線量－効果曲線の形状は確認できていない。がん以外の血液疾患について詳細に解析した結果では、約半数は明らかにがん以外の血液疾患

であったが、残りは造血系のがんおよび前がん状態であった。一方、放射線影響として懸念された遺伝的影響は現在でも確認されていない（第7章参照）。

　原爆放射線にはウラン235あるいはプルトニウム239の核分裂で発生する一次放射線とその後の火球内の二次核反応で発生する二次放射線がある。いずれもγ線と中性子線が主体であり、まとめて初期放射線と呼ばれる。この他に、核爆発後に核分裂生成物や未分裂のウランやプルトニウムが大気中に飛散したフォールアウト（黒い雨として知られる）からの放射線と、初期放射線の中性子により地上の建物などが放射化して放出されるβ線やγ線などの誘導放射線がある。フォールアウトと誘導放射線はまとめて残留放射線と呼ばれる。残留放射線は爆発100時間後に爆心地付近に入った早期入市者の被ばく源として問題になるが、その寄与は少ないと見なされる。このため、放射線障害の線量－効果関係に用いる線量は初期放射線に基づいて計算される。

　1980年代までは、1965年に推定された**T65D**線量（Tentative 1965 Dose; 暫定1965年線量）が被ばく線量の計算に用いられてきた。これはプルトニウム型原爆を用いて米国ネバダで行った実験の実測値に基づいて、爆心からの距離をパラメーターとして空気中線量を計算する方式だった。やがて、このT65Dの線量と計算機を用いて算出された線量との間の食い違いが指摘され始めた。このため、1986年に原爆の出力の再評価および中性子およびγ線のエネルギースペクトルやそれらの空気中の輸送過程（透過）、家屋のしゃへい、臓器の吸収を計算する新しい方式**DS86**線量（Dosimetry system 1986）が開発された。

　この結果、T65Dでは広島の発がんリスクが長崎より高く見積もられた線量－効果曲線が、DS86では両市の違いが統計的に有意でなくなった。同時に、T65Dでは両市の発がんリスクの違いを説明していた広島での高い中性子線量が、DS86では全体の数％まで減少して、リスクへの寄与が少ないことがわかった（図13.3）。実測値に基づいたT65Dから、計算機を用いたシミュレーションによるDS86へと改訂が進んだ背景には計算機技術の進歩があった。その後、最新の計算機技術を用いてさらに精密な計算ができるDS02が2003年に開発されたが、DS86の正しさを裏付ける結果となった。これらの線量

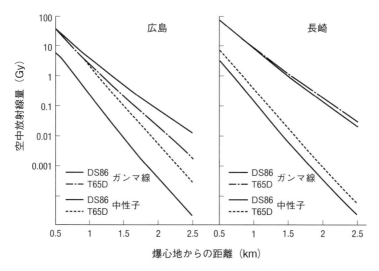

図 13.3　広島と長崎の原爆放射線量の推定値

広島・長崎に投下された原子爆弾の 1965 年時点での推定放射線量（T65D）から 1986 年の推定線量（DS86）への変更に伴って広島での γ 線量が増加した。その結果、T65D を用いた計算では両市の発がんリスクが異なっていたが、DS86 では発がんリスクが両市で同じレベルになった。また、中性子線量の推定値が広島で激減して、発がんへの寄与がわずかになった。

『原爆放射線の人体影響』（放射線被曝者医療国際協力推進協議会、文光堂）345 頁より転載

計算から、爆心地から 800 m 以内での被ばく線量は 10 Sv 以上、2000 m 離れると 0.071 Sv、3000 m では 0.002 Sv の被ばく線量になる（図 13.2a）。このうち 10 Sv 以上の被ばく線量では治癒が難しい放射線障害が発生し、また 4 Sv の被ばく線量で被爆者の半数の人が亡くなったことから、半致死線量 LD50/60 は 4 Sv と見なされた（第 5 章 101 頁参照）。

ビキニでの核実験

原爆ならびに水爆を開発するには核実験を行う必要がある。開発初期には地上核実験あるいは大気圏核実験が行われ、住民やたまたま居あわせた人々に被ばくをもたらした。ここでは米国、中国および旧ソ連の地上核実験によ

る被ばくを取り上げる。

　マーシャル諸島は太平洋中西部のミクロネシア海域に広がる珊瑚礁の島々からなる人口5万人の共和国である（図13.1）。第一次世界大戦後から30年間、日本領として日本語教育が行われた。米国は第1回核実験が行われたネバダ砂漠とマーシャル諸島の**ビキニ**およびエニウェトク環礁を大気圏核実験場として使用しており、1946年から1958年までに行われた地上実験66回のうち23回がマーシャル諸島で行われた。

　ビキニ環礁の住民167人は核実験が始まる前に近くの島に集団で避難させられた。しかし、1954年3月1日にビキニ環礁で行われた水爆キャッスルブラボー実験では、予測していた爆発力6 Mt（メガトン）より2.5倍大きい15 Mt（広島原爆の1000倍の威力）の爆発力を有していたことから、ビキニ環礁から210 kmのロンゲラップ島民（67人、うち3人が胎内）、ウトリック島民（167人、うち8名が胎内）がそれぞれ1.9 Svと0.1 Svの被ばくをした。

　ちょうど3月1日にビキニ環礁まで160 km（アメリカ軍の設定した危険区域の30 km外側）まで近づいていた焼津港のマグロ延縄漁船**第五福竜丸**の乗組員23人も被ばくした。水爆爆発後、空を覆う黒雲から雨に混じって珊瑚の白い粉（死の灰）が降り、雨が止んでも降り続け、乗組員の頭、顔、手足、ズボンのベルトにもたまった。白い粉は海水で洗い流したが、その日の夕方から、頭痛、吐き気、下痢、食欲不振などの放射線宿酔の前駆症状が現れた（第5章95頁参照）。白い粉の付着した皮膚は火傷のように膨らみ、1週間ほど経つと髪の毛が抜け始めた。1ヶ月後には白血球が激減し、造血器障害が全員に見られたが、第8週から回復した。生殖細胞は2～3ヶ月後にほとんど消滅したが、数年後には完全に回復した。9月23日に急性放射線障害の症状とその続発症の診断で1名が死亡した。当時の輸血による肝炎ウイルスの感染も原因とされている。珊瑚の白い粉からは、核分裂で発生したストロンチウム90、ヨウ素131、プルトニウム239など20種以上の放射性核種が検出された。第五福竜丸は3月14日に焼津港に帰港したが、乗組員達は爆発24時間後までに120～240レントゲン（1.05～2.10 Sv）、そして3月14日に下船するまで合計270～440レントゲン（2.37～3.86 Sv）の被ばく

表 13.1 マーシャル諸島ビキニ島住民の被ばく線量

被ばく経路		年間線量（mSv）
外部γ線量		0.4
経口摂取	セシウム 137	14.6
	ストロンチウム 90	0.15
	プルトニウム 239, 240	0.0019
	アメリシウム 241	0.001
吸入	プルトニウム 239, 240	0.00074
	アメリシウム 241	0.00049
合計（丸めた値）		15.0

UNSCEAR 2008 年報告書（放射線医学総合研究所監訳）第 1 巻 365 頁を参考に作成

を受けたと推定された。

　ビキニ島住民の一部は、ビキニ環礁の放射線サーベイの後に、1960 年代後半から 1970 年代前半にかけて島に戻った。その後に実施された測定では人々の体内セシウム 137 量が再定住後におよそ 10 倍に増加していたことが判明した。島民が食べるココナッツミルクやココヤシの果肉に高い濃度の放射性セシウムが蓄積していたためである。輸入された食料と地域で生産された食料の両方を摂取した場合の被ばく線量は平均 4 mSv/年で、もし地域で栽培された食品のみを摂取した場合には 15 mSv/年に達すると推定された（表 13.1）。表土の除去が最も有効な対策であるが、廃棄物量が多くなることと、耕作のための土壌を代わりに輸入する必要があることが、大きな問題であった。食品へのストロンチウム 90 の取り込み量は、島の珊瑚礁由来の高濃度カルシウム（ストロンチウムと似た化学的性質を持つ）の希釈効果のため予想外に少なく、被ばく線量のほとんどはセシウム 137 が原因である。

中国での核実験

　広島・長崎への原爆投下後、米国と旧ソ連の冷戦時代には大気圏内で原子

表 13.2　中国核実験による我が国での放射能

雨水による全 β 放射能降下量：mCi/km^2/日

日時＼場所	稚内	札幌	釧路	仙台	秋田	東京	輪島	大阪	米子	室戸岬	福岡	鹿児島
S41.12.28	0.0	0.0		0.0		0.0					0.2	
29	0.0	0.0		0.5		0.0			0.2			
30	0.1	0.0		0.5		5,600 (207,200)						
31	0.2					150.0						
S42. 1. 1				58.0		5.3	186.0	3,700.0 (136,900)	354.2	180.0	770.0	
1. 2			1.0	6.2	9.3	32.0	150	20.4	200.0	2.3	14.0	21.0

括弧内は mCi/km^2 を Bq/m^2 に換算した値

昭和 41 年版原子力白書 <http://www.aec.go.jp/jicst/NC/about/hakusho/wp1966/index.htm> を参考に作成

爆弾および水素爆弾の実験が頻繁に行われた。1958 年には米国、旧ソ連、英国による核実験が年間 80 回にも達した。1963 年に停止条約が締結された以降、米国、旧ソ連、英国による大気圏核実験は行われていない。大気圏核実験で発生した核分裂生成核種、炭素 14、セシウム 137、ジルコニウム 95、ストロンチウム 90 などは、その一部が成層圏（高度 10〜50 km）に達し、約 1 年の滞留半減期で対流圏へ移行、対流圏の放射性核種は約 1 ヶ月の滞留半減期で地上に降下して世界中の人々に被ばくをもたらした。大気圏での核実験が停止する直前の 1963 年のこれらの被ばく線量は自然放射線の約 7%に相当したが、その後減少して、現在ではその影響はわずかである。

　放射性物質の一部は成層圏に達することなく、対流圏に留まり同緯度地域に降下する。1966 年 12 月 28 日に中国新疆省ウィグル自治区**ロプノール核実験場**（図 13.1）で行われた中国の地上での水爆実験では 12 月 30 日に石川県輪島市に 207,200 Bq/m^2・日（=5600 mCi/km^2・日）、1 月 1 日に米子市に 136,900 Bq/ m^2・日（=3700 mCi/km^2・日）の雨水による放射性降下をもたらした記録がある（表 13.2）。核実験からの経過時間および放射性核種が異なるので単純な比較はできないが、これは福島第一原子力発電所事故により福

島市方木田地区(福島市の測定拠点)に最も高い降下量を記録した 2013 年 3 月 3 日から同年 4 月 3 日の 1 ヶ月間の 267 Bq/m^2(セシウム 134 とセシウム 137 合算)より 1000 倍ほど高い。実際に 1966 年の同じ中国核実験において生物への移行を調べた調査でも我が国の原乳中に 10.2 Bq/L のヨウ素 131 が確認されている。中国国内に沈着した放射性物質の情報は限られているが、UNSCEAR 2008 年報告書は同地域での 22 回の大気圏内核実験による蘭州の成人の甲状腺被ばく線量は 2.5 mSv、乳幼児ではその 10 倍と推定している。

セミパラチンスクでの核実験

旧ソ連には公表されている限り二つの核実験場があった。カザフスタンの北東に位置するセミパラチンスクとロシア北部に広がるノバヤ・ゼムラ島である(図 13.1)。カザフスタンのイルテイッシュ河近くに位置する**セミパラチンスク核実験場**(市の南西約 70 km の地点から始まる通称「ポリゴン」、面積は日本の四国の面積に匹敵)では 1949 から 1989 年の間に大気圏内で 87 回(6 Mt)、地上で 26 回(0.6 Mt)、地下で 346 回(11 Mt)の実験が実施されてきた。地上核実験には 1953 年 8 月 12 日に行われた地上 30 m に設置された旧ソ連最初の水素爆弾も含まれる。この水素爆弾は出力 TNT470 kt で、住民の避難が間に合わず 191 人が被ばくしたとされる。また、地上実験のうち 5 回は失敗で環境中にプルトニウム 239 が飛散した。

セミパラチンスク核実験場の東側に近い集落、ドロン地区(1949 年 8 月 29 日に行われた最初の核実験で最大の被害を受けた地区)ではセシウム 137、プルトニウム 239 のフォールアウトが 2500〜5000 Bq/m^2 検出された(1991 年の山本政儀(金沢大学)測定)。ドロン地区、および核実験場の南側のカイナール地区およびカラウール地区の住民の積算被ばく線量はロシア医学アカデミーの推定で 1.6 Sv、0.24 Sv、0.37 Sv、またカザフスタン放射線医学環境研究所の推定でそれぞれ 4.5 Sv、0.68 Sv、0.88 Sv と報告されている。国連科学委員会の推定によると、実験場に近い 7 つの地区の甲状腺被ばくは 0.3〜3.8 Gy、子供については核実験場の南東側のアクブラク地区で 8 Gy の被ばく線量とされている。核実験場の外側に居住する人々の現在の年間被ばく線量は 0.06 mSv、しかし核実験場に最も近いドロン地区では 0.14 mSv と

表 13.3　カザフスタン国セミパラチンスク実験場の周辺（ドロン地区）住民、および永住した場合の推定実効線量

経路		年間線量（mSv）	
		ドロン地区 （実験場の外側）	永住する場合 （実験場の内側）
外部ガンマ線		0.01	90
吸入	プルトニウム 238, 239, 240	0.047	4.7
	アメリシウム 241	0.004	0.4
経口摂取	セシウム 137	0.03	30
	ストロンチウム 90	0.02	10
	プルトニウム 238, 239, 240	0.024	2.6
	アメリシウム 241	0.002	0.2
合計（丸めた値）		0.14	140

UNSCEAR 2008 年報告書（放射線医学総合研究所監訳）第 1 巻 366 頁を参考に作成

推定されている（表13.3）。

　2001年から2008年の財団法人放射線影響協会の調査では、これら周辺地域住民の循環器系疾患などが被ばく線量と相関して増加していることが明らかになった。しかし、発がんに関しては中線量の被ばくを受けた男性の消化器や肺がんで増加が見られるものの、高線量では逆に低下した。また、女性の発がんでは相関が見られなかった。

13.2　福島以外の原子力発電所事故

チェルノブィリ原子力発電所事故

　旧ソ連は世界で最初の商業用原子力発電の開発に成功した。事故を起こした1983年12月稼働の**チェルノブィリ**原子力発電所4号機（図13.1）は、その流れをくむ旧ソ連特有な構造を持つ出力100万kWの当時の最新型原子炉であった。この原子炉の特徴として減速材として燃えやすい黒鉛が使われて

おり（第 2 章 28 頁参照）、また、低出力運転中に出力が上昇すると、さらに出力が増加する性質があった。1986 年 4 月 26 日未明に起こった事故では当時の共産党による報道規制も被害を大きくしたと言われている。以下、事故の原因と被害の状況を簡単にまとめておこう。

　原因：保守点検のために 1986 年 4 月 25 日に初めて原子炉を停止することになったが、その際、外部電源を喪失した場合に発電機タービンの回転慣性がどれだけ緊急用炉心冷却の動力に使えるか試験することになった。実験は定常出力の半分以上で行うことになっていたが、出力が予定より低下したので運転員は出力維持のために自動制御棒を上限まで引き上げ、さらに手動制御棒も引き抜いた。このような状況で実験を強行した結果、慣性発電で冷却水が循環したが、やがて流量がゆっくりと低下するに従い、冷却材の温度が上昇して原子炉の出力が増加を始めた。そこで、この状態で運転員は原子炉の制御棒を一斉に挿入する緊急停止（スクラムと呼ばれる）ボタンを押した。この原子炉の制御棒は特殊な構造をしていた。制御棒が必要以上に引き抜かれた場合、中性子の利用効率を上げる目的で制御棒下端に取り付けられた黒鉛の下方が軽水で満たされる（図 13.4a）。この状態で一気に制御棒を挿入すると今度は、中性子を効率良く吸収していた水柱から中性子吸収が劣る黒鉛に置き換わるので、原子炉内の中性子量が急激に増加して出力上昇する異常事態（**ポジティブスクラム**と事故後に名付けられた）になった。車に例えれば、急ブレーキを踏んだら、ブレーキがいつの間にかアクセルになっていたようなものである。

　この結果、低出力運転中に出力が上向くと、さらに出力が上がりやすい原子炉の性質もあって出力は上昇を続け、燃料が溶融破損して原子炉内の冷却水と接触して、スクラム操作ボタンを押してわずか 7 秒後に水蒸気爆発を起こした。さらに黒鉛の火災が放射性物質を上空に巻き上げ、5 月 6 日まで大量の放射性物質の放出を続けた。チェルノブィリ原発事故の原因は運転員の規定出力以下での試験強行と原子炉の構造的な欠陥が原因である。

　被害：放射性物質による汚染は旧ソ連の西部とヨーロッパの広い範囲に及んだ。この結果、ベラルーシ、ウクライナ、ロシア 3 国の強く汚染された地域住民 11.5 万人が 1986 年〜2000 年にかけて避難生活を強いられた（図

(a) 原子炉の構造   (b) 放出された放射能

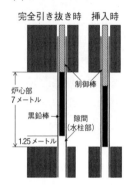
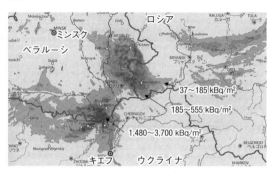

図 13.4　チェルノブイリ原子力発電所事故

事故を起こしたチェルノブイリ原子事故力発電所 4 号機は出力を上げるために制御棒を目一杯引き上げると、制御棒下部に取り付けられた黒鉛の底部が軽水で満たされ、その分だけ効率良く中性子量が減少することになる。緊急停止するために制御棒を引き下げると、底部が軽水から中性子吸収が劣る黒鉛に変わるので中性子量が増加してポジティブスクラムと呼ばれる出力の異常上昇が起こる (a)。事故により 37 kBq/m^2 以上のセシウム 137 に汚染された広大地域は、ベラルーシ、ロシア、ウクライナにまたがり、事故から 2005 年までの平均の積算被ばく線量は 9 mSv 以上とされる (b)。

(a) 衆議院チェルノブイリ原子力発電所事故等調査議員団報告書 <http://www.shugiin.go.jp/internet/itdb_annai.nsf/html/statics/shiryo/201110cherno.htm> を参考に作成、(b) UNSCEAR 2008 年報告書（放射線医学総合研究所監訳）第 2 巻 51 頁より転載

13.4b)。住民の被ばく線量は、ベラルーシ、ロシア連邦、ウクライナの 37 kBq/m^2 以上のセシウム 137 汚染地域の 640 万人の 1986～2005 年までの平均実効線量は 9 mSv、このうち特に高汚染地域に住んでいた避難住人 11 万 5000 人は 31 mSv の被ばくを受けた（表 13.4）。またヨーロッパ全域の 5 億人の住民の平均実効線量は 0.3 mSv と推定されている。

　旧ソ連の報道規制のために、人々は事故が起きたことを知らされず、施設近くのプリピャチの人々を除けば、周辺地域の子供たちは放射線防護剤の安定ヨウ素剤も投与されず、また避難するまで放射性ヨウ素で汚染された牛乳を飲みつづけた。この結果、避難した住民 11 万 5000 人の甲状腺の平均被ばく線量は 490 mGy であった。また避難しなかった 640 万人の甲状腺の被ばく

表 13.4 チェルノブィリ原子力発電所事故による被ばく線量と放射線障害（2006 年のまとめ）

■被ばく者と考えられる人		
1. 原発勤務者・消防夫など	134 人（急性放射線障害）	0.8～16 Gy
2. 復旧作業者	53 万人　　（1986～1990 年）	117 mSv
3. 避難者	11 万 5000 人　（1986～2005 年）	31 mSv（甲状腺線量 490 mGy）
4. 37 kBq/m^2 以上のセシウム 137 汚染地域住民	640 万人　（1986～2005 年）	9 mSv（甲状腺線量 102 mGy）
5. ヨーロッパ全域	5 億人　　（1986～2005 年）	0.3 mSv
■明らかな健康影響のある人		
1. 急性放射線障害の症状	134 人（このうち 28 人が死亡）	死亡者 27 人は 4.2 Gy 以上の全身被ばく
2. 小児甲状腺がん	6,848 人、20 年間に 15 人死亡	過剰相対リスク 8.9/Gy*
3. 白血病も含めその他の疾患	増加は確認されていない	

UNSCEAR 2008 年報告書第 2 巻 54 頁を参考に作成、*Jacob P., et al., Radiat Res. 165:1-8, 2006.

線量は 102 mGy であるが、就学前の小児ではこれより 2～4 倍高いと推定されている。この結果、児童の**甲状腺がん**が 2005 年までにおよそ 6000 例発症し、そのうち 99% は手術により無事治療されたが、15 人が死亡した（表 13.4）。白血病発生の増加は統計的に有意ではなかった。また、この事故の消火活動ならびに救助活動で高線量被ばくを受けた 237 人のうち 134 人が急性放射線障害の症状を呈し、運転員など 28 人が亡くなった（表 13.4）。

スリーマイル島原子力発電所事故

1979 年 3 月 28 日に起こった米国ペンシルバニア州のサスケハナ川の中州**スリーマイル島**（図 13.1）に建設された原子力発電所（96 万 kW）の事故は、環境への放射性物質放出による多数の住民の避難を伴った最初の原子力発電所の事故である。この事故は放射性物質の入っていない二次冷却系の脱塩操作中に誤って給水ポンプが停止したこと（人為ミス）に端を発する。この結

果、原子炉の除熱ができなくなり、炉心の圧力が上昇して自動的に圧力逃し安全弁が開いた。しかし、逃し弁が熱で固着して圧力が下がっても開いたままの状態が続いた（機械の故障）。この結果、大量の冷却水が失われ、原子炉は自動的に緊急停止し、非常用炉心冷却装置が作動した。さらに、水量を誤認した運転員が手動で非常用炉心冷却装置を停止し（人為ミス）、また不用意に一次給水ポンプも停止した（人為ミス）。このように人為ミスと機械の故障が重なった結果、原子炉燃料62トンが溶融し、そのうち20トンが原子炉圧力容器の底にたまった。

　原子炉から、キセノンなどの放射性希ガス 3.7×10^{17} Bq および放射性ヨウ素 5.5×10^{11} Bq などの放射性物質が環境中に放出され、発電所から8km以内の妊婦と就学齢前の乳幼児に避難が勧告された。この勧告の報道を受けて、妊婦、乳幼児のみならず周辺住民10万人が自主的に避難した。放射性セシウムは放出されなかったが、原子炉周辺の川沿いの放射能は 0.5 μSv／時間のところもあった。この地域の住民約200万人が受けた実効線量の平均値はおよそ 0.01 mSv とされている。

13.3　核燃料処理施設での被ばく

セラフィールド原子力施設

　スコットランドとの境界に近いアイリッシュ海に面した英国の**セラフィールド再処理工場**（旧名ウィンズケール再処理施設）（図13.1）は日本を含む世界各国の原子炉の核燃料再処理を行ってきた施設である。1957年に原子炉で起こった火災が3日間続き、ヨウ素131が 7.4×10^{11} Bq、セシウム137が 2.2×10^{10} Bq 放出された。この時の地域住民の最大被ばく線量は成人の甲状腺で 0.01 Sv、子供で 0.1 Sv と推定されている。この他にも同施設は事故による放射性物質の放出事故をたびたび起こしている。このため、同地域での小児白血病の多発が問題になった。発端は1983年に地元のテレビ局が同施設周辺で小児白血病が多いことを取り上げたことであった。政府は調査委員会を組織して調べた結果、地元シースケール村の若年層で白血病死亡率が増加していることを確認した（表13.5）。調査委員会のメンバーであったサ

表13.5 英国シースケール村と周辺地域の白血病例発生率（1963〜1990、15歳未満）

	シースケール村	（シースケール村を除いた）郡全体	カンブリア地方全体
患者数	6	26	76
発生率*	470.7	26.0	42.5

*100万人年あたり

原子力資料情報室「シースケール村での白血病多発」<http://www.cnic.jp/modules/smartsection/item.php?itemid=35> を参考に作成

ザンプトン大学のガードナー（Martin J. Gardner）は、1990年にその原因として、同工場で働いていた父親が100 mSv以上の外部被ばくを受けると、その子供達の白血病の発生リスクが非常に高くなると報告した（発がんの継世代影響と呼ばれる）。

この白血病発生頻度の異常な増加は家族と本人から工場に対しての訴訟に発展し、放射線生物研究者や遺伝学者を巻き込んだ論争となった。しかし、ガードナーが引用している野村（大阪大学）らの動物実験（第7章148頁参照）では、セラフィールド労働者の15〜20倍の被ばく線量でもリスクがせいぜい2倍程度であることや、広島長崎の原爆被ばくでは子孫へのリスク増加が見られないなど他の疫学および実験データと一致しない点があった。これについて他の研究者は、同施設が開設された後にいろいろな移住者が白血病ウイルスを持ち込み、免疫を持っていない施設労働者にたまたま白血病が発症したとする移住ウイルス感染説を唱えた。一方、たびたび汚染事故を起こしている同工場からの放射性物質の取り込みによる内部被ばく説も検討されたが原因は不明のままである。裁判は疫学的に相関関係が認められても因果関係の証明にはならないとして原告側の敗訴になった。

ハンフォード原子力施設

米国西海岸ワシントン州リッチランドにある**ハンフォード原子力工場**（図13.1）は、第二次世界大戦中にマンハッタン計画で長崎に投下された原子爆弾のプルトニウム製造・精製を行った場所として知られる。1977年にマン

キューソー（Thomas F. Mancuso）らは、この工場で働いた従業員の死亡診断書と被ばく線量から、1）がんで死亡した従業員の被ばく線量は非がん死亡者よりも高く、2）特に、肺、脾臓、骨髄のがんによる死亡と被ばく線量との間に相関関係があるとした。特に後者では、10 mSv の被ばくで脾臓と骨、肺、骨髄のがんの発生率が 14%、7%、28% 高くなっているという。

また、マンキューソーらは、広島・長崎の原爆被爆者の発がんリスクよりも極めて高いこの値から、ハンフォード原子力工場での被ばく形式である低線量率被ばくでは一瞬の間に起こる原爆被爆よりも発がんリスクが大きくなると問題提起した。このため、他の研究者により従業員 8000 人の死因と被ばく線量について改めて解析がなされた。その結果、膵臓がんとホジキン病については被ばく線量との相関が確認されたが、他のがんについては相関が見られなかった。一方、膵臓がんやホジキン病は放射線発がんとしては稀な臓器のがんであることから（第 6 章 119 頁参照）、放射線による発がんではなく、この工場で以前に扱っていた化学物質によるものとする意見もある。

▌マヤック核物質製造施設

セミパラチンスク（図 13.1）の北側約 1000 km の距離にある**マヤック核物質製造施設**においてプルトニウム製造の原子炉と再処理工場が 1948 年に操業を開始した。原爆開発初期の 1949 年から 1956 年にかけて放射性物質の大きな放出事故を起こしていた。近くをオビ河支流のテチャ川が流れており、川沿いの村の住民は、飲料水、水鳥飼育、家畜への給水、果樹園への灌漑、洗濯などを通じて被ばくを受けた。また、1951 年に大きな洪水があり、家畜の放牧や干し草用の土地が汚染された。この地区の住民 1 万 7433 人（平均被ばく線量 40 mSv）を 25.6 年間にわたって追跡調査した結果、放射線量に依存した固形がんの有意な発生増加が認められている（図 13.5）。

▌東海村 JCO 臨界事故

茨城県東海村（図 13.1）にある JCO 核燃料加工施設は普段は軽水炉用の 3 〜4% の低濃縮ウランを扱う加工精製会社であるが、1999 年 9 月 30 日に高

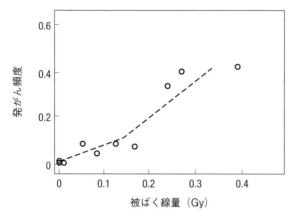

図 13.5　ロシア連邦マヤック核物質製造施設周辺住民の被ばく線量と発がん

原爆用のプルトニウム 239 の製造をしていたマヤック核物質製造施設はたびたび放出事故を起こした。この地域の住民が受けた被ばく線量と固形がんの発生頻度との間には相関が認められる。

Krestinina LY. et al., Solid cancer incidence and low-dose-rate radiation exposures in the Techa River Cohort: 1956-2002. Int J Epidemiol. 36:1038-46, 2007. を参考に作成

　速増殖実験炉「常陽」用の高濃縮（18.8％）ウラン 16.6 kg の加工精製中に 2 名の死亡を伴う臨界事故を起こした。作業内容は、濃縮ウラン U_3O_8 粉末を硝酸で溶解し、アンモニアを加えて重ウラン酸アンモニウム沈殿を作った後に、この沈殿物を硝酸に再溶解（硝酸ウラニル溶液）して純度を高めるというものであった。事故は最終工程の再溶解で起こった。再溶解は臨界状態にならないように設計した形状の容器（貯塔）を使用して行うことになっていたが、事故時には冷却水のジャケットに包まれた容器（沈殿槽）が規則に違反して使用された。その結果、大量の硝酸ウラニル水溶液を入れた容器の周りにある冷却水が中性子の反射材となって臨界状態に達した。

　この作業を行っていた三人が、大量に放出された中性子線と γ 線に、それぞれ 13.9〜30.1 Sv（作業員 A）、7.3〜15.8 Sv（作業員 B）、2.1〜4.5 Sv（沈殿槽から数メートル離れた位置にいた作業員 C）の全身被ばくをした（実効線量は中性子線の RBE を 1.7 として計算）。作業員 A は被ばく後数分以内に、作業員 B は約 1 時間後に嘔吐などの前駆症状を示し、その後これらの症状

表 13.6　東海村 JCO 臨界事故の周辺住民の推定被ばく線量

推定による線量（mSv）	東海村住民（%）（周辺事業所勤務者を除く）	那珂町住民（%）	周辺事業所で勤務していた者（%）	計（%）
0 以上 5 未満（うち、1 mSv 以上未満）	78(39)	24(12)	78(39)	180(90)
5 以上 10 未満	7	0	8	15(7.5)
10 以上	5*	0	0	5(2.5)
計（うち、1 以上）	90(45)	24(12)	86(43)	200(100)

*5 名の内 10〜15 mSv が 4 名、20〜25 mSv が 1 名

『原子力災害に学ぶ放射線の健康影響とその対策』（長瀧重信、丸善出版）77 頁を参考に作成

が消失して潜伏期に入った。これらの作業員は初期に放射線緩和剤（G-CSF）（第 3 章 60 頁参照）を医療管理の下に投与された。作業員 A は妹から末梢血幹細胞移植を受けて生着も見られたが、被ばく 83 日後に皮膚障害と消化管障害を含む多臓器不全のため死亡した。作業員 B も大幅な骨髄細胞の低下が認められたので臍帯血幹細胞移植（第 5 章 108 頁参照）を受けたが、肺炎を併発し、事故から 211 日後に多臓器不全で死亡した。ほとんど症状が見られなかった作業員 C は、中等度の骨髄細胞の減少のために放射線緩和剤投与に加えて血小板の輸血を受け、その後完全に回復した。

　大量の被ばくを受けた 3 名以外では、臨界状態を収束する作業にあたった 24 人に年間線量限度 50 mSv を超えたものはなく、また、防災業務関係者 60 人に 10 mSv 以上の被ばくはなかった。施設から 350 m 以内の住民 161 人が避難し、31 万人が屋内退避となった。周辺住民 200 人のうち 180 人（92%）は 5 mSv 未満の被ばくであり、残り 20 人が 5 mSv から 25 mSv の被ばく線量であった（表 13.6）。

Chapter 14

身の回りに存在する放射線

放射線は自然放射線と人工放射線に大別される。自然放射線は太古の昔から存在するので、被ばく線量は不変と思われがちである。しかし、建物室内のラドンガス、魚類のポロニウムなど自然放射線からの被ばく線量は我々のライフスタイルと関係している。また、飛行機搭乗者や鉱山労働者の職業被ばくも産業や科学の発展とともに新たに加わった放射線被ばくである。

14.1 我々を取り巻く自然放射線

自然放射線の発生源は地球を含めた宇宙の原子核反応である。我々は地球上に生存する限り、被ばく線量に違いがあっても、大地、空気、食物や宇宙から飛来する放射線による被ばくを避けることができない。

自然放射線源と人工放射線源

宇宙の歴史は原子核反応の歴史でもある。原始宇宙では水素やヘリウムの核融合で重い元素が作られ、超新星爆発によりこの重い元素同士の核反応でさらに重い元素が作られた。その後生じたチリが2億年かけて固まってできたのが地球といわれる。地球誕生は46億年前なので、その時に多量に存在した放射性核種の多くは既に崩壊して消滅している。一方で、ウランやトリ

表 14.1　自然放射線による被ばく線量（実効線量）

自然放射線	日本（mSv/年）	世界平均（mSv/年）
ラドン	0.48	1.26
大地	0.33	0.48
宇宙	0.30	0.39
体内	0.99	0.29
合計	約 2.1	約 2.4
医療被ばく	3.87	0.60

『放射線の科学』（小澤俊彦他、東京化学同人）48 頁を参考に作成

ウムなどの半減期の長い放射性核種はいまだに地球に存在しており、その崩壊熱（第 2 章 30 頁参照）が大陸プレートを運ぶ動力となり、地震の原因にもなる。特に、地表近くの岩石に存在する放射性核種は、人体の外部被ばくをもたらす自然放射線源となっている。崩壊した子孫核種の一部は野菜や家畜などを介して、またラドンガスは呼吸により人体に取り込まれる。

　宇宙の核反応は完全に停止したわけではない。太陽はいまだに核融合反応を続けており、そこから太陽光とともに放射線が常に地球に降り注いでいる。また、遠い宇宙の恒星の寿命が尽きて自らの重力で大爆発する超新星誕生の際に発生する放射線も宇宙放射線として地球に到達する。宇宙放射線が地球大気と衝突して生成する放射性核種もまた自然放射線源である。これらの**自然放射線**によって公衆が受ける年間の被ばく線量は、世界平均で 2.4 mSv/年、我が国では 2.1 mSv/年と推定されている（表 14.1）。

　レントゲンが 1895 年に発見した X 線は、人類が作り出した最初の放射線である。また、**人工放射性核種**は 1934 年にジョリオ・キュリーがホウ素やアルミニウムに α 線を照射して炭素 13 やリン 30 といった核種を製造したのが始まりで、これまでに作られた人工放射性核種は 1700 種類にもなる。現在では X 線や人工放射性核種テクネチウム 99m やフッ素 18 を取り入れた医療用機器が次々と開発されて放射線治療ならびに診断に利用されている。医療放射線による被ばくは世界平均で 0.6 mSv/年、我が国での国民あたりの平均値は自然放射線よりも多い 3.87 mSv/年とされている（表 14.1）。

放射線医療を受ける患者は放射線の被ばくから直接的な便益を受けることから、患者（公衆）への医療被ばくは他の線源からの被ばくと法律上で区別される。このため、医療被ばくの詳細は第9章に回すが、この章では医療従事者の職業被ばくについて簡単に触れる。

また、現代人は医療用放射線の他にもさまざまな人工放射性核種からの被ばくを受けている。これには米、英、露、仏、中が過去に行った大気圏内核実験によるセシウム137やストロンチウム90などのフォールアウト（第13章280頁参照）や、通常運転の原子力発電所からの放射性希ガスのクリプトン85や放射性水素（トリチウム）などが含まれる。公衆が受けるこれらの被ばく線量の合計は世界平均で0.012 mSv/年と現在では小さくなっている。

大地中の放射線源

土壌からのγ線を分析した図14.1aは、たくさんの種類の放射性核種が大地に存在することを示している。地球誕生以来存在する大地の放射性核種は55種類あり、このうち、鉛212、タリウム208、ビスマス212、アクチニウム228などはトリウム232の崩壊に由来する子孫核種である。トリウム232は半減期141億年で、α崩壊およびβ崩壊してこれらの核種を次々と生成して最後に安定核種の鉛208で核反応が停止する（図14.1b）。これらトリウム232を親核種とする放射性核種を**トリウム系列**と呼ぶ。同様に、放射性核種を生み出す半減期の長い核種として、半減期45億年のウラン238を起源と**するウラン系列**（図14.1c）や半減期7億年のウラン235（ウラン238との混同を避けるために**アクチニウム系列**と呼ばれる）、半減期214万年のネプツニウム237を起源とする**ネプツニウム系列**の4種類が知られている。ただし、ネプツニウム237は半減期が短いので、親核種は既に消滅して最終系列核種のビスマス209とタリウム205を残すのみである。また、原子炉の燃料となるウラン235の半減期も比較的短いので、現在では天然ウランに0.7%存在するだけである。しかし、半減期から計算すると17億年前には3〜4%と原子炉で用いる低濃縮ウランと同程度であったと推測される。実際、中央アフリカのオクロ鉱山では原子炉と同じ核反応が自然界で起こった天然原子炉の痕跡が報告されている。自然に存在する放射性核種のうち41種がこれ

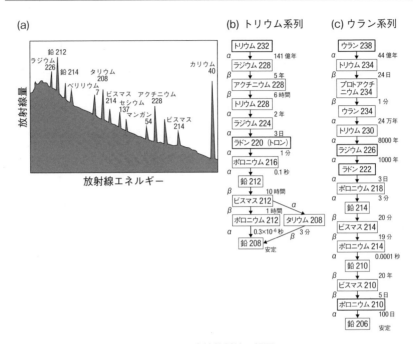

図 14.1　大地放射線の起源
ゲルマニウム半導体測定器を用いて大地からの γ 線を測定するとたくさんの放射性物質が存在することがわかる (a)。これらの大半は地球誕生の時から存在するトリウム 232 やウラン 238 が自然崩壊した子孫核種である (b、c)。

ら 4 系列のいずれかに属する。この他に親核種の崩壊によらず、また自身の崩壊で放射性核種を作らない独立した放射性核種として 14 核種が知られている。図 14.1a の半減期 12.8 億年のカリウム 40 がその代表例である。

　これら地球誕生以来の放射性核種は地球上の至る所に存在するが、その分布には偏りがある。大地からの自然放射線の大部分を占めるウラン系列とトリウム系列、それにカリウム 40、の岩石中の分布を見ると石灰岩や砂岩よりも火成岩に多いことがわかる（表 14.2）。また、同じ火成岩でも、マグマの結晶分化の過程でウラン系列、トリウム系列とカリウム 40 が濃縮されるために、玄武岩＜安山岩＜花崗岩の順に含有量が大きくなる。人体への被ばく影響を考える上では、γ 線が到達する地表からの深さ 50〜100 cm のこれ

表 14.2　土壌中の自然放射性物質量（Bq/グラム）

	ウラン 238 半減期 45 億年	トリウム 232 半減期 141 億年	カリウム 40 半減期 13 億年
火成岩	0.05	0.05	0.8
砂岩	0.01	0.02	0.3
石灰岩	0.01	0.02	0.08

『放射能　見えない危険』（草間朋子、読売科学選書）42 頁を参考に作成

らの岩石組成が特に重要である。我が国における大地からの放射線量は高い地域と低い地域の間で年間約 0.5 mSv の差異がある（図 14.2）。一般に西日本が東日本に比べて高いのは、西日本に花崗岩が多いからである。また、関東ローム層では玄武岩質の富士火山灰が地表を覆うために、関東では大地からの放射線が少ない。このため大阪と東京では年間 0.17 mSv の違いがある。

一方、花崗岩は道路の敷石や建材、墓石に利用されるために、そのような場所は地域にかかわらず放射線量が高くなる傾向がある。例えば、花崗岩をビル外装に用いた銀座 3 丁目では木造建築住宅からの 3 倍の放射線量が記録されたことがある。一方、内装に放射性物質の含有量の少ない大理石を用いたビル内では放射線量が少なくなる。我が国では 95% の人々が大地からの放射線量 0.3〜0.6 mSv/年の地域に住んでおり、この値のレベルは後述の高放射線地域を除けば世界中ほぼ共通である。

空気中の放射線源

ラドンは無味無臭で空気の約 7.5 倍重い気体である。研究者が自然放射線としてのラドン被ばくの重要性に気づいたのは最近であり、古い教科書にはラドンによる被ばくを考慮せずに年間自然放射線量が 1 mSv と記載されている。自然放射線として問題となる放射性ラドンには、ウラン 238 が壊変してできる**ラドン 222** とトリウム 232 の壊変によるラドン 220（**トロン**とも呼ばれる）が含まれる。ラドンもトロンもともに希ガスであり、呼吸器の奥深くまで侵入して上皮細胞に α 線の被ばくを与える。α 線は飛程が短く生物効

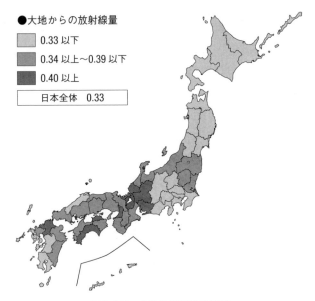

図14.2 大地放射線の地域差
大地からの自然放射線量に差があるのは、大地表層の岩石の組成が違うからである。放射性物質を多く含む花崗岩が多い西日本では自然放射線量が多く、放射性物質の少ない関東ローム層に表面を覆われた関東地方では少ない。

原子力安全研究協会「生活環境放射線」を参考に作成

果が高いために、特定の上皮細胞が集中的に被ばくし、呼吸器官におけるがん発生の原因となる。疫学調査ではウラン鉱山でのα線被ばくによる肺がんの過剰発生が報告されている。

　大地放射線（γ線）としてのウラン238とトリウム232の重要な発生源が地表近くの岩石であるのに対して、放射性ラドンおよびトロンは地球深部の岩石に含まれるウラン238とトリウム232が発生源となる。ラドン（トロンも含む）は大地のどこからでもしみ出て来るが、家屋の下の地面からしみ出して屋内にたまることがあり、これが自然放射線からの被ばくにおいて大きな問題となる。一般に気密性の高い建物であれば屋内のラドン濃度が高くなり、家が大地に直接建てられている北欧では屋外の500倍以上の放射性ラドンが測定された例がある。放射性ラドンは水にも溶け込むので、密閉性の高

Chapter 14 身の回りに存在する放射線

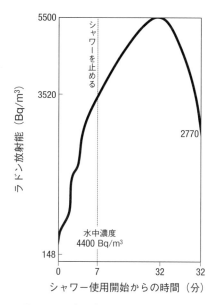

図 14.3　密閉空間での放射性ラドン
放射性ラドンは空気よりも重い気体である。大地からしみ出した、あるいは水に溶解していた放射性ラドンはシャワー室のような密閉した空間に充満する性質がある。

『放射線　その線量、影響、リスク』（吉澤康雄他、UNEP、同文書院）23 頁を参考に作成

い浴室での放射性ラドン濃度が問題になる。フィンランドの例では、浴室のラドン濃度が同じく水を扱う台所の 3 倍、居間の 40 倍も高いと報告されている。また、シャワーを 7 分間使用するとラドン濃度が急速に上昇し、元に戻るまで 30 分以上かかることがわかる（図 14.3）。欧米ではラドンによる年間の実効線量は 1.26 mSv とされており、自然放射線の約半分を占める。我が国でのラドンとトロンによる年間の実効線量は 5 対 1 の割合で、両者の合計 0.48 mSv/年が自然放射線の約 1/4 を占める。

ロシアや東欧、オーストラリアではラドンが病気に効くと考えられており、ザルツブルク（オーストリア）の温泉では洞窟内にラドン吸入所や全身浴所が設けられている。我が国でも、放射能温泉として名高い三朝温泉（鳥取県）や玉川温泉（秋田県）でラジウムに由来する高いラドン濃度が報告され

ている。それぞれの温泉地に仮に1年間滞在した場合の実効線量は1.2 mSv/年と15〜20 mSv/年と見積もられている。

食べ物と体内の放射線源

自然放射線源の一つである食品からの内部被ばくには、放射性**カリウム40**の寄与が大きい。カリウム40は非放射性の天然カリウム中に0.0117%含まれるので、1gの天然カリウムには約32 Bqのカリウム40が存在する。60 kgの人体の天然カリウムは120 g（体重の0.2%）となるので、人体には約4000 Bqのカリウム40が存在することになる。この結果、体内のカリウム

Column 14 ── スパイとポロニウム 210

ロシアの情報機関の元中佐であったリトビネンコ氏はプーチン政権を批判し2000年に英国に亡命した。英国の諜報機関とも関係があったとされる元中佐は、2006年11月1日にホテルのバーで緑茶を飲んだ後、その日の夜に激しく嘔吐、原因不明のまま入院した。集中治療室に収容されていたが、11月23日にロンドンの大学病院で死亡した。11月24日の新聞はリトビネンコ氏の体内からウランの100億倍の放射能をもつポロニウム210が検出されたと報道した。英国警察は犯人としてソ連諜報機関の元職員を告発したが、ロシア側は身柄引き渡しに応じなかっただけでなく、疑惑の人物をロシア国会議員に昇進させた。

ポロニウム210はγ線を出さないほぼ純α線崩壊の核種なので紙一枚でしゃへいされて検出されにくい。また、α線は生物効果が大きく、取り込まれた周囲の細胞にすべてのエネルギーを与えて致死を引き起こす。1 µgのポロニウム210を摂取すると、ヒトの半致死線量の10倍以上に相当する50 Svの線量を全身に与えることになる。ポロニウムはラドンの子孫核種として自然にも存在し、人体には約30 Bq存在する。たばこの葉にはポロニウムが濃縮されるので、喫煙者は非喫煙者に比べてポロニウム210の取り込み量が多くなる。リトビネンコ氏の事件後、2004年に既にフランスで病死していたノーベル平和賞受賞のヤーセル・アラファートPLO元議長の衣類からポロニウム210が検出されて、再びポロニウムによる暗殺が疑われた。しかし、遺体から検出されたポロニウム210は、自然界に存在する量と同程度だった。

表 14.3 我が国における食品からの内部被ばく（実効線量）

放射線物質の種類	年間被ばく線量（mSv）
カリウム 40	0.18
炭素 14	0.01
鉛 210 またはポロニウム 210	0.80

『放射線生物学』（稲波修編、近代出版）144 頁を参考に作成

40 からの β 線および γ 線から年間 0.18 mSv/年の被ばくを受け、またそこからの γ 線は近くにいる人を被ばくさせる。カリウム 40 は日常食品の天然カリウムとともに体内に取り込まれる。例えば、乾燥しいたけ 1 kg には 670 Bq の放射性物質のカリウム 40 が含まれている。カリウムは主に細胞の水分に含まれるので、脂肪細胞の多い女性の体内カリウム 40 量は男性に比べて少なく、また被ばく線量も少なくなる。

この他に、宇宙線生成核種の炭素 14 とトリチウムの被ばくがそれぞれ年間 0.01 mSv/年および 0.00000082 mSv/年と推定される。また、ウラン系列のラジウム 226 やポロニウム 210、鉛 210 も植物に吸収されて、食品として人体内に取り込まれる。北極に住む人々は通常の 35 倍以上の鉛 210 や**ポロニウム 210**（コラム 14）を体内に取り込んでいる。これは彼らの食用となるトナカイがこれらの元素を多く含む地衣類を食べることが原因である（解説 3 参照）。鉛 210 やポロニウム 210 は魚の肝臓など海産物にも多く含まれ、西洋人に比べて魚貝類を多く食べる日本人のポロニウム 210 や鉛 210 からの被ばく線量が 0.8 mSv/年にも達することが近年明らかになった（表 14.3）。

宇宙放射線

宇宙放射線は太陽を起源とする太陽粒子線と超新星の爆発に由来する銀河宇宙線、そして地球の磁力線に捕捉された捕捉粒子線の 3 種類に分けられる（図 14.4）。**太陽粒子線**は 99% が陽子で（第 2 章 35 頁参照）、そのエネルギーは 1〜100 MeV である。稀に 10 GeV に達するものもあり、地表での被ばくにかかわるのはこのようなエネルギーの高い成分だけである。**捕捉粒子線**

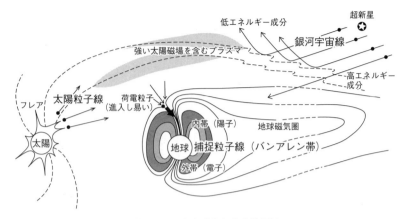

図14.4 さまざまな宇宙放射線

宇宙放射線は太陽の核融合反応由来の太陽粒子線、超新星の爆発に由来する銀河宇宙線、これらの宇宙線が地球の磁場に捕捉された捕捉粒子線の3種類に分類される。

藤高和信、宇宙環境の放射線、日本原子力学会誌、35:880-884、1993 を参考に作成

は地球磁場が陽子と電子を捕捉することにより形成される。捕捉粒子線は地球を360度とりまくドーナツ状の領域（バンアレン帯と呼ばれる）に存在しており、地表3000 km 上空の内帯と 22000 km 上空の外帯からなる。内帯に存在する陽子のエネルギーは数百 MeV に達するが、外帯を構成する電子は数 MeV ほどである。スペースシャトルなど有人宇宙船は高度 400 km 以下を飛行しているのでバンアレン帯の影響を受けないが、内帯の一部が高度 300～400 km 程度に垂れ下がっている南大西洋の上空（南大西洋異常帯と呼ばれる）の通過では捕捉粒子線の被ばくを受ける。

銀河宇宙線の組成は85% が陽子、12% が α 線、2% が電子、そして残り1% が加速されたウランまでのさまざまな大きさの重イオンである。エネルギー範囲は 100 MeV 以上で平均エネルギーは 1 GeV になる。過去に測定されたエネルギーの最高値は 3.2×10^{11} GeV に達した。重イオンの生物効果は大きいので、銀河宇宙線の被ばくに対する寄与は大きくなる。地表に到達する銀河宇宙線は変動することがあり、太陽活動が活発なフレア時期には粒子数が 40% も減少する。これは、太陽粒子線を構成する陽子や電子が作るプ

ラズマが銀河宇宙線を太陽系外にはじき飛ばすためである。太陽活動が活発であれば、太陽粒子線の量が大きくなるが、逆に銀河宇宙線が少なくなるので全体として外部からの宇宙放射線は減少する。これら宇宙放射線が地球大気と衝突すると、中性子やパイ中間子などの二次宇宙放射線が発生する。また、エネルギーが低い場合には炭素14やトリチウム（放射性水素）などの放射性核種を生成して、食物を介しての放射線被ばくをもたらす。

　大気は宇宙放射線をしゃへい（遮蔽）する役割をしており、その効果は厚さ 10 m の水層に匹敵する。このため、海面での宇宙放射線は 0.03 μSv/時なのに対して、海抜 2000 m 以上のメキシコシティーでは 0.1 μSv/時と約 3 倍高くなる。同様に富士山山頂でも東京都区内平地の 3 倍ほどの量の宇宙放射線に被ばくする。国際線旅客機が飛行する 10000 m 上空では 5 μSv/時の宇宙放射線量となり、日本からニューヨークまでの往復飛行で 0.2 mSv 弱の被ばく受ける。高度ほどではないが、緯度によっても宇宙放射線量が変わる。赤道に沿って成田からナイロビまでの飛行距離と成田－ニューヨークはほぼ同じ距離であるが被ばく線量は 3 倍も異なる。これは、北極上空を飛行する時に地磁気の影響で地球に回り込んで入る宇宙放射線の被ばくを受けるからである。宇宙放射線による外部被ばくの世界平均値は 0.39 mSv/年、我が国では 0.30 mSv/年と見積もられている。我が国での被ばく線量が若干少ないのは、高地に居住する人が少ないからである。

さまざまな消費財からの被ばく

　煙感知器：諸外国の**煙感知器**にはα線源として 40 kBq を超えない放射線量のアメリシウム 241 の小さな薄片が組み込まれている。α線の電離作用により電気が流れる隙間があり、そこに煙が入ると電流が減少して検知するしくみである。英国では 80% の家庭に設置されているが、検出器から 2 m の距離で 1 日 8 時間被ばくすると仮定すると、年間被ばく線量は 0.07 μSv となる（表 14.4）。我が国の家庭用煙感知器にアメリシウム 241 は用いられていない。

　光学レンズ：高い屈折率を得るためにトリウムを用いた写真レンズがアトミックレンズとして市販されたことがあった。1 日あたり数時間、年間に何

表 14.4 消費財及び雑貨からの公衆への線量（実効線量）

品目	推定年間個人実効線量（μSv）
プロメチウム 145	0.3
トリチウム（3H）を含む夜光腕時計	10
煙探知機	0.07
ウラン光沢壁面タイル	< 1
地質学標本	100
写真用レンズ	200-300
たばこ中のポロニウム-210	10

UNSCEAR 2008 年報告書（放射線医学総合研究所監訳）第 1 巻 359 頁を参考に作成

百日も首の周りにそのようなレンズが付いたカメラを携える写真家のトリウム 232 からの被ばく線量は 200～300 μSv/年と推定される（表 14.4）。1970 年代半ば以降は製造されていないが、中古品は現在でも流通している。

腕時計：国際的な基準が定められた 1967 年以前の腕時計には蛍光物質として放射性ラジウムが用いられていた。ラジウム子孫核種は γ 線も放出するため時計の持ち主の全身を照射する。ラジウムが用いられなくなった以降も放射性のトリチウムやプロメチウム 147 が代用された。被ばく線量はそれぞれ、10 μSv/年と 0.3 μSv/年と見積もられている。しかし、放射性のトリチウムやプロメチウム 147 はともに 1990 年代後半以降は非放射性の蛍光物質に置き換わっている。なお、ラジウムで発光する懐中時計は祖父の形見として家庭に保管されている例もある。

ウラン光沢壁面タイル：1930 年から 40 年代に製造された陶磁器の釉薬としてウラン塩が使われたことがある。この陶磁器の使用は皮膚上に低レベルの汚染を引き起こし、食器として使用するとわずかな線量（1 μSv 以下）の被ばくをもたらす可能性がある（表 14.4）。また、ガラスに黄色や緑色を着色するためにウランを添加したワセリンガラスが現在でも製造されている。このガラスによる被ばく線量は最高レベルの場合には 0.5 mSv に達する。

タバコ：市販のリン酸肥料には微量のラジウム 226 が含まれている。その

崩壊物のラドン 222 が大気中に拡散し、娘核種の鉛 210 がタバコ葉の粘着性の毛状突起などに付着、そこで崩壊して α 線を放出するポロニウム 210 に変わる。毎日 20 本喫煙する場合にはポロニウム 210 から受ける年間被ばく線量は 51 μSv、平均的な喫煙者で 10 μSv/年と見積もられている（表 14.4）。

航空検査：空港で行われる手荷物検査に X 線が用いられる。この時の手荷物に照射される放射線量は 1 μSv 以下であり、検査場近くの乗客が受ける被ばく線量はさらに小さくなる。なお、金属探知機に代わって全身ボディースキャナーの導入が進められているが、最新型のスキャナーは X 線を使用していないので被ばくの心配はない。

14.2 自然および人工放射線からの職業被ばく

従来、職業上の放射線被ばくは人工放射線に由来すると見なされていた。しかしながら現在では、放射線に被ばくする機会のある作業者 2280 万人のうち約 1300 万人が自然放射線源に、残りの約 980 万人が人工放射線源に被ばくしている。なお、自然起源放射性物質は **NORM**（Naturally Occurring Radioactive Materials）とも呼ばれる。

鉱山での自然放射線からの被ばく

職業上で NORM に被ばくする線量は職業により大きく変わるが、UNSCEAR 2008 年の報告によると**石炭採鉱**では 1 年間に平均 2.4 mSv の被ばくを受けるという。これは人工放射線（0.2〜1.0 mSv）の約 2.5 倍から 10 倍の被ばく線量に達する（表 14.5）。被ばく線量は鉱山によっても変わる。石炭中のウラン 238 とトリウム 232 量は一般的に 5〜300 Bq/kg 程度であるが、ドイツの石炭鉱山の 15000 Bq/kg のように高いところでは被ばく線量も高くなる。また、石炭を処理した時に発生するスラグには 850〜2400 Bq/kg のラジウム 226 が含まれており、大きな被ばく源になる。

肥料にするリン鉱石にはウランとラジウムの合計で通常は 1500 Bq/kg の放射能があるが、鉱山によっては 20000 Bq/kg の例もある。同様に、黄緑石（ニ

表 14.5　自然起源の放射性物質と人工放射線源による職業被ばく

線源／作業場所		平均年間実効線量〔mSv〕
自然放射線源	航空機運航	2～3
	石炭採鉱	2.4
	その他の採鉱（ウラン採鉱を除く）	3.0
	その他の作業所（温泉など）	4.8
人工放射線源	核燃料サイクル（ウラン採鉱を含む）	1.0
	放射線の工業利用	0.3
	防衛活動	0.1
	放射線の医学利用	0.5

UNSCEAR 2008 年報告書（放射線医学総合研究所監訳）第 1 巻 13-14 頁を参考に作成

オブ鉱）には 10000～80000 Bq/kg の放射能がある。レアアース鉱物はウラン 238 とトリウム 232 をそれぞれ 900～1200 Bq/kg と 700～7000 Bq/kg、同様にジルコン鉱石はそれぞれ 300～7000 Bq/kg と 600～3000 Bq/kg の放射能を含んでおり、鉱山作業者に被ばくをもたらす。

これらの放射性物質からの被ばく経路は、主に 1) ラドン（トロンも含む）の吸引、2) 鉱物粉塵の吸入、3) γ線による外部被ばく、である。この他にも多くの鉱石に放射性物質が含まれているので、石炭採鉱やそれ以外の鉱石の採鉱に直接たずさわる作業者の被ばくは、それぞれ 2.4 mSv/年と 3.0 mSv/年と見積もられている。また、温泉や観光用洞窟などの作業者の被ばくは 4.8 mSv/年にも達する（表 14.5）。

航空機搭乗による宇宙放射線からの被ばく

米国での調査によると 1 フライトあたりの被ばくは 0.3 μSv から 60 μSv なので、宇宙放射線による国際線旅客機の乗務員の被ばくは 2～3 mSv/年と見積もられている。また、女性客室乗務員が妊娠中に長時間（例えば 1 ヶ月に 100 時間）、線量が高い航路を飛行した場合には胚や胎児に 0.5 mSv 以上の被ばくを受けることがある。

国際線旅客機よりもさらに上空（高度 200〜600 km）を飛行する人工衛星では、1 日あたり 0.19〜0.86 mSv の被ばくを受ける。被ばく線量に違いがあるのは、航空高度が高くなって捕捉粒子線が多いバンアレン帯あるいは南大西洋異常帯に近づけば被ばく線量が多く、また太陽活動が活発であれば銀河宇宙線が減少するので被ばく線量が減少するというように、飛行条件によって被ばく線量が大きく変動するからである。日本も含めて複数の国が将来の火星有人探査への意欲を表明しているが、地球から火星まで半年かけて飛行し、その後火星地表に 1 年滞在して、再び半年かけて戻ってくるとしたら、行きに 0.3 Sv、現地で 0.4 Sv、帰りに 0.3 Sv で、合計 1 Sv の被ばくが予想される。1 Sv は短時間に浴びるとリンパ球が急速に減少する線量なので、宇宙放射線からの防護が火星ミッションの課題になる。

人工放射線源からの被ばく

人工放射線源中では、ウラン採掘から濃縮、そしてウランおよびプルトニウム抽出までを含む核燃料サイクルに関わる作業者の被ばくが年間 1 mSv と最も大きい（表 14.5）。1975 年にモニターされた同作業者の被ばくは 4.4 mSv だったので、20 年間に原子力による発電が 3 倍から 4 倍に増加しているにもかかわらず被ばく線量は徐々に減少していることがわかる。これはウラン採掘技術の進展などによるものである。

医療放射線による患者への被ばくは法律上の制約を受けないが、医療従事者の被ばく（第 9 章 188 頁も参照）は職業被ばくとして他の線源と同様に規制される。放射線の医療従事者の総数は年々増加しているが、被ばく線量はこの十数年間で特に減少する傾向がみえない。UNACEAR 2008 年の報告では 2000〜2002 年の調査時の被ばく線量は 20 年前の 1980〜1984 年調査とほぼ変わらない年間 0.5 mSv であった。その結果、作業者と被ばく線量の積で表される集団実効線量の比較では、過去には核燃料サイクルの作業が圧倒的であったが、2002 年には医療分野の集団実効線量 3540 人・Sv が人工放射線による職業被ばく全体（4730 人・Sv）の 75% を占めている。

一方、放射線の工業利用には、産業分野での放射線照射、非破壊検査、石油探査時の地層検査、発光材利用、結晶解析などが含まれる。1979 年まで

と比較してこれらの作業者数は 1.6 倍に増加しているが、被ばく線量は当時の 1.6 mSv から 1/4 以下に減少し、0.3 mSv になっている。軍事活動には核兵器の製造と実験、海軍艦隊の核エネルギー利用、研究・非破壊検査が含まれる。1979 年までのこれら作業者の被ばくは年間 1.1 mSv であったのが 2002 年には 0.1 mSv と 1/10 に減少している。

14.3 世界の高放射線地域と影響調査

世界の高放射線地域

地球上には大地からの放射線量がかなり高い地域が存在する（図 14.5）。ブラジルのサンパウロ市に近い**ガラパリ海岸**ではトリウム 232 に富んだ砂質で、大地からの放射線量は年間 5.5 mSv に達する。同じく、イランのカスピ海沿岸の温泉都市**ラムサール**では、温泉堆積物中のラジウム 226（80〜50000 Bq/kg）から年間 10.2 mSV の被ばくを受けている。また、中国の**広東省陽江県**では粘土中のトリウム 232 とウラン 238 からの年間放射線量が 3.5 mSv に達する。トリウム 232 に富んだ砂質のインド南西部の海岸地域**ケララ州**の住民も年間 3.8 mSv の被ばくを大地から受けている。

住民の放射線影響調査

ケララ州の住民約 40 万人を対象として慎重に選んだコントロール地域との比較では、蓄積被ばく線量 600 mSv でもがんおよび先天異常発生率の有意な増加が見られていない（図 14.6a）。同様に、陽江県の約 7 万人の調査でも放射線による発がん頻度と先天異常の増加は認められない。しかし、後者では、末梢血リンパ球の転座など安定型染色体異常にコントロール地域との違いはないが、不安定型染色体異常（第 7 章 137 頁参照）が高線量地域で有意に高いとされる（図 14.6b）。一方、ロシアのマヤック核物質製造施設から流出した放射性物質に被ばくしたテチャ川流域（第 13 章 288 頁参照）住民 1 万 7000 人（平均線量 40 mSv）の疫学資料は固形がんの有意な増加を示している（図 13.5）。

日本の原爆被ばく者の疫学資料は、短期間に高線量の外部被ばくを受けた

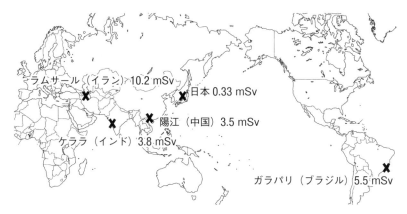

図 14.5　世界の高放射線地域

世界では、大地中のトリウム 232 やウラン 238 含量が多いために自然放射線量が高い地域が報告されている。図には世界の高放射線地域での大地からの自然放射線量（実効線量）と参考に我が国での大地からの放射線量を示した。

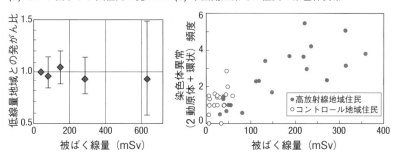

図 14.6　高放射線地域での放射線影響調査

ケララ州の住民の調査では自然放射線 600 mSv までの被ばく者に発がんの増加は見られなかった (a)。中国陽江県での住民調査でも発がん増加は認められなかったが、血液中のリンパ球の染色体異常が被ばく線量に応じて増加した (b)。

(a) Boice JD Jr. et al., Low-dose-rate epidemiology of high background radiation areas. Radiat Res. 173:849-54, 2010. を参考に作成、(b) 体質研究会、高自然放射線地域住民の染色体について <http://www.taishitsu.or.jp/HBG/ko-shizen-4.html> より転載

場合である。これに対して作業者ならびに一般公衆の被ばくは、概して長期間にわたる低線量被ばくであり、時として被ばくは体内に取り込まれた放射性核種によるものである。体内に取り込まれた放射性核種による長期間の低線量被ばく資料は、ロシアのテチャ川流域（マヤック核物質製造施設）住民の固形がん、同じくロシアのチェルノブィリ原子力発電所事故の放射性ヨウ素による甲状腺がん（第13章284頁参照）からも提供されている。これらの疫学資料は、低線量放射線もがんを誘発することを示した原爆被ばく者の資料と大きく矛盾しない。

これに対して、中国陽江県やインドのケララ州の高自然放射線地域の住民の調査は、放射線ががんを誘発することすら示していないので、両者には大きな違いがある。原子放射線の影響に関する国連科学委員会 UNSCEAR 2010 年報告は「あらたなデータがこれらの研究や他の研究から引き続き得られている。UNSCEAR は今後も追跡を続ける予定である」と結んでおり、今後の解析結果を注視する必要がある。

Chapter 15

放射線を管理する

人間は放射線被ばくによる DNA 二重鎖切断を修復できるが、副作用があることを第 4 章で述べた。このため、放射線障害をなくす最も有効な方法は放射線被ばくを避けることである。本章では外部被ばくや内部被ばくからの防護方法、汚染地域での被ばく低減方法や放射線規制による被ばく管理について述べる。

15.1 放射線被ばく防護の基本原則

外部被ばくの特徴と防護の基本原則

　放射線の被ばくには線源が身体外にある**外部被ばく**と体内に取り込んだ線源による**内部被ばく**がある（図 15.1）。体表に付着した線源から被ばくする場合もあるが、外部被ばくと同様に扱える。外部被ばくと内部被ばくでは放射線防護の方法が異なるので、ここでは分けて説明する。外部被ばくでは、体表に当たった放射線が内部に進むに従ってエネルギーを失うので、一般には身体の深部ほど被ばく線量が小さくなる。しかし、透過力の強い γ 線では線源が外部にあっても身体の内部まで被ばくする。このような外部被ばくからの防護方法は「線源からの距離をとる」、「しゃへい（遮蔽）する」、「被ばく時間を短くする」が三原則である。

　放射線の線量は、たき火の熱や光線と同じように、距離の二乗に反比例す

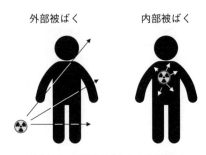

図 15.1　外部被ばくと内部被ばく
放射線源が身体外にある場合の被ばくは外部被ばく、線源を体内に取り込んだ時の被ばくは内部被ばくと呼ばれる。

る。線源との距離を 2 倍にすれば被ばく面積あたりの放射線量は 1/4 に、3 倍にすれば 1/9 になる。これを「**距離の逆二乗則**」という（図 15.2a）。従って、野外で放射性物質が見つかった時には、放射線源にむやみに近づかないで充分な距離をとることで被ばく線量を下げられる。線源を移動するなどの作業を行う必要があるときは、直接手で持たずピンセットや遠隔操作用のトングを用いて線源との距離をとる。

　また、**しゃへい**物を放射線源と身体の間に置くことで被ばく線量を大幅に減弱できる。α 線では紙 1 枚、β 線でも 1 cm のプラスチック板で完全に放射線をしゃへいできる。ただし、β 線のしゃへいに金属を用いると制動 X 線が発生するので（第 9 章 180 頁参照）、プラスチックのような原子番号の小さい物質がしゃへいに優れている。一方、透過力の強い γ 線ではしゃへいに鉛や鉄、コンクリートが使われる。γ 線は α 線や β 線と違って鉛や鉄の厚さの指数関数で減弱する。セシウム 137 の γ 線を 1/100 に減弱させるには、厚さ 12.5 cm の鉄あるいは 4.5 cm の鉛が必要である（図 15.2b）。木造家屋でも γ 線を 30〜70% に減弱、コンクリート造りの家屋では 15% 程度まで下げられる。

　構造上などの理由で距離やしゃへいを充分にとれない時には、作業時間あるいは**被ばく時間**を短くする必要がある。放射線源は一定した線量率であることが多いので、放射線作業者は綿密な計画をたてて作業時間を短くすることで被ばく線量を下げられる。また、周辺に比べて局所的に放射線量が多い

(a) 被ばく線量の逆二乗則

(b) セシウム 137 γ 線のしゃへい材によるしゃへい効果

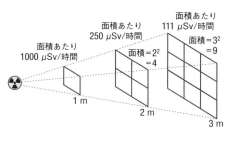
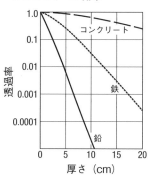

図 15.2 放射線防護の方法
充分に小さな線源からの外部被ばくの場合、線源からの距離の二乗に反比例して被ばく線量が減少する(a)。セシウム 137 γ 線のしゃへいには鉛や鉄が用いられ、厚さ 4.5 cm の鉛板でγ線量を 1/100 に減衰できる(b)。

ホットスポットのような場所では、市民はむやみに近づかないようにすることに加えて、近くにいる時間をできるだけ短くすることで被ばく線量を低くできる。

外部被ばくの防護には放射線量を実測するモニタリングが必要である。モニタリングには作業環境や汚染地域の測定と個人の被ばく線量の測定がある。前者には電離箱式サーベイメーター、GM 計数管式サーベイメーター、シンチレーション式サーベイメーター（第 1 章 18 頁参照）、そして後者にはガラス線量計（第 1 章 19 頁参照）やフィルムバッジなどが用いられる。

内部被ばくの特徴と防護の基本原則

内部被ばくは経口（食物、飲料水と一緒に摂取）、吸入（空気中の粉末、気体状核種の摂取）、経皮（皮膚からの摂取）の 3 経路で起こる。空気の**吸入**による放射性物質の摂取を避けるために、放射線作業環境内での充分な換気を行うとともに気体になりやすい物質はフード内で扱う。また、事故による大気汚染の場合にはマスクを着用したり室外にいる時間をできる限り短縮

(a) 体内の動き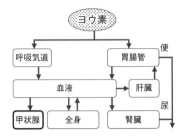

(b) ヨウ素と結合する甲状腺ホルモン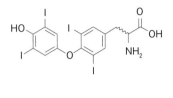

図 15.3　放射性ヨウ素の取り込み

呼吸や経口で取り込まれた放射性ヨウ素の 10〜30% が甲状腺に蓄積する (a)。甲状腺ホルモンは 4 分子のヨウ素（I）と化学結合するので、放射性ヨウ素は甲状腺に集積する (b)。しかし、過剰の安定ヨウ素をあらかじめ摂取すると、甲状腺ホルモンに結合する放射性ヨウ素が減少するとともに甲状腺への蓄積量も低下する。

する、室内に入る時にほこりを落とすなどの対策が重要である。

しかし、吸入摂取が問題になるのは原子炉事故では特に初期の段階であり、**それ以降は経口摂取や経皮移行**が重要になる。原子炉事故が起こった場合の経口摂取に対しては、早急に農作物の汚染状況を確認して、場合によってはそれらの出荷ならびに摂取に対する放射性物質量の規制を行わなければならない。住民は、食品には元々自然放射性物質が入っていることを考慮して、規制が行われている食品についてはそれに対応した適正な判断を行い、パニックになるようなことがあってはならない。また、規制がかからない場合でも、放射性セシウムが蓄積しやすい山菜や野生動物の摂取を避けるべきであり（コラム 13）、自家野菜についても安全の確認が必要である。皮膚からの取り込みに対しては、汚染が強い土壌の表土や樹皮・枝葉の処理に手袋や防護服を着用しての作業を心がけるべきである。

体内に線源として取り込まれた放射性物質は、気道や消化管を経由して一部は血流に入り、特定の組織に蓄積して被ばくを続ける。例えば、ヨウ素 131 は甲状腺に蓄積して、物理学的半減期で減衰するまで甲状腺被ばくを続ける（図 15.3a）。一方、セシウム 137 は全身の組織器官にほぼ均一に取り込まれ、体内への取り込みがなくなると一定の速度で排出される。この場合放

射線被ばく量を決めるのは、セシウム 137 の物理学的半減期（30 年）でなく、体外に排出される生物学的半減期である。物理学的半減期 Tp と生物学的半減期 Tb の値が近く、両方を勘案する必要がある時には有効半減期 Te を用いる（第 2 章 24 頁参照）。

ヨウ素 131 やセシウム 137 の内部被ばくのモニタリングは、これらの核種が放出する γ 線を体外から測定する検出器が用いられる。全身の γ 線を測定するにはホールボディカウンターが便利である。しかし、透過力の弱い α 線や β 線の核種は、尿、糞、血液や毛髪などから試料を調整して、液体シンチレーションカウンターなど（第 1 章 19 頁参照）を用いて測定する。

15.2 体内の放射能を除去する薬剤

放射線の影響を最小限にするには防護の原則に従って被ばく線量を少なくするのが最も効果的である。しかし、そのような注意をする余裕もなく取り込んでしまう、あるいは環境全体が汚染して避けられない場合がある。このため、被ばくによる障害を低減するために、人体への取り込み量を少なくするあるいは体外への排出を促進する薬剤が開発されている。

放射性ヨウ素の取り込みを少なくするヨウ化カリウム

ヨウ素 131 など放射性ヨウ素は、化学形にかかわらず、体内に吸収されると水に溶けやすい I^- 無機イオンの形をとる。経口や吸入によって取り込まれた放射性ヨウ素はそれぞれ消化管や肺を経由して血液中に移行し、そのうち約 10～30% が摂取後 24 時間以内にのど仏の下にある 4 cm ほどの蝶の形をした甲状腺に取り込まれる（図 15.3a）。残りのほとんどは腎臓を経由して尿中に排泄される。哺乳動物では、転写促進を介して全身の細胞の呼吸量やエネルギー産生量を調整する**甲状腺ホルモン**（チロキシン）が甲状腺で産生される。甲状腺ホルモンは、他の生体化合物には見られない 4 個のヨウ素と結合する化学構造をとっている（図 15.3b）。甲状腺に取り込まれた安定ヨウ素は生物学的半減期 80 日で排出されるが、放射性ヨウ素 131 はその前に物理学的半減期 8 日で消失する。

甲状腺に取り込まれた放射性ヨウ素は、甲状腺を中心とした放射線被ばくにより甲状腺がんを引き起こす原因となる（第6章121頁参照）。甲状腺の被ばくを抑えるためには放射性ヨウ素が甲状腺に移行する前に食い止めることが大事である。安定ヨウ素化合物のヨウ化カリウムを投与すると体内で放射性ヨウ素が希釈されて甲状腺への蓄積量が大幅に減少する。この効果は放射性ヨウ素と安定ヨウ素を同時に取り込んだ時に最も大きく、ヒトでは100〜200 mgの安定ヨウ素剤投与によりヨウ素131の蓄積を98％以上抑制できる。また、放射性ヨウ素の摂取24時間前あるいは摂取直後の安定ヨウ素の投与でも90％以上を抑制できるが、放射性ヨウ素の摂取後8時間で40％に、そして24時間を経過するとその効果は7％にまで低下する。なお、内服薬でない消毒用やうがい用などのヨウ素を安定ヨウ素剤として飲んではならない。

▍放射性セシウムの除去に有効なプルシアンブルー

放射性セシウムは周期律表で同族のナトリウムやカリウムと同じく溶液中では一価の無機イオンとして存在する。経口で摂取された放射性セシウムは腸からほぼ100％吸収されて血液中に入り全身に運ばれる（図15.4a）。血液中での分布は、周期律表で同族のカリウムが赤血球で多く、ナトリウムは血漿で多いが、セシウムは両者の中間になる。筋肉にやや蓄積しやすい傾向があるが、全身に分布する。30年の物理学的半減期よりも早く体外に排出されるが、生物学的半減期110日で体内に留まる間は被ばくが続くことになる。

放射性セシウムを除去する薬剤として知られているのがフェロシアン化第二鉄である。フェロシアン化第二鉄は**プルシアンブルー**として知られる江戸時代の版画絵にも用いられた馴染みの青色色素である。プルシアンブルーは鉄イオンを中心に立方格子を作っており、放射性セシウム原子はこの格子内の隙間に安定的に取り込まれる（図15.4b）。経口摂取された放射性セシウムは腸管から100％吸収されるが、その一部は腸肝循環の経路で腸管に再分泌される（図15.4a）。プルシアンブルーを摂取すると、腸管に再分泌された放射性セシウムを吸着して糞便中への排泄を促進する。その結果として腸管から血液への再吸収が抑制され、体外への排出が早くなる。プルシアンブルーの投与は放射線医学総合研究所で厳重に管理され、一般病院や個人病院の医

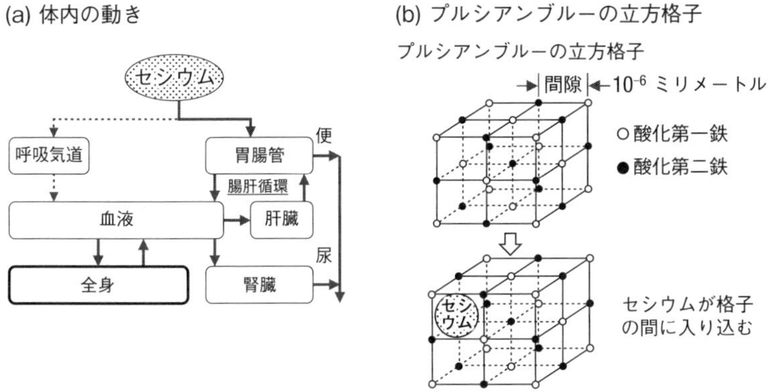

(a) 体内の動き

(b) プルシアンブルーの立方格子

図 15.4　放射性セシウムの取り込み

経口で摂取された放射性セシウムは胃腸管から 100% 吸収されてほぼ全身に分布するが、肝臓を経て腸管に再分泌される腸肝循環を行う (a)。放射性セシウムはプルシアンブルーの鉄の立方格子の間に安定的に結合する (b)。プルシアンブルーを服用すると、腸肝循環で腸に再分泌された放射性セシウムがプルシアンブルーと結合して糞便として体外に排出される。

師の判断では処方も投与もできない規則になっている。

一方、同族のカリウムを過剰投与するとセシウム 137 の体外排出が早まるという動物実験の報告があるが、ヒトではカリウムあるいは非放射性セシウム投与による排出促進は観察されていない（解説 3 参照）。

15.3　放射能汚染地域での生活の工夫

放射能汚染状況を改善するために住民が自ら工夫できることがある。チェルノブィリ事故後のベラルーシでは、汚染地域住民が放射線被ばくの改善作業に積極的に取り組むことで、自己統御感の喪失などの住民の精神的ダメージからの回復にも貢献したとされる。ここでは、我が国で実際に行われた除染も含めて、汚染地域の住民自身で行える作業ならびに生活上の放射線防護法について述べる。

家屋周辺の除染方法

準備：除染開始に先だって、まずシンチレーション式サーベイメーター（第2章18頁参照）を用いて、（図15.5aの①地点に示したような）家屋や敷地内の地上1mのγ線線量を測定する。除染の対象となるのは一定線量以上（福島原発事故の場合には1時間あたり 0.23 μSv）の汚染場所が対象になる。続いて表面の汚染を測定するために、GM計数管式サーベイメーターを地表や屋根に近づけてセシウム137のβ線（空気中で最大飛程1.3 m）を測定する（測定点②）。GM管計数管式サーベイメーターを用いて表面汚染を測定する場合には、サーベイメーターのキャップを外してγ線とβ線の両方を測定できる状態にして、鉛ブロックなどで周囲からのγ線をしゃへいして測定する。いずれの測定器も、測定環境や電気回路の劣化により指示値が正しい値からずれることがあるので、定期的（通常は年1回程度）に測定器の校正を委託する。

除染操作：汚染の測定値を元に、比較的高い濃度で汚染された場所を中心に除染を開始する。例えば、家屋の屋根や雨樋、側溝などは放射性セシウムを含む落ち葉や、苔、泥が付いているので、これらを手作業で除去する。それでも除染効果が見られない場合には放水などによる洗浄を行うが、排水の流出により汚染を広げる可能性もあるのでできるだけ手作業での除染が望ましい。水を使用した除染には放射性物質の移動を考慮して、屋根、雨樋、外壁、庭のように高所から低所の順番で行うようにする。屋根よりも高い樹木がある場合には初めに樹木の洗浄を行うようにする。洗浄だけで除染効果が見られない樹木は枝などの剪定を行うが、廃棄物の発生量が多くなるので最小限に留める。

屋根の洗浄は厚手の紙タオルで拭き取り、水を散布した上でデッキブラシやタワシを用いたブラッシング洗浄、それでも除染できない場合には高圧の放水洗浄の順序で行うようにする。高圧洗浄を行うと大量の排水が出るので、雨樋の下に容器を置いて回収する。雨樋・側溝や外壁もこの手順で行うが、外壁は汚染されにくいので通常は必要ない。庭は落ち葉を拾い、汚染が多い場所の表土を手作業で剥離させ、あるいは汚染されていない客土による被覆、芝生の深刈りが推奨される。また、放射性セシウムは表層5 cm以内に留ま

(a) 汚染の測定　　　　　(b) 汚染物質の保管

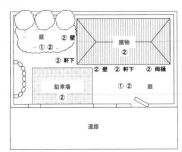 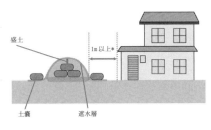

図 15.5　汚染地域での除染

家屋や敷地内の汚染では、①で示した場所の地上 1 m の空間線量と②で示した場所の表面汚染をそれぞれの箇所で測定して除染を始める (a)。放射性汚染物を屋敷内で保管するときには家屋から 1 m 以上離れた位置に、フレコンバッグや土嚢袋を用いて飛散しないように閉じ込める (b)。

「除染関係ガイドライン 2011 年」（環境省）2-12 頁より転載

るので、約 10 cm の表層土を底部と入れ替える天地返しは除去土壌を増やさない利点がある。

汚染物の保管：除染により発生した汚染土壌は、汚染した現場で保管するか、市町村単位で設置した仮置き場で保管する。屋敷内に現場保管する場合には、放射線しゃへいと居住地区からの距離、および風雨による土壌の移動に注意する必要がある。放射性セシウムは土壌に強く吸着されるため数年では地下水に移動しないとされているが、雨により土壌そのものが移動する可能性がある。このため、設置場所には防水シートを敷き、汚染土壌は飛散しないように閉じることができる土嚢袋やフレコンバッグに入れて、さらに防水シートで覆うようにする。土嚢袋やフレコンバッグの設置場所は家屋と 1 m 以上の距離を保つ必要があるが、汚染土壌に盛り土をしてしゃへいする場合には距離をとる必要はない（図 15.5b）。

被ばくを避ける家庭での対策

汚染の初期には堆積により室内の汚染度が高くなっている可能性がある。

また、靴底や服に付いて、あるいは大気の流れによって運ばれてきた埃は、室内の汚染源になりうるので、埃を蓄積させないようにこまめに掃除する。また、汚染された木材を家庭のストーブで燃やすと、灰中の放射性セシウム濃度が徐々に上昇してしまうことがある。このため、家庭菜園を行う場合には、灰を使用せず、無機肥料（カリウムを含む）を利用する。

家庭で育てた食物を加工したり保存したりすることで、食べられる部位内の放射性セシウム濃度を低くできる場合がある。一般的な加工・保存法には湯通し、漬け込み、急速冷凍、乾燥、ジャムや貯蔵食品にする方法があるが、湯通しや漬け込みは特に有効な放射能除去法である。例えば、湯通しやゆでこぼしにより、放射性セシウム汚染の約 50% が除去できる。肉や魚は、塩水に漬け込むことで、放射性セシウムをそれぞれ最大 80% および 50% 除去できる。これに対して、ジャムや砂糖漬けなどの加工法では汚染した放射能を減少させることはできない。

汚染地域の森林から採集されるキノコなどの山菜、それにイノシシなどの野生動物は高濃度に汚染されている場合があるので、食べる前に放射能を測定する必要がある。キノコの傘は、柄の部分よりも放射能が濃縮されやすいことが知られている。また、海水魚に比べて淡水魚は放射性セシウムが蓄積されやすい（解説 3 参照）。

15.4 放射線被ばくの規制と核軍縮の歴史

ICRP の基本的な考え方と勧告

レントゲンによる発見以来、X 線は医学的診断や治療に急速に普及したが、それに伴い放射線技師や医師に放射線障害やがんの発生をみるようになった。また、夜光時計工場での女工にラジウムが原因の骨肉腫が発生して大きな社会問題となった（コラム 15）。そこで、放射線の職業被ばくを防止するために 1928 年の国際放射線医学第 2 回大会で「国際 X 線およびラジウム防護委員会」が設立された。この委員会は 1937 年頃には活動を停止していたが、第二次世界大戦後の 1950 年にメンバーを大幅に変えて、非営利、非政府の学術組織「**国際放射線防護委員会**（ICRP: International Commission on Radiological

Protection)」として再スタートした。ICRP勧告は各国政府に対して強制力はないものの、我が国を初めとする多くの国々の国内法規に取り入れられ、被ばく管理に利用されている。

　ICRPの放射線防護を達成するための基本的な考え方は、1) 行為の**正当化**、2) 防護の**最適化**、3) 個人被ばくの**線量限度**の適用、の3項目である。1)の正当化では、不必要な被ばくを避けるために被ばくの害よりも便益が大きくなければならないとされている。簡単な例では、患者が受ける診断による疾病の発見（便益）が被ばくにより起こる障害（害）よりも大きくなければ、患者に放射線検査を受けさせる行為は正当化されない。

　2) は被ばくの可能性をできるだけ抑え、被ばく者人数と被ばく線量を合理的に達成できる限り低く保つための規定である。ただし、合理的かどうかは経済的および社会的な要因も考慮して、低減効果がわずかなのに不釣り合いな費用や犠牲を払うようなことがないように最適化を図る。この「合理的に達成できる限り低く保つべきである」の英語訳"as low as reasonably

Column 15　　ダイアルペインターの悲劇

　第一次世界大戦を戦った兵士の間で夜光塗料を文字盤に塗った時計が広く普及した。当時の夜光塗料には、時計1個あたりラジウム226（半減期1700年）が3.7〜100 kBq含まれていた。この時計を作っていたのが、**ダイアルペインター**と呼ばれた米国の時計工場の女子労働者たちである。彼女らは文字盤を描く時に舐めて筆先をとがらせたので、筆先についた極微量のラジウムが毎日少量ずつ嚥下され、カルシウムと同族のラジウムが骨に沈着した。骨表面からわずか10 μm以内にある造骨細胞がラジウムのα線を受けて、骨肉腫と呼ばれる極めて悪性のがんを発生することが報告されたのは1925年のことであった。その後の米国の調査でラジウムを摂取した6675人から85名に骨肉腫、37名に頭蓋部のがんが発生したことが判明した。

　当時、この事件は米国労働省を巻きこんだ社会問題となり、放射線に暗いイメージを与える出来事になった。また、ICRPの前身である「国際X線およびラジウム防護委員会」を1928年に設立するきっかけにもなった。

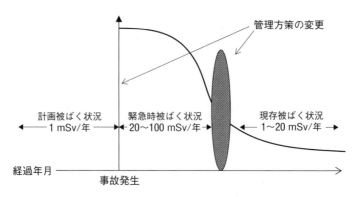

図 15.6　時間の経過に伴う緊急時被ばく状況の進展と現存被ばく状況への移行
ICRP は作業者や公衆の被ばく線量について状況に応じて異なった制限値を設定している。平常時の計画被ばく状況では、作業者および公衆の年間線量限度はそれぞれ 20 mSv（1 年で最大 50 mSv）と 1 mSv である。原子炉事故などが起こった緊急被ばく状況では作業者および公衆はそれぞれ 500〜1000 mSv と 20〜100 mSv の参考レベルが適用される。事故が収束に向かうと現存被ばく状況になり、作業者および公衆の参考レベルはそれぞれ 20 mSv と 1〜20 mSv に低下する。

ICRP Pub.109（2008 年）45 頁を参考に作成

achievable"を簡略して **ALARA**（アララ）の原則と呼ばれる。

　経済的かつ社会的に見合った最適化を行うと、作業に熟練した特定個人の被ばく線量が高くなる、あるいは主観的な判断で公衆全体の被ばく線量が高くなる可能性もでてくる。このため、3）では「委員会がそれぞれの状況に応じて勧告する限度を超えてはならない」とし、作業者および公衆の被ばく線量の制限値（線量限度や緊急時の参考レベル）を設定している。3）のそれぞれの状況として ICRP103（2007 年）勧告は「計画被ばく状況」、「緊急被ばく状況」、「現存被ばく状況」の 3 種類を設定している。図 15.6 に時間の経過に伴うそれぞれの状況を示した。「**計画被ばく状況**」とは、放射線源の計画的な導入と運用が行える平常時の状況である。この時の年間の線量限度は職業被ばくで 5 年間の平均で 20 mSv（付加条件として、いかなる 1 年でも 50 mSv を超えてはいけない）、一般公衆で年間 1 mSv である。胎児は一般公衆なみとして扱われるので、妊娠している女性は職業被ばくでも一般公衆の線

表 15.1　放射線業務従事者の線量限度

実効線量限度	従事者	男子	100 mSv/5 年（ただし 1 年での最大は 50 mSv）
		女子	5 mSv/3 月
		妊娠中女子（胚/胎児に対し）	1 mSv/（本人の申し出等により、妊娠の事実を知った時から出産までの期間）
等価線量限度	眼の水晶体		150 mSv/年
	皮膚		500 mSv/年
	手先および足先		500 mSv/年

ICRP Pub.103（2007 年）60 頁を参考に作成

量限度が適用される（表 15.1）。「**緊急被ばく状況**」とは、原子炉事故や核テロリズムなど予想しない状況で緊急の対策が必要となる状況である。この場合には線量限度に代わって、正当化と最適化のルールのための参考レベル（最適化が行われる目安となるレベル）が勧告されている。緊急被ばく状況の参考レベルは、職業被ばくで 500～1000 mSv/年、そして一般公衆で 20～100 mSv/年である。緊急被ばく状況が収束に向かうと「現存被ばく状況」に移行する。「**現存被ばく状況**」とは、放射線管理方法を決定しなければならない時に既に線源が存在する緊急事態後の長期被ばく状況である。この場合にも正当化と最適化のルールに従って、職業被ばくでは計画被ばく状況と同じ 20 mSv/年、そして公衆では 1～20 mSv/年の範囲の参考レベルが定められている。

　福島原発事故が起こった直後の 2011 年 3 月 21 日に、ICRP は特別声明により既に報告しているこれらの参考レベルの採用を勧告した。政府は緊急作業時の作業員の参考レベルを 250 mSv（ICRP 勧告は 500～1000 mSv）、公衆の参考レベルは 2012 年 3 月まで 5 mSv、それ以降は 1 mSv（ICRP 勧告は 1～20 mSv）とした（第 12 章 261 頁参照）。

職業被ばく線量限度の歴史

　線量限度は計画被ばく状況だけで用いられる被ばく線量の上限値であるが、このような制限は ICRP 勧告の初期から存在する。被ばく線量の制限値の歴

史は現在の線量限度の意味を理解するのに、また人類の放射線影響の知識の進歩を理解するのにも役立つ。

「国際X線およびラジウム防護委員会」は1934年に、1日7時間、週5時間勤務する作業者の耐容線量として1日あたり2 mSv（年間500 mSv）を勧告した（表15.2）。なお、ここでは旧単位を現行のSv単位に換算した。耐容線量とは、ある線量以下であれば生物・医学的影響が何もないと考えられた放射線量として、病院で勤務するX線技師の皮膚紅斑を指標に求められた。当時のX線はエネルギーが低いので皮膚が代表的な組織の障害であったが、高圧X線が普及すると身体深部の放射線影響が重視されるようになった。さらに、ショウジョウバエの実験で放射線が突然変異を誘発することが明らかになって、生涯何らの支障もきたさずに耐えられる線量があるとは思われなくなった。このため、1950年勧告では被ばくした本人と続く世代のために1週あたり3 mSv（年間150 mSv）に制限値を厳しくした。線量の限度を表す名称も最大許容線量と変更され、また1954年には被ばくを可能な限り最低レベルまで（to the lowest possible level）下げるように勧告した（表15.2）。

やがて、ビキニの水爆実験などによる放射線被ばくに対する世の中の不安を反映して（この時に「原子放射線の影響に関する国連科学委員（UNSCEAR: The United Nations Scientific Committee on the Effects of Atomic Radiation）」が発足した）、被ばく線量をさらに引き下げる動きが出てきた。1953年頃には、700万匹のマウスを使ったラッセル（第7章143頁参照）による放射線の遺伝的影響研究から「自然の状態での突然変異が2倍になる線量はおよそ500〜800 mSv」との実験結果が得られた。そこで、30歳まで500 mSvさらに40歳までの10年間で500 mSvに制限するなどの議論を経て、年間50 mSvを1958年に勧告した。規制が厳しくなる一方、基本原則は「可能な最低レベル」から、「実行可能な限り低く」（as low as practicable）へと変わった。

1965年勧告で初めてICRPの現在の基本原則に近い、「すべての線量を容易に達成できる限り低くする」（as low as readily achievable）の原則が取り入れられた。その際に、公衆は被ばくにより何の利益も得ないので正当化できないとして、許容線量に代えて線量当量限度の名前が初めて用いられた。そ

表 15.2 ICRP による放射線規制値の歴史

西暦年	放射線作業者 (mSv/年)	公衆 (mSv/年)	線量限度名称	線量規制の原則
1934	500 (10 mSv/週)	-	耐容線量	耐容線量より低く
1950	150 (3 mSv/週)	-	最大許容線量	可能な最低レベル to the lowest possible level
1958	50	5	最大許容線量	実行可能な限り低く as low as practicable: ALAP
1965	50	5	作業者： 最大許容線量 公衆： 線量当量限度	実行可能な限り低く as low as readily achievable: ALARA
1977	50	5	実効線量当量限度	合理的に達成できる限り低く as low as reasonably achievable: ALARA
1985	言及なし	1	実効線量当量限度	合理的に達成できる限り低く as low as reasonably achievable: ALARA
1990	20 (5年平均)	1	実効線量限度	合理的に達成できる限り低く as low as reasonably achievable: ALARA

の後の約10年間の放射線影響や防護研究を検討して、1977年には現在のICRPの原型となる勧告が出された（ICRP Pub26）。この時には、広島・長崎の原爆被ばく者のデータから、1 Sv あたりの遺伝的影響のリスク 4×10^{-3}（= 0.4%、現在では0.2%程度と推定されている、第7章146頁参照）と放射線発がんのリスク 1.0×10^{-2}（= 1%、現在では5%）の概略値が知られるようになり、放射線リスクとして遺伝的影響よりも発がんの危険性が鮮明になった。遺伝的影響と違って放射線発がんは被ばく者本人に表れる影響なので、同年に勧告されたICRP Pub27では、放射線と関わりのない通常の職業に伴う死亡リスクと比較された。通常の職種における平均の年致死率の高い集団で約 10^{-3}（正確には 0.45×10^{-3}）レベルとなるので（表15.3）、50 mSv 被ば

表 15.3 各国における事故死亡率のまとめ（10^3 作業者・年あたり）

産業	国の数	中央値	平均値
製造業	51	0.125	0.075
鉄道員	30	0.129	0.230
建設	47	0.350	0.230
採鉱および採石	34	0.170	0.450

『放射線基礎医学』（青山喬、丹羽太貫編、金芳堂）432 頁を参考に作成

くによる年間のがん死亡率の約 10^{-3}（正確には 0.5×10^{-3}、これは 1%×50 mSv ×10^{-3} から計算される）を容認できるレベルとした。リスクとして放射線発がん影響にシフトする内容であるが、実効線量当量限度 50 mSv/年の数値は 1958 年勧告の値がそのまま維持された。

　一方、職種には職業病など非致死性の障害もあり、表 15.3 のような単純な死亡率の比較では不充分である。そこで、放射線による非致死性がんや遺伝的影響を加味して、年齢ごとの放射線リスクを計算したのが表 15.4 である。この表によると年間 50 mSv の被ばくでは 50 歳（0.570×10^{-3}）から 60 歳（1.50×10^{-3}）の間で、1977 年勧告で基準とされたリスク 10^{-3} を超過することになる。これに対して、年間 20 mSv にすると職業被ばくが終了する 65 歳でも基準のリスクを 10^{-3}（0.890×10^{-3}）以下に保つことができる（表15.4）。このため、1990 年勧告では職業被ばくの実効線量限度を 50 mSv から 20 mSv に改めた。

公衆の線量限度の歴史

　国際放射線防護委員会 ICRP の初期の活動はもっぱら職業被ばくに関するものであった。広島・長崎の原爆被災者の惨状後に人々は、放射線による一瞬の死も恐ろしいが、急性障害を免れたとしても、当時恐れられた遺伝的影響を防ぐことができないと考えるようになった。原爆に加えて水爆も使われることになれば人類はやがて放射線被ばくの遺伝的な影響により徐々に死滅するのでないかと恐れた。

　このような状況で、米国はマウスを用いた遺伝的影響の実験結果に基づい

表 15.4　種々の年齢と年間線量におけるがん死亡率（100万人・年あたり）

年間線量 (mSv)	年齢（歳）						
	30	40	50	60	65	70	75
50	42	190	570	1500	2200	3200	4700
30	25	110	340	880	1300	2000	2800
20	17	75	230	590	890	1300	1900
50 (ICRP26)	625	625	625	625	625	625	625

ICRP Publication 60（1990年）、日本語訳 <http://www.icrp.org/docs/P60_Japanese.pdf> 222頁を参考に作成

て子供をつくる可能性のある期間の公衆の被ばく線量を倍加線量 800 mSv（第7章 144頁参照）の 1/4 の 200 mSv 以下にするように提案した。これに対して、英国国民が自然放射線から 30 年間で受ける線量である 30 mSv を公衆の許容線量とする提案があった。一方でスウェーデンの自然放射線が 30 年間に木造家屋で 50 mSv、煉瓦造の家屋で 150～300 mSv であったことを根拠に 30 mSv の提案は厳しすぎるとした。これらの議論を元に 1954 年に一般公衆の許容線量（正式名は最大許容遺伝線量）は職業人の 1/10 と表明し、1958 年勧告で正式に年間 5 mSv（30 年間で 150 mSv に相当）が採り入れられた（表15.2）。

ALARA の原則など ICRP の現在の考え方に近づいた 1977 年勧告でも年間 5 mSv の公衆の実効線量当量限度が維持された（表15.2）。しかし、広島・長崎の原爆被爆者のデータが出始めたこの時期には、突然変異による次世代への遺伝的影響よりも、発がんによる被ばく者本人の死亡の方が重要であることが次第にわかってきた。このため ICRP は、一般人の放射線による発がんの年間の死亡リスクは交通事故によるリスクと同じ 10 万に 1 人以下なら容認できるとした。つまり、5 mSv を実効線量当量限度としても実際の被ばくの平均値はその 1/10 の 0.5 mSv となるので、5 mSv は容認できるリスクであると当時は説明された。しかし、この計算方法に従えば 5 mSv の放射線リスクは年間 10 万人に 5 人（$1\% \times 5\,\text{mSv} \times 10^{-3}$ から計算）となるので、被ばくの平均値 0.5 mSv では交通事故のリスクより小さいとしても 5 mSv に近

い被ばくをした個人は容認レベルを超えてしまうことになる。

　この矛盾を解消するために、1985 年の**パリ声明**と呼ばれる勧告では公衆の実効線量当量限度を年間 1 mSv に引き下げた。公衆の実効線量当量限度は社会的・経済的に大きな影響を与えるので、パリ声明では年間 5 mSv という補助的な実効線量当量限度を数年にわたって用いることを許した。実際、パリ声明の翌年の 1986 年に起こったチェルノブィリ事故の汚染地域では、年間 5 mSv が移住の判断材料に用いられた。年間 5 mSv 以上の地区は国家による強制的な移住地域（強制移住区域）、1～5 mSv では住民の移住権が国家により保証される地域（任意移住保証区域）、1 mSv 以下は定期的な放射線モニタリングを行うが移住権は認められない地域（放射線モニタリング強化区域）と区割りされた。

　その後、職業被ばくの新しい実効線量限度 20 mSv/年が導入された 1990 年勧告の際にも、公衆の実効線量限度が二つのアプローチにより再検討された。一つは、上記の 1990 年勧告の職業被ばくのリスク計算と同じ手法を用いるものである。この方法では、1987 年当時知られていた 132 種類の発がん物質について米国政府の許容濃度摂取時の発がん致死率が参考にされた。毎年 1 mSv を誕生から一生涯受けたときの放射線の生涯致死リスクを表 15.4 の方法に準じて計算すると、安全とされる濃度の発がん物質を摂取したときのそれぞれの生涯致死リスク（4×10^{-3}）と同じレベルになる。

　しかし、1 mSv の発がんリスクは許容された発がん物質など環境中に存在するさまざまなリスクへの追加リスクである。このため、1 mSv の発がんリスクが正確に推定されたとしても、どこまでなら社会が容認できる放射線リスクかを合理的に決定することは難しい。これに対して、我々は 2 mSv の自然放射線を容認して暮らしている。1 mSv は無害でないかもしれないが、自然放射線に被ばくしている我々の放射線リスク状況を大幅に変えるものではないとして、ICRP はこの第二のアプローチによりパリ声明の公衆に対する線量限度をそのまま維持した。

我が国の放射線障害防止法

　ICRP 勧告に従って放射線の取り扱いを規制する我が国の基本的な法令が、

「放射性同位元素等による放射線障害の防止に関する法律（通称、**放射線障害防止法**」（昭和 32 年）である。平成 25 年 4 月 1 日から管轄官庁が文部科学省から原子力規制委員会に変わったが、ICRP の新しい勧告などを取り入れて文部科学省時代から随時改正が行われてきた。放射線障害防止法とその関連法規は主に次の事柄について規制している。

1) 放射線を使う場所と使用者の制限：放射線や放射性物質は予め使用施設として法律的な許可を受けた「管理区域」に使用を限定する。管理区域には黄色の特別の標識が付けられて他の場所と明確に区分する。管理区域の中には原則として予め許可を得ている放射線作業従事者しか立ち入ることができない。放射線作業従事者は 1 年に一度放射線の影響などの教育訓練を受け、被ばく線量を測定、健康診断を受けなければならない。
2) 放射線の閉じ込め：管理区域の外に放射線が漏れないようにコンクリートなどの壁で管理区域を区切るなどし、また、空気中に放射性物質が含まれる可能性がある場合は、排気設備を設け、フィルターなどで濃度限度以下になるように排気する。放射線源は必要に応じて鉛などで作られたしゃへい容器に入れ、貯蔵施設に保管する。作業従事者が放射性物質または汚染された物を持ち出さないようにするため、また作業者自身の汚染がないことを確認するため、管理区域の出口で放射線検出器を用いた検査を行う。
3) 漏洩放射線の測定：放射線サーベイメータを用いて作業環境が 1 mSv/週（作業従事の ICRP 勧告の 1 年間の最大の実効線量限度 50 mSv を年間 50 週で割った値）以下、敷地の境界が 250 μSv/3 ヶ月（同じく、一般公衆の実効線量限度 1 mSv を 1 年の四半期で割った値）以下になっていることで国の許可を得、その後にも定期的に限度以下であることを確認する（図 15.7）。

また、これらの放射線管理を適正に行うために国家資格試験に合格した放射線取扱主任者を置くことを定めている。

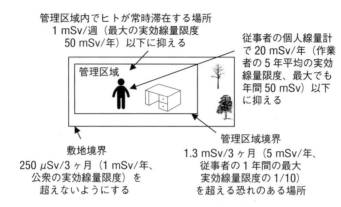

図 15.7　放射線障害防止法の規制値
ICRP が勧告した放射線の実効線量限度を元に、管理区域内の 1 mSv/週、および敷地境界の 250 μSv/3ヶ月が誘導される。

なお、診療に用いられる X 線などはこの法律の対象外であるが、別に「労働安全衛生法」の電離放射線障害防止規則や「国家公務員法」の人事院規則などにより規制されている。同様に、核燃料物質や医薬品なども原子炉規制法や医療法など他の法規により防護規則が定められている。

世界の核軍縮の動向

広島・長崎に投下された原爆の惨劇を繰り返さないように、また、核テロリズムの防止のために、核軍縮に向けた国際的な取り組みが不可決である。核軍縮には、1) 核兵器の削減、2) 核兵器の不拡散、3) 核実験の禁止、4) 非核地帯の設置、などの活動が含まれる。

1) の核兵器削減に関しては米国とロシアの動向がとりわけ重要である。最盛期には米国が 3 万 2000 発、旧ソ連が 4 万 5000 発の核弾頭を保有し、現在は半減しているとはいえ、両国が世界の核弾頭の大半を所有している状況が続いている。その殺傷能力は全人類を何度も殺戮できるほどである。米ソ両国は冷戦終結後の 1991 年 7 月に、大陸間弾道ミサイルや潜水艦発射弾道ミサイルに搭載される戦略核兵器の削減および制限に関する条約 START1 (Strategic Arms Reduction Treaty 1) に合意、1994 年に発効した（図 15.8）。

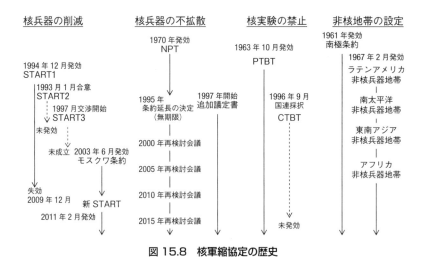

図 15.8　核軍縮協定の歴史
核軍縮に向けた国際的な取り組みが並行して行われている。核兵器削減は米国－ロシア間で新 START、核兵器の不拡散は国連による核拡散防止条約（NPT）、核実験は部分的核実験禁止条約（PTBT）そして各地域で非核兵器地帯条約が発効している。

その後、さらに核軍縮を推し進めた START2 ならび START3 の交渉が行われたが、発効までには至っていない。この間、戦略攻撃力削減条約（モスクワ条約）が締結されたが検証規定などに問題があり、有効性が疑問視された。このため、期限切れとなる START1 に代わり、核弾頭数およびミサイルなどの運搬手段の大幅な削減を柱とする新 START が 2009 年 7 月に合意され、2011 年 2 月に発効した。一方、1978 年から 1988 年にかけて国連を中心に多国間の核軍縮会議が行われたが合意に達していない。

2) は核兵器を持たない国が今後核物質や核兵器を保有することを阻止する取組みである。国際的な**核拡散防止条約**（NPT: Treaty on the Non-Proliferation of Nuclear Weapon あるいは簡略に Non-Proliferation Treaty）が 1963 年に国連で採択され、1970 年に発効した。この条約では、米国、ロシア、英国、仏国、中国を核兵器国と定め、核兵器国以外への核兵器の拡散を防止する。核兵器国は核軍縮交渉（討議の末に核軍縮から核軍縮交渉に変更）を行う義務を担う。また、追加議定書として民生用の軍事技術への転用を防止

するために、国際原子力機関（IAEA）の査察官が非核兵器国に立入りを行う権限が付与されている。これにより南アフリカは保有していた核兵器を廃棄、ベラルーシ、ウクライナ、カザフスタンは核兵器をロシアに移転して非核兵器国として加入した。現在190ヶ国が核拡散防止条約に加入しているが、事実上の核兵器保有国のインド、パキスタン、イスラエル、北朝鮮は加入していない。また、追加議定書の加入国も91ヶ国に留まっており、イラン国のように未申告のウラン濃縮施設への査察を受け入れない事例も生じた（2016年に受け入れた）。核拡散防止条約では条約の有効期限が明記されなかったために、1995年に条約の無期限延長が決定された。その後5年ごとに再検討会議が開催されている。

　3）の核実験は、核兵器威力の技術的確認だけでなく、国威発揚が目的のこともある。その場合には非核兵器国が核を保有する意思を示すのに核実験を必ず行うので、核実験の禁止は非核兵器国への核拡散を防止する上でも有効である。**部分的核実験禁止条約**（PTBT: Partial test ban treaty）は大気圏内、宇宙空間、水中での核実験を禁止する条約として1963年に発効した。しかし、地下核実験はこの条約に抵触しない。このため、すべての核爆発実験を禁止する包括的核実験禁止条約（CTBT: Comprehensive nuclear test ban treaty）の締結交渉が、国内に原子炉を持つなど核開発能力があるすべての国家を対象にして進められたがいまだに発効に至っていない。

　4）の非核兵器地帯とは核兵器が存在しない地域を設定するもので、1961年の南極条約が最初である。その後、ラテンアメリカ非核兵器地帯、東南アジア、アフリカ、南太平洋などに広がっている。

　1）から4）は国家の取り組みであるが、広島・長崎を初めとする地方自治体やNGO、研究機関なども核軍縮に向けた活動を行っている。

Q&A

Q18. 発がん物質の食品への添加は禁止されていますので、食品中の放射能もゼロにすべきではないでしょうか?

A18. 発がん物質と放射能の違いは、人工の発がん物質はゼロにすることができても食品中には元々天然の放射能が含まれていることです。たとえばセシウム 137 と化学的性質が似ている天然のカリウム 40 は、米に 74 Bq/kg、ホウレンソウに 89〜222 Bq/kg など、さまざまな食品に含まれており、これからの年間被ばく線量は 0.14 mSv と推定されています。また、日本人が好む海産物には α 線を放出するポロニウム 210 が多く含まれており、これから 0.80 mSv/年の被ばくを受けていることが近年明らかになりました(第 14 章 299 頁参照)。人工放射性物質を現在の食品規制値 100 Bq/kg より低く抑えることは必要ですが、発がん物質とは事情が大きく異なっており、食品中の天然の放射性物質を制限することはできません。

Q19. 2011 年 3 月 15 日、首都圏で 0.5 μSv/時間に近い放射線量が記録されましたが、子供のために関西方面への避難を考えるべきだったでしょうか?

A19. 東京では福島第一原子力発電所の事故による放射線量が 15 日午前 10 時から 11 時の間に 0.496 μSv/時間を記録はしたが、その後 0.1 μSv/時間に低下しました。また、空気中の放射性ヨウ素も 550 Bq/m^3 まで増加して、その後減少しています。外部被ばくと放射性ヨウ素などからの内部被ばくを合計した 15 日の子供の被ばく線量は 55 μSv と推定されます。大阪では東京よりも大地からの放射線量が年間 170 μSv 程度高いので、これは 4 ヶ月ほど大阪に滞在したときの線量と同じになります。つまり、4 ヶ月以上にわたって大阪に避

難するとかえって被ばく線量が増える計算になりますが、いずれにしろ 55 μSv は自然放射線の都道府県差の範囲に入るので避難を考えるレベルではありません。

Q20. 福島第一原発事故から 1 年後に公衆の線量限度が 5 mSv から 1 mSv に引き下げられました。年間 1 mSv が安全な放射線量とするなら、我々が受けている年間 2.4 mSv の自然放射線は危険な線量になりませんか？

A20. ICRP は被ばく線量に直線比例して放射線リスクが増加すると考えていますので、安全な線量は存在しないことになります。しかし、ごく微小な放射線リスクであれば実際上容認できると考えられます。この容認できるレベルの根拠になったのが、世界の高線量地域に住んでいる住民の被ばく線量です。高い地域と低い地域の住民では 1 mSv 以上の自然放射線量の開きがあっても（高線量地域では年間 10 mSv を超えるところがある）健康被害の影響が認められていません。このため、ICRP は自然放射線量に年間 1 mSv を追加しても、その影響は（もしあったとしても）わずかであり、容認できるレベルとしています。従って線量限度は、我々が宇宙、大地、食品から受けている自然放射線 2.4 mSv に追加しても問題がないと思われる放射線量（合計線量 3.4 mSv）を意味しています。

Q21. ラドン温泉は身体に良いと聞いて毎月通っていましたが、ラドンが放射性物質と聞いて心配になりました。果たして身体に悪い影響があるのでしょうか？

A21. 天然の放射性核種ラドンを療養に用いるラドン温泉は、東ヨーロッパやオーストラリア、日本では三朝温泉（鳥取県）や玉川温泉（秋田県）が有名です。三朝温泉に 1 年間滞在したときの被ばく線量は 1.2 mSv と推定されていますが（第 14 章 297 頁参照）、住民の健康

調査では放射線障害は認められません。毎月通う程度の被ばく線量では当然のことながら確定的影響は起こりません。また確率的影響の発がんも地元住民で確認されていませんので、差し支えないレベルと考えられます。

Q22. 国連や学会機関でもないICRPの勧告が放射線障害防止法のような法律に取り入れられるのはなぜですか?

A22. ICRPは国際放射線医学会議により設立された組織を前身としており、世界を代表する専門家集団の非営利・非政府団体として90年近く活動を続けてきました。その勧告は時代により少しずつ変わってきましたが、いずれも放射線影響に関する人類の当時の最新知見を反映しています（第15章318頁参照）。また、ICRP勧告は「原子放射線の影響に関する国連科学委員会（UNSCEAR）」や「国際原子力機関（IAEA）」、「世界保健機関（WHO）」などの公的機関にも反映され、逆にこれらの機関の成果がICRP勧告にも反映され相互に尊重する関係にあります。これらの実績から、ICRP勧告は日本だけでなく、世界各国の法令や国際的な取り決めに取り入れられています。似たような名称の他の国際非営利団体、例えばECRR（欧州放射線リスク委員会）、は科学的普遍性や実績の点でICRPのような国際的評価を得るに至っていません。

参考図書

第 1 部

放射線を科学的に理解する、鳥居浩之他、丸善出版、2012
放射線の科学、小澤俊彦他、東京化学同人、2012
人体と放射線、江藤秀雄、岩波全書、1969
放射性物質汚染対策、齋藤勝裕、株式会社エヌ・ティー・エス、2012

第 2 部

放射線の遺伝的影響、安田徳一、裳華房、2009
放射線生物学、江島洋介他、オーム社、2002
放射線科医のための放射線生物学、E.J. Hall、浦野宗保訳、篠原出版、1980
放射線基礎医学、青山喬他、金芳堂、1992
放射線生物学、稲波修他編、近代出版、2015
医学のための放射線生物学、坂本澄彦他、秀潤社、1985
放射線は本当に微量でも危険なのか？、佐渡俊彦、医療科学社、2012
「がん生物学イラストレイテッド」、渋谷正史他、羊土社、2011
放射線関連がんリスクの低線量への外挿、ICRP Publication 99、2006 年
原爆放射線の人体影響 1992、放射線被曝者医療国際協力推進協議会編、文光堂、改訂 2 版、2012

第 3 部

臨床放射線腫瘍学、日本放射線腫瘍学会、南江堂、2012 年
放射線生物学、江島洋介他、オーム社、2002
放射線科医のための放射線生物学、E.J. Hall、浦野宗保訳、篠原出版、1980
医学のための放射線生物学、坂本澄彦他、秀潤社、1985
放射線基礎医学、青山喬他、金芳堂、1992
放射線生物学、稲波修他編、近代出版、2015
臨床放射線生物学の基礎、M. Joiner and A. van der Kogel 編、安藤興一他監訳、エムプラン株式会社、2013 年
診療画像機器学、岡部哲夫・小倉敏裕、医歯薬出版株式会社、2008

UNSCEAR 2008 年報告書「放射線の線源と影響」、放射線医学総合研究所監訳

第 4 部

DNA 複製・修復がわかる、花岡文雄編集、羊土社、2004 年
細胞の分子生物学 第 4 版、中村桂子・松原謙一監訳、ニュートンプレス、2004

第 5 部

UNSCEAR 2008 年報告書「放射線の線源と影響」、放射線医学総合研究所監訳。
UNSCEAR 2013 年報告書、第Ⅰ巻「2011 年東日本大震災後の原子力事故による放射線被ばくのレベルと影響」、Advance copy <http://www.unscear.org/docs/reports/2013/14-02678_Report_2013_MainText_JP.pdf>
原爆放射線の人体影響、放射線被曝者医療国際協力推進協議会、文光堂、1992 年
原子力災害に学ぶ放射線の健康影響とその対策、長瀧重信、丸善出版、2011
放射線はどこまで危険か、菅原努、マグブロス出版、1982
放射線の科学、小澤俊彦他、東京化学同人、2012
福島原発事故独立検証委員会　調査・検証報告書、福島原発事故独立検証委員会（著）、ディスカヴァー、2012
東日本大震災後の放射性物質汚染対策、斎藤勝裕他、エヌ・ティー・エス、2012
福島第一原子力発電所事故報告書、IAEA（国際原子力機関）、2015 年
放射線被ばくの歴史、中川保雄、明石書店、2012
長期汚染地域の住民のための放射線防護の実用的手引き、小松賢志他、<http://house.rbc.kyoto-u.ac.jp/fukushima-nuclear-accident-inf/tebiki.html>、2011
除染関係ガイドライン、環境省、2011 年 12 月
核軍縮に向けた国際社会の取組、松井一彦、立法と調査、No300: 163～177、2010 年

放射線の歴史

	物理・科学技術分野	生物医学分野	国際組織・条約分野
1895 年	レントゲンによる X 線の発見		
1896 年	ベクレルによる天然放射線発見	フロストによる骨折の X 線診断 放射線による皮膚障害の報告 フォークトによる鼻咽頭がんの X 線治療	
1898 年	キュリーによるポロニウムとラジウムの発見 ラザフォードによる α 線と β 線の発見		
1899 年		ステンベックらによる皮膚がんの X 線治療成功	
1900 年	ビラールによる γ 線発見		
1901 年			レントゲン第 1 回ノーベル物理学賞受賞
1902 年		ラジウムを用いた小線源治療開始	
1906 年		Bergonie-Tribondeau の法則	
1911 年	ラザフォードによる原子核の発見		
1925 年		夜光塗料工場でのダイアルペインターの発がん	
1927 年		Muller による放射線の突然変異能発見	
1928 年			第 2 回国際放射線医学会で「国際 X 線およびラジウム防護委員会設置」
1933 年	ハーンによるウラン核分裂の発見		
1934 年			「国際 X 線およびラジウム防護委員会」が年間 500 mSv の耐容線量を勧告
1939 年	フェルミによる核分裂連鎖反応の発見		
1945 年	広島・長崎に原爆投下		
1950 年			国際放射線防護委員会 (ICRP) 発足
1951 年	原子力発電の開始	リン 32 を用いた細胞周期の発見	
1954 年	ビキニ環礁で水爆実験（第五福竜丸被ばく）		
1955 年			国連の原子放射線に関する科学委員会 (UNSCEAR) 発足
1956 年		パックとマーカスによるヒト細胞の生存率曲線	
1957 年		放射線医学総合研究所の設立	国際原子力機関 (IAEA) 発足 我国で放射線障害防止法施行
1958 年			ICRP が年間 50 mSv の最大許容線量を勧告 (Publication 6)

放射線の歴史

	物理・科学技術分野	生物医学分野	国際組織・条約分野
1961年		マサチューセッツ総合病院で陽子線治療開始	
1963年			部分的核実験禁止条約の発効
1965年	我が国初の商業用原子力発電開始	ラッセルによるメガマウスプロジェクト実験	ICRPがALARAの原則を勧告（Publication 9）
1966年	中国での水爆地上実験		
1968年		レクセルによるガンマナイフの開発	
1970年			核拡散防止条約の発効
1972年		ハンスフィールドによるX線CT開発	
1975年		フェルプスによるPET診断の開発	
1979年	スリーマイル島原子力発電所の事故		
1985年			ICRPが公衆の線量限度として年間1 mSvを勧告
1986年	チェルノブイリ原子力発電所の事故 原爆線量の再評価（DS86）		
1990年		XRCC1の原因遺伝子クローニング セラフィールド再処理施設での小児白血病の報告	ICRPが年間20 mSvの実効線量限度を勧告（Publication 60）
1994年		放射線総合医学研究所で重粒子線治療開始	戦略核兵器削減のSTART1条約発効
1995年		毛細血管拡張性運動失調症の原因遺伝子クローニング	
1999年	東海村JCOの臨界事故		
2000年		我が国での強度変調放射線治療開始	
2004年	フィンランドで地層処分施設の建設開始		
2005年		放射線修復タンパク質の発がんバリアー説 ATMとNBS1による放射線DNA修復の開始機構	
2006年		がん幹細胞によるグリオーマ放射線抵抗性説	
2008年			UNSCEARが医療放射線とチェルノブイリ事故影響を報告（2008年報告）
2011年	福島第一原子力発電所の事故		戦略核兵器削減の新START条約発効
2015年	ロシアでの高速増殖炉（実証炉）の運転開始		IAEAによる福島第一原子力発電所事故に関する報告書
2016年	高速増殖炉（研究用原子炉）もんじゅの廃炉決定		

索　引

[1-、A-Z]

2型アルデヒド脱水素酵素	215
II型糖尿病	240
8-オキソグアニン	212, 221, 222
ALARAの原則	320, 322
ATM	67, 73, 78, 114, 228, 236
DNA塩基損傷	203, 221
DNA鎖架橋除去修復	217
DNA二重鎖切断	46, 51, 85, 114, 227, 230
DNA-PKcs	71, 228, 236
DS86線量	123, 276
G1期チェックポイント	72, 135
G2期チェックポイント	74, 135
GM管式サーベイメーター	17, 311, 316
IVR	187, 196
Life Span Study	117, 125
LNT仮説	125
LOH	70, 111
LQモデル	57, 118, 167
NBS1	68, 69, 73, 114, 129, 228, 234
OH·ラジカル	48, 59, 64, 211, 220
p53	66, 73, 78, 113, 236
SLD回復	55, 80, 163
T65D線量	123, 276
TEL-AML1融合遺伝子	115
VDJ組換え	130, 235
X線CT	183, 193
X線	4, 9, 169, 179
X連鎖劣性遺伝病	140, 145
XRCC	68

[あ]

アポトーシス	52, 78, 80, 95, 102, 104, 236
アミフォスチン	60
α線	6, 9, 22, 175, 295, 298
安全神話	254
安定型染色体異常	137, 146, 306
安定ヨウ素剤投与	314
遺伝性非ポリポーシス大腸がん	220
遺伝的影響リスク	142, 146
(発がん)イニシエーション	114
医療放射線被ばく	193, 292, 305
ウェザリング効果	258
ウラン235	26, 34
ウラン型原子爆弾	34, 274
ウラン系列	293
液体シンチレーションカウンター	313
塩基除去修復	212
屋内退避	249, 252
汚染物の保管	317
オゾン	47, 224
オックスフォード・サーベイ	147

[か]

加圧水型原子炉	28
外部被ばく	309
核拡散防止条約	329
確定的影響	89
過剰絶対リスク	118, 120, 125
過剰相対リスク	120
ガラス線量計	20, 311
がん遺伝子	110, 113
幹細胞	94, 97, 98, 103, 104, 107, 134, 159
環状染色体	136
間接効果	48
γ線	9, 23
がん抑制遺伝子	110, 113
急性障害	90
強度変調放射線治療(IMRT)	171

距離の逆二乗則	174, 310
銀河宇宙線	300
緊急被ばく状況	321
緊急冷却装置	246
クラスターDNA損傷	84, 222
クルックス管	179
グレイ	13
クロマチン再編成	77
計画被ばく状況	320
ケース・コントロールスタディ	116, 147
血管内皮成長因子 VEGF	157, 165
欠失突然変異	84, 86
ゲノム不安定性	84, 114
ゲフィチニブ	165
ケララ州	306
ゲルマニウム検出器	18, 294
原子放射線の影響に関する国連科学委員会 UNSCEAR	308, 322, 333
減速材	28, 282
原爆小頭症	133
高LET放射線	14, 63
甲状腺がん	115, 266, 285
高速増殖炉	31
光電効果	11, 45, 178
高レベル放射性廃棄物	33
コーデックス委員会	37, 261
国際原子力機関 IAEA	254, 330, 333
国際放射線防護委員会 ICRP	125, 128, 146, 259, 318, 324
骨髄移植	106
骨髄死	102
骨髄性白血病	107, 118
コホート研究	116, 147
殺細胞性抗がん剤	164
コリメータ	170, 173
コロニー法	52
コンプトン散乱	11, 45, 178

[さ]

最大許容線量	322
臍帯血幹細胞移植	290
細胞周期	72
細胞周期依存的放射線感受性	79, 164
細胞生存率	54
三次元原体照射法	170
酸素増感比	62, 64
暫定規制値	259
残留放射線	276
シーベルト	13
シェルタリン構造	239
しきい線量	90, 92
色素性乾皮症	210
シクロブタン型ピリミジン二量	203
自然起源放射性物質 NORM	303
自然放射線	292
シスプラチン	164
実効線量	13
姉妹染色分体交換	230
重症複合型免疫不全	71, 236
重粒子	12, 173
腫瘍致死線量	161
常染色体優性遺伝病	139, 145
常染色体劣性遺伝病	139, 145
消滅放射線	11, 191
除染操作	316
新規制値	261
人工放射性核種	292, 305
シンチレーション検出器	18, 316
シンチレーションカメラ	190
水素爆弾	36
スーパーオキシドアニオン	61, 210, 239
スリーマイル島原子力発電所	285
制御棒	28, 283
精原細胞	93
正常組織耐容線量	160, 166
生物学的効果比 RBE	62
生物学的半減期	24, 313
生物濃縮	269
セシウム 134	8, 255
セシウム 137	7, 22, 24, 30, 40, 255, 256, 265, 279, 315

索　引

セミパラチンスク核実験場住民	147, 281
セラフィールド再処理工場	286
線エネルギー付与 LET	15
全交流電源喪失	248, 250, 253
潜在的回収能補正係数	143
先天異常	133, 141
線量当量	15, 322
線量率効果	15, 55
線量・線量率効果係数 DDREF	123
造影剤	179, 186
増感紙－フィルム系	181, 193
早期有害事象	166, 168
増殖死	52
相同組換え修復	69, 234
組織荷重係数	14, 124
損傷乗越え合成	209, 231

[た]

ダイアルペインター	319
第五福竜丸	278
耐容線量	166, 322
太陽粒子線	35, 299
多段階発がん説	113
脱毛	98
単光子放射断層撮影法 SPECT	191
炭素 14	19, 38, 301
チェルノブィリ原子力	
発電所事故	147, 256, 267, 282, 326
地層処分	33
中国の核実験	281
中枢神経死	105
腸死	104
直接効果	48
治療可能比	161
チロシンキナーゼ	110, 115, 165
津波	248, 252
定位放射線治療 SRT	171
低酸素細胞	158, 162
デジタル画像	181, 195
(染色体) 転座	115, 137

電子対生成	11
点突然変異	231
電離箱式サーベイメーター	16, 311
東海村 JCO 臨界事故	100, 108, 288
等価線量	13
突然変異成分	142
トリウム系列	293

[な]

内部被ばく	309
ナイミーヘン症候群	67, 129, 234
ヌクレオチド除去修復	207, 217, 229

[は]

倍加線量	142, 144, 325
発がんの継世代影響	148, 287
発がんバリアー	236
晩期有害事象	166, 168
半減期	23, 313
半致死線量	101, 277
晩発障害	90
ハンフォード原子力工場	287
東日本大震災	248
ビキニ核実験	278
非相同末端再結合	71, 130, 235
避難	249, 250, 253, 254
非破壊検査	36
標的理論	56
ピリミジン二量体	203, 229
ファンコニ貧血	217
フィルター補正逆投影法	185
沸騰水型原子炉	28, 245
不妊	98
部分的核実験禁止条約	330
ブラッグピーク	12, 173
フルオロデオキシ	
グルコース ^{18}F-FDG	191
フルオロウラシル	164
プルサーマル計画	31

プルシアンブルー	314
プルトニウム 239	27, 31, 34
プルトニウム型原子爆弾	34, 274
（発がん）プロモーション	114
分割照射	163, 167, 169
平均致死線量	56, 59
β 線	6, 9, 13, 22
ベクレル	4, 16
ベバシズマブ	165
ベルゴニエ・トリボンドーの法則	93
ベンゾピレン	205
ベント	247, 250, 253
崩壊図	22
崩壊熱	30, 245
放射性同位体	9
放射性降下物	280
放射線荷重係数	13, 63, 124
放射線緩和剤	60, 103, 290
放射線高感受性細胞	47
放射線宿酔	95, 166
放射線治療の 4R	163
放射能	6, 16
ポジティブスクラム	283
捕捉粒子線	300
ポロニウム 210	299

[ま]

末端複製問題	238
マヤック核物質製造施設	288, 306
マンモグラフィ	182
ミスマッチ修復	218
ミニサテライト突然変異	147
ミルキング	189
メガマウスプロジェクト	143
毛細血管拡張性運動失調症	66, 239, 240

[や]

有効半減期	24, 313
陽子線	9, 172
容積効果	166
ヨウ素 131	24, 30, 252, 255, 256, 284
陽電子放射断層撮影法 PET	191
預託線量	262

[ら]

ラジカルスカベンジャー	49, 60
ラドン	22, 295
リニアック	169
臨界	27

［著者略歴］

小松　賢志（こまつ　けんし）

1949年　秋田県生まれ
京都大学名誉教授，医学博士
東北大学大学院医学研究科博士課程修了
広島大学原爆放射線医科学研究所教授
京都大学放射線生物研究センター教授，同センター長を歴任
専攻　放射線のDNA修復学
主要業績　*Nature*（420: 93-98, 2002），*Nature Genetics*（19: 179-181, 1998），*Molecular Cell*（41: 515-528, 2011; 43: 788-797, 2011）

現代人のための放射線生物学

2017年3月21日　初版第一刷発行
2019年10月10日　〃　第二刷発行

著　者	小　松　賢　志
発行人	末　原　達　郎
発行所	京都大学学術出版会 京都市左京区吉田近衛町69 京都大学吉田南構内（〒606-8315） 電話　075（761）6182 FAX　075（761）6190 URL　http://www.kyoto-up.or.jp
印刷・製本	亜細亜印刷株式会社
装　幀	鷺草デザイン事務所

Ⓒ Komatsu Kenshi 2017　　　　　　　　　Printed in Japan
ISBN978-4-8140-0084-5　　定価はカバーに表示してあります

本書のコピー，スキャン，デジタル化等の無断複製は著作権法上での例外を除き禁じられています。本書を代行業者等の第三者に依頼してスキャンやデジタル化することは，たとえ個人や家庭内での利用でも著作権法違反です。